현대사를 바꾼 전쟁과 정치

전사(戰史)를 통해 진단한 한반도의 전쟁과 평화

북한은 '절망의 선택'을 할 것인가

김동주

1934년생

강원일보 기자, 강원일보 논설위원(1965년)

강원일보 논설주간, 강원일보 이사, 논설주간

강원일보 상무이사, 논설주간

1999년 4월 28일 한국신문방송인클럽

한국언론대상(논설부분)을 수상했다.

저서로는「이산가족의 고령화가 통일에 미치는 영향」과

칼럼집으로「언중언」과「오늘과 내일」등이 있다.

전사(戰史)를 통해 진단한 한반도의 전쟁과 평화 ─────────

현대사를 바꾼 전쟁과 정치

2004년 11월 4일 발행

2004년 11월 14일 1쇄

지 은 이 /**김 동 주**

펴 낸 이 /**윤 현 호**

펴 낸 곳 /**뿌리출판사**

홈페이지/**www.rootgo.com** / E-mail : rootgo@dreamwiz.com

주   소 /서울시 성동구 성수 2가 3동 317-10 2층 우편번호/133-835

전   화/(代)2247-1115, 466-4516, 팩 스/466-4517

출판등록/서울시 등록(카) 제 1-551호 1987.11.23

값 / 10,000원

ISBN 89-85622-45-5

*잘못된 책은 바꾸어 드립니다.

*인지는 저자와의 협의에 의하여 생략합니다.

현대사를 바꾼 전쟁과 정치

전사(戰史)를 통해 진단한 한반도의 전쟁과 평화
북한은 '절망의 선택'을 할 것인가

김 동 주 지음

뿌리출판사

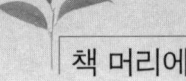
절망과 오판이 불러일으킨 제2차 세계 대전

태평양 전쟁이 발발하기 직전, 고노에 수상은 반전파의 중심인물인 야마모토. 이소로쿠(山本五十六) 해군대장을 불러 전쟁이 일어났을 때의 승산 여부를 물었다. 서열상 해군대신으로 임명되어야 했으나 육군 강경파의 암살위험때문에 연합함대 사령관으로 보임된 야마모토는 한마디로 "진다"고 잘라 말한다. 일본최고의 명가 출신인 고노에는 '일본혼'이 있지 않느냐고 반문한다. 야마모토는 "전쟁은 정신력으로 하는 것이 아니다. 물량과 기술의 대결"이라고 설파했다. 그러면서 "반년이나 일년쯤은 마음껏 설칠 수 있다, 그러나 그것이 한계"라고 말했다.

1941년에 접어들면서 육군을 비롯한 일본 조야의 분위기는 전쟁 불가피론으로 기울어져 있었다. 히틀러의 기계화 부대가 파죽의 세로 마지노 라인을 돌파하고 프랑스가 항복하자 일본군은 불령(佛領) 인도차이나에 진주했다. 일본의 중국 침략을 강력히 반대해 온 미·영은 즉각 일본에 대한 석유 수출을 금지했다. 그때 일본에는 대충 1년치의 석유 비축량이 있는 것으로 추산되었다. 1년후면 일본의 모든 군함과 함선, 공장은 기능을 정지해야 했다. 일본은 양자택일의 기로에 섰다. 미·영 양국의 요구를 받아들여 인도차이나는 물론, 중국에서 철수하는 것이 제1의 선택이었다. 그러나 육군을 비롯한 강경파들은 중국에서의 철군은 무조건 항복으로 인식했다. 결코 받아들일 수 없는 것이었다. 앉아서 죽느니 싸워서 활로를 개척해야 한다는 것이 광신적 우익 진영의 주장이었다.

문제는 전쟁에 대한 전망이 불투명한 것에 있었다. 일본천황 히로히토부터가 그러했다. 천황에게 전쟁결행을 주청하는 군부의 수뇌들을 불러 히로히토는 따지듯이 물었다. 스기야마(杉山) 육군참모총장에게 "너는 중·일 전쟁도 6개월이면 끝난다고 호언했다. 그러나 4년이 지난 지금도 전쟁은 꼬여가기만 하고 있지 않은가?"고 힐문했다. 스기야마는 할말이 없었으나 육군 강경론자들을 달랠 힘이 없었다. 승리에 대한 아무런 전망도, 자신도 갖지 못한 채, 일본은 국가 명운을 건 전쟁으로 치닫고 있었다.

진주만 기습을 주도했고, 전세가 기울자 자살과 같은 전사를 함으로써 비극적인 전쟁영웅으로 기억되고 있는 야마모토를 비롯한 해군 수뇌의 일부는 전쟁에 극력 반대했다. 패망한다는 것이 그 이유였다. 해군의 주장은 매우 합리적이었다. 일본은 광활한 미국 영토를 점령할 힘이 없고, 특히 수도 공략이 불가능하다. 해상봉쇄도 불가능하다. 설사 봉쇄한다 할지라도 아무런 효력이 없다. 해외 의존도가 얕은 미국으로서는 물자의 자급자족이 충분했기 때문이다. 그러나 일본은 정반대의 조건에 놓여 있었다. 미국은 태평양 쪽에 노출되어 있는 도쿄를 쉽게 공략할 수 있을 뿐만 아니라, 마라카 해역만 봉쇄해도 석유와 전쟁 물자의 조달이 차단되어 백기를 들 수 밖에 없었다. 무엇보다 압도적인 국력의 차이때문에 해군의 반전파들은 전쟁은 곧 망국이라는 생각을 하고 있었다.

당시 주일 미대사관의 2등 서기관이었던 에머슨은 일본 조야의 분위기가 절망적인 것이었음을 술회하고 있다. '역사상 어느 나라가 절망때문에 전쟁을 무릅쓴 적이 있는가' 하고 에머슨은 개탄하고 있다. 당시 미·영과 일본의 군사력은 5 : 5 : 3으로 파악되고 있었다. 런던 군축 회담에서 이러한 기준으로 미국과 영국이 주력함대의 보유를 각각 5, 일본은 3으로 책정했었다. 그러나 이것은 어디까지나 현존 병력만을 산술적으로 계산한 군사력일 뿐이었다. 만약 전쟁이 벌어져 미국이 그 엄청난 잠재력을 가동하기 시작하면 미국과 일본의 전력은 10 : 1 이상으로 벌어진다는 것이 해군 일각의 분석이었다. 야마모토는 동기생인, 해군대신 오이가와(及川)에게 무슨 일이 있어도 전쟁에 찬성해서는 안될 것을 강력히 주장했다. 당시 일본의 법 체계상 해군대신이 반대하면 전쟁은 결코 일으킬 수 없었다. 그러나 오이가와는 전쟁 결행을 의결한 이른바 어전회의에서 전쟁에 찬동하고 만다. 야마모토는 격노하여 오이가와를 힐책했다. 오이가와는 만약 전쟁에 반대하면 정권이 무너진다고 변명했다. 야마모토는 정권이 무너져도 나라는 살지만, 전쟁에 지면 국가가 패망한다고 소리 질렀다.

일본해군의 진주만 기습은 서전의 승리로 재해권을 장악한 다음 미·영과의 평화협상을 추진하겠다는 야마모토의 복안에서 결행된 것이었다. 이에 대해서는 달리 구체적으로 기술하려 하거니와, 일본의 절망이 승산이 전혀 없는 태평양 전쟁을 결행하게 했다는 것은 오늘의 북한 핵 문제와 연관하여 매우 시사하는 바가 크다. 오늘의 북한은 그 체제유지마저 벅찰 정도로 절망적인 상황에 놓여 있기 때문이다. 만약 미국이 북한을 선제 공격하거나, 예기치 못한 일로 한반도에서 전쟁이 벌어지면 북한의 패망은 움직일 수 없는 사실로 받아들여지고 있다. 미국이 체제 보장만 해주면 핵 개발을 포기하겠다는 주장이 이러한 현실에 바탕하고 있다. 그러나 태평양 전쟁때의 일본 육군처럼 자멸할지라도 '굴욕적인 타협'은 결코 수용하지 않겠다는 것이 북한 군부의 일반적인 기류인 듯 하다.

만약 한반도에서 전쟁이 벌어지면 미국은 골치 아픈 불량국가를 없애는 정치적·전략적 성과를 거둘 법도 하다. 북핵 문제의 평화적 해결을 추구하되 최악의 경우 어떠한 선택도 배제하지 않는다는 미 국방성 중심의 강경론이 이에서 비롯되고 있다. 그러나 우리의 경우, 전쟁의 승패는 아무런 의미가 없다. '상처뿐인 영광'이 아니라 한반도가 궤멸적인 상황이 되고 말 것이기 때문이다. 그러한 상황에서의 승리가 무슨 의미가 있겠는가. 미국 민주당 대통령 후보 캐리는 만약 한반도에서 전쟁이 벌어지면, 최초의 8시간 안에 1백만명의 사망자가 날 것임을 말하고 있다. 인구 13만의 북한 룡천 폭파사고만으로 북한 경제가 휘청거리고 있다. 만약 한반도에서 또 다시 전쟁이 벌어지면 국가 파멸의 처참한 국면이 빚어질 것임을 예견하고도 남는다. 설사 전쟁이 일어나지 않는다 할 지라도 북한 정권의 붕괴는 만만치 않은 위험부담이 될 수도 있다. 첫째, 북한이 조용히 무너지지는 않을 것임을 예측할 수 있다. 둘째로, 북한 정권의 붕괴와 더불어 물밀듯이 남하해 오는 피난민 대열을 감당할 힘이 없다.

역사는 오판이 세계를 전쟁으로 몰아친 것을 또한 증언하고 있다. 나치스의 라인란드 진주때처럼 영국과 프랑스가 독일의 폴란드 공격을 묵과할 것이라는 히틀러의 오판이 2차 대전의 도화선이 된 것에서 그 좋은 예를 찾을 수 있다. 이에 대해서는 달리 얘기하고자 하거니와, 북한은 절망의 선택과 함께 오판의 위험이 농후한 집단이다. 북한을 물러설 수 없는 한계선 상에 몰아쳐서도 안되지만, 오판의 빌미를 제공하지 않을 군사적 대응 또한 필요한 것임을 역설하는 것에 이 책자 발간의 또 다른 이유가 있다.

6자 회담의 개최 등 한반도의 위기가 완화 조짐을 보이고 있다. 대북 관계의 개선이 지금처럼 절박할 수가 없다. 국내외에서 한반도 문제에 대한 다양한 해법이 제기되고 있다. 본 저 "현대사를 바꾼 전쟁과 정치"는 이 에 대한 저자 나름대로의 생각을 스페인 내란에서 2차 대전, 20세기 후반에서 21세기벽두의 국제 정치를 조감하면서 기술한 것이다. 이 칼럼집의 대부분은 저자가 강원일보 재직시 집필한 것을 고쳐서 옮긴 것이다. 북한의 핵 문제와 한반도의 평화정착 문제를 이해하는데 조그마한 도움이나마 되었으면 한다. 다만 이라크 사태나 북핵 문제처럼 계속 상황이 진전되고 있는 것에 대해서는 새로 집필을 하여 독자의 이해를 돕고자 했다. 이 책에 수록된 칼럼은 원래 각각 독립된 것이지만 2차 대전 이후의 전사(戰史)를 정리, 체계화함으로써 한반도의 평화와 전쟁에 대해 나름대로 체계를 세우고자 했다. 다만 예외적으로 체계화의 이름을 붙이기 어려운 역사적 사건의 서술이 있다. 독자의 해량을 구하고자 한다. 북한이 태평양 전쟁 직전의 일본처럼 절망적인 상황에서 전쟁을 도발하는 어리석음을 막아야 한다는 것에 이 칼럼집의 주안(主眼)을 둔 것임을 부연한다.

2004년 10월 29일
김 동 주

현대사를 바꾼 전쟁과 정치
전사(戰史)를 통해 진단한 한반도의 전쟁과 평화

김 동 주 저

존경하는 당신에게

....

....

....

....

....

....

....

....

....

이 책과 함께 조국의 안녕을 기원합니다.

제 1부 북한의 불안한 변수, 「절망과 오판」

제 1부

제1장 북한은 「절망의 선택을 할 것인가」

1. 절망의 도발, 진주만 기습

1941년 12월 7일, 일본 해군의 연합함대는 진주만을 기습한다. 전쟁에 끝까지 반대한 야마모토, 이소로꾸 대장이 맥아더의 인천 상륙작전처럼 위험천만의 도박을 감행한 것은, 서전의 승리로 태평양의 제해권(制海權)을 장악하여 유리한 입장에서 평화 협정을 체결하려는 복안에서 였다. 그러나 야마모토의 구상은 정치와 군사의 양 측면에서 일찌감치 실패한다.

세계 최고의 성능을 자랑한 제로전투기를 비롯한 해군 공격기의 발진을 명하기 전, 야마모토는 외무성에 『선전포고는 했는가』고 타전한다. 선전포고를 했다는 답전을 받고 야마모토 제독은 공격 사인을 내린다. 후일 밝혀진 사실이지만, 어처구니없는 일본 주미 대사관의 사무적 착오로 일본의 선전 포고문은 공격 개시 1시간 후에 수교된다. 일본으로서는 본의 아니게 기습을 감행하게 된 것이다.

진주만 공격의 화려한 성공에 해군 장병과 일본 국민이 환희에 젖어 있을 때, 야마모토는 전쟁의 패배와 평화의 유산(流産)을 예견한다. 진주만 공격을 결행한 것은 서전(緖戰)의 승리로 미국민의 전의(戰意)를 꺾은 다음 미국을 협상 테이블에 끌어 들이는 것에 있었다. 일찍이 주미 일본 대사관의 주재 무관을 지낸 야마모토는 미국인의 기질을 잘 알고 있었다. 비겁한 기습 앞에 온 미국인이 총 궐기할 것임을 꿰뚫어 보고 있었다. 당연히 협상도 어려울 것임을 인식했다.

진주만 기습은 군사적으로도 불완전한 승리였다. 당초 야마모토는 1차 공격으로 함대를 공격한 다음, 2차 공격으로 지상의 군사 시설을 격파할 것을 나구모(南雲) 제1항공함대 사령관에게 명했다. 수뢰(水雷)전문으로 항공전에는 문외한인 나구모는 항공전의 귀재(鬼才)로 평가된 야마구찌 다문(山口多聞) 소장을 제치고, 진주만 공격의 사령탑에 앉게 되었다. 해군의 장로격이라는 이유 때문이었다. 이 경색된 인사 체계가 작전 실패의 결정적 요인이었음을 미드웨이 해전을 비롯한, 전쟁의 분수령이 된 여러 해전이 반증하고 있다. 각설하고, 나구모는 1차 공격에 성공하자 발을 구르는 파일럿들을 무시하고, 회함(回艦)을 명한다. 그 결과 반파된 군함은 고스란히 보존된 육상의 군사시설에서 6개월만에 수리되어, 미드웨이 해전에서 진주만의 통한을 씻는 대해전을 벌여, 전세를 반전시킨다. 압도적인 군사적 우위를 토대로 평화를 이끌어 내려던 야마모토의 구상은 좌절되고 만다.

전후 미국의 군사 전문가들은 일본 해군이 하와이 기지의 저유탱크를 전혀 공격하지 않았던 것에 대해 의문을 제기하고 있다. 군함은 아무리 기습을 당해도 최소한의 저항 능력을 갖는다. 일본 해군이 먼저 하와이의 저유탱크를 공격했다면, 엄청난 기름이 불바다를 이루어 미함대는 물론 지상기지마저 전멸, 전소했을 것으로 보고 있다. 그랬다면 하와이의 지상 군사시설을 이용하여 진주만 기습에서 반파된 군함을 수리, 미드웨이 해전에서 일본 해군과 건곤일척(乾坤一擲)의 일전을 벌일 기회를 갖지 못했을 것이다.

　나구모 제1항공함대 사령관이 범한 또 하나의 실수는 때마침 기동훈련으로 진주만밖에 있던 항공모함을 공격하지 않았던 점이다. 만약 일본 해군이 여세를 몰아 하와이 주변에서 훈련 중이던 항공모함을 공격했다면, 미해군은 재기 불능의 궤멸 상태에 빠졌을 것으로 분석되고 있다. 호위 함대의 엄호없는 항공모함은 공격에 취약하다. 압도적 우세의 일본 제1항공함대가 미항공모함을 추적하여 격파했다면, 태평양 전쟁의 양상은 크게 달라졌을 것이다. 그러나 나구모 사령관은 영화 「도라 도라 도라」에서 보는 것처럼 전쟁은 길고, 함대를 무사히 이끌고 귀항하는 것이 소중하다는 이유로 결정적 승리의 기회를 놓치고 만다.

　진주만 기습에서 비록 불완전한 승리를 거두긴 했으나, 일본 해군은 사흘뒤인 1941년 12월 10일의 말레이 해협에서 영국 해군의 주력함인 프린스 오브 웰스와 레파르스를 격파한다. 처칠은 「제2차 세계대전 회고록」에서 전쟁의 전 기간을 통해 이 때처럼 절망한 적이 없음을 회고하고 있다. 인도양에서 태평양에 이르는 그 광활한 해역에서 있는 것은 오직 일본 해군 뿐임을 개탄하고 있다. 말레이 해협의 일방적 승리로 일본군은 1942년 2월 15일 싱가포르를 함락한다. 이 때가 평화 협정의 결정적 찬스였다. 그러나 목전의 승리에 도취한 육군의 반대로 야마모토는 평화를 거론조차 하지 못한다.

2. 히틀러의 대미 선전포고

　제2차 세계 대전에는 지금껏 풀리지 않는 많은 수수께끼가 있으나, 그 중에서도 가장 이해할 수 없는 수수께끼는 일본의 진주만 기습 직후에 히틀러가 대미 선전포고를 내린 것이다. 영국이 독일과 힘겨운 전쟁을 하고 있을 때, 유일한 희망은 미국의 참전이었다. 그러나 루즈벨트 대통령은 1940년의 3선 도전 때 미국은 결코 유럽 전쟁에 개입하지 않을 것임을 천명했다. 공화당이 루즈벨트는 미국을 전쟁으로 몰고 가려 한다고 공세를 강화하고 있었기 때문이다. 미국이 영국을 구출하기 위해서는 히틀러의 도발이 절실히 필요했다. 그리하여 미해군은 의도적으로, 노골적으로 중립 의무를 위반했다. 그런데도 은인자중하던 히틀러가 애써 먼저 선전포고를 했다는 것은 불가해(不可解)한 일이었다.

　히틀러의 이 결정은 개인적인 고독한 결단이었다. 그는 대미 선전포고를 위해 소집된 국회에서 대미 결전을 천명할 때까지는 어느 누구에게도 말하지 않았다. 대소전에 몰두해 있던 총통은 대부분의 시간을 함께 한 측근의 참모나 장군들에게도 일체 상의하지 않았다. 전사가들 중에는 숙적 볼세비키와의 사투(死鬪)에서 승리를 거두는 것이 불가능 한 것임을 얼음처럼 차가운 이성으로 투시한 그 때, 이 세계 대전에서 궁극의 승리를 거둘 수 없을 것임을 꿰뚫어 본「절망의 선택」이라 보고 있다. 히틀러의 대미 선전포고는 소련 공격에 이은 또 하나의 중대한 실책이었다. 여기에서 짚고 넘어가야 할 것은 패망을 각오하고 미국과의 전쟁을 결행했다는 점이다. 일본이 진주만 기습에서 대전과를 올린 것을 과대평가하는 한편, 유태인과 물질주의에 물든 미국을 과소평가했다는 견해가 없는 것은 아니다. 그러나 보다많은 사가(史家)들은 전쟁의 승리에 대한 확신을 잃게됨으로써 자폭적인 결정을 내린 것으로 보고 있다. 독일이 세계 정복을 달성할 수 있을 정도로 강하지 않다면, 차라리 보다 더 강한 나라에 의해 말살되는 편이 좋다…… 자신이 최대의 정복자, 승리자로서 역사에 남지 않을 바에는 차라리 최대의 파국을 가져온 자로 남겠다는 자학적 결의가 미국에 선전포고를 한 감정적 배경으로 설명되고 있다.

유럽의 패자(覇者)로서 역사에 남을 찬사를 영원히 놓치게 된 이상 유럽 점령지역에 있는 유태인의 근절이라는 제2의 정치목적에 돌진하기 위한 죽음의 카드라는 것이다. 확실한 것은 히틀러가 미국에 대해 선전포고를 함으로써, 말하자면 승리에의 모든 희망을 끊어 버리고, 스스로 퇴로를 차단, 독일의 패배를 결정적인 것으로 했다는 사실이다. 대미 선전포고 이후의 히틀러는 이미 전승(戰勝)에도, 유리한 잠정 협정의 기회에도 아무런 관심을 보이지 않고 오직 시간을 벌기 위해 지연작전을 펴고 있다는 인상을 받게 된다.

그 목적은 전쟁 상태의 연장에 의해 제2의 정치 목적인 유태인, 슬라브인 등「열등 인종」의 대량 살육을 위한 환경을 조성하는 데 있었다는 해석을 내리게 하고 있다. 히틀러는 모스크바 진격이 좌절하긴 했으나 러시아군의 반격이 아직 시작되지 않았던 시기에, 덴마크와 크로아티아 외상에게 기묘한 말을 했다.『독일 국민이 언젠가 강하지도 않고, 스스로의 생존을 위해 피를 흘릴 정도로 헌신적이 아니게 되면 멸망하여 다른 강대국에 말살되는 것이 좋다. 나는 그 때 독일 국민을 위해 한 방울의 눈물도 흘리지 않을 것이다.』그야말로 자기 파멸의 저주가 아닐 수 없다.

원래 히틀러는 제2차 세계 대전에서 총력전에 의한 장기전을 펼칠 결의도, 준비도 없었다. 전격전(電擊戰)으로 불리운 단기 결전에 의해 유럽을 정복하려 했던 것이다. 러시아의 완강한 저항과 처칠이 이끄는 영국 국민의 장렬한 저항으로 전쟁의 조기 종결이 불가능 한 것을 꿰뚫어 본 순간, 히틀러는 절망이라는 마지막 카드를 던졌다는 해석을 많은 사가(史家)들이 내리고 있다.

3. 항복보다 전국민 옥쇄(玉碎)를 강행하려 한 일본 군부

1942년 6월의 미드웨이 해전을 고비로 일본군은 수세에 몰렸다. 이탈리아가 항복하고, 독일이 궤멸했을 때, 일본의 패망은 움직일 수 없는 사실이었다. 일본 조야의 어느 누구도 승리를 자신하지 못했다. 해군 참모 총장과 해군은 있었으되, 군함은 전멸 상태였다. 신병들은 소총조차 지급받지 못하는 한계상황에 몰려 있었다. 총알을 만들기 위해 동상마저 뜯어가야 했다. 영화「유황도의 모래」는 전쟁 말기의 처참한 일본군 모습을 잘 그리고 있다. 총탄도 장전되지 않는 빈 총을 들고 비틀거리며 돌진하는 일본군에게 응전하던 한 미군 병사가 『이건 전투가 아니다. 대량 학살일 뿐이다』고 절규한다. 전쟁의 지속은 끝없는 출혈과 걷잡을 수 없는 혼란 끝의 내란 상태 뿐임을 정치가들은 알고 있었다. 일본 천황 히로히토(裕仁)가 가장 우려한 것도 공산당에 의한 혁명이었다. 그럼에도 불구하고 일본 육군은 전 국민의 옥쇄(玉碎)를 주장했다. 일본 국민의 마지막 한 사람까지 항전할 것을 부르짖었던 것이다.

일본 굴지의 관광지인 오키나와는 태평양 전쟁 말기의 가장 처절한 격전지였다. 장병은 물론 어린 여학생까지 전투에 동원되어 수십만명이 죽어 갔다. 오키나와 현민들은 그 때의 뼈아픈 희생을 지금도 잊지 못하고 있다. 그리하여 오키나와에서 일본 전국체전이 열렸을 때, 천황의 임석 여부가 심각히 논의되어야 했다. 세상에 광기(狂氣)처럼 무서운 것은 없다.

오늘의 북한은 이념의 색깔만 다를 뿐, 국군주의 일본과 너무나 흡사하다. 광기, 배타(排他), 도전, 개인 숭배가 신기할 정도로 똑같다. 예측 불가능한, 어느날 갑자기 돌연변이적인 행동을 취할 수 있는 것이 북한이다.

최근 북한은 미국과의 대화를 강력히 희구(希求)하고 있다. 이것은 북한이 핵문제의 평화적 해결을 추구하고 있는 단적인 정황이라 할 만하다. 그럼에도 불구하고, 북한의 군부를 비롯한 강경세력은 결코 그들의 입장이 무시되거나 배제된 핵협상을 받아들이지 않을 것 또한 분명하다. 북한을 벼랑 끝에 몰아세워서는 안될 현실적 배경이 이러한 데에 있다. 북한이 오판할 수 있는 여지, 즉 한국의 군사적 대응에 허점이 없어야 할 것은 말할 것이 없다.

4. 전투의 승리와 전쟁의 승리

진주만 기습이 사상 초유의 성공적 작전이라고 일본 전국이 환희에 젖어 있을 때 이 작전의 최고 책임자인 야마모토 연합함대 사령관은 두 가지 점에서 이 작전이 실패할 것을 알고 있었다. 그의 뜻과는 달리 선전포고 없는 공격이 미국민을 총궐기케 할 것이라는 그의 판단이 실패로 단정하는 첫째 이유였다. 그리고 무능한 현지 사령관의 판단착오로 결정적 승기를 놓친 것을 그는 작전의 실패로 판단했다.

야마모토는 진주만 기습으로 미태평양 함대의 주력인 항공모함을 격파하고 하와이의 군수공장, 지상시설 등을 폭격하여 미해군을 당분간 재기불능의 상태에 몰아붙이려 마음먹었었다. 그러나 예정되었던 2차 공격을 현지 사령관이 취소함으로써 진주만내의 미함선(항공모함 제외)을 격침시키는데 그쳤다. 1차 공격으로 해상함대를 격침하고 2차 공격을 통해 지상기지와 시설을 폭파하려던 당초의 계획만 실행되었으면 비록 항공모함이 진주만 밖에 있어 무사했다 할지라도 미태평양 함대는 제해권을 되찾는데 많은 곤경을 겪었을 것이다. 그러나 군수공장, 저유시설, 정비시설이 말짱했기에 미국은 6개월 안에 대파된 함선까지 수리하여 미드웨이 해역에서 일본 해군에게 치명적인 타격을 입히게 된다.

그러면 왜 일본은 무저항 상태에서 공격이 가능했던 진주만 앞 하와이에의 2차 공격을 포기했는가?

진주만 공격을 현지에서 지휘한 것은 야마모토(山本) 휘하인 제1항공함대 사령관 나구모(南雲)중장이었다. 그는 항공전에는 문외한이었다. 제1항공함대는 항공전의 베테랑인 야마구찌 다문(山口多聞)소장이 지휘해야 할 것으로 평가되고 있었다. 그러나 연공서열의 원칙이 엄했던 일본 군부에서는 그가 해군의 장로격이라는 이유로 인기 있는 제1항공함대의 지휘권을 맡겼던 것이다. 그는 엘리트 소장 장교들이 발을 구르며 2차 공격을 부르짖을 때 함대의 회항을 명한다. 미쳐 발견하지 못한 미 항공모함에서 날아올 지 모를 미 비행기로부터 일본 함대를 보호한다는 것이 이유였다. 천재일우의 기회를 놓친 오판이었다.

그는 미드웨이 해전에서 이기고도 남을 압도적인 우세한 함대를 이끌고도, 선제공격을 할 수 있는 기회를 잡고도 작전의 실패로 일본 해군의 주력함을 상실한다.

진주만 기습은 절반의 성공이라 할지라도 화려한 승리임에는 틀림없었다. 그러나 선전 포고 없는 기습으로 도덕성을 상실한 결과 일본패전의 결정적 동기가 된다. 아메리칸의 거국적 전쟁 태세를 굳혀주었기 때문이다. 또 미국이 히로시마에 원폭을 투하할 명분과 동기를 제공했다.

대이라크전에서 미국은 예상 이상의 승리를 거두었다. 그러나 걸프전 때와는 달리 세계 도처에서 비난을 사고 있다. 전쟁의 명분이었던 대량살상무기를 발견하지 못함으로써 궁지에 몰린데 이어 이라크 포로 학대로 세계적 비난의 적(的)이 되고 있다. 전투의 승리가 전쟁의 승리와 반드시 직결하지 않는 단적인 예라 할 수 있다. 이라크전이 진정한 미국의 승리가 되기 위해서는 미국의 석유 자원 확보등 국익보다 이라크 민주화와 재건에 주력해야 한다. 목전의 이익보다 후일을 기약하는 것이 정치의 대도(大道)이며 정도(正道)인 것이다.

5. 모든 전쟁 당사국이 환영한 진주만 기습

일본 해군의 진주만 기습은 그 작전의 성패와는 상관없이 모든 전쟁 당사국이 환영한 역사적 대회전(大會戰)이었다. 일본은 서전의 화려한 승리에 도취했다. 국민은 열광했고, 정부와 군부는 대대적인 승전을 선전했다. 미국 조야는 비상한 충격을 받았으나, 절망적인 전쟁을 간신히 지속하고 있는 영국을 도와 참전할 수 있는 명분을 얻었다는 것에서 진주만 기습을 내심 반겼다. 루즈벨트와 미국방성이 일본 해군의 통신을 해독하여 미리 진주만 기습을 알고 있었던 것은 지금 공지의 비밀처럼 되어 있다. 앞서 인용한 영화 「도라 도라 도라」는 그러한 사실을 강력하게 시사하고 있다. 피해가 예상보다 컸던 것은 사실이지만, 사악한 나치스의 침공앞에서 영국을 구출할 수 있는 결정적 계기를 확보했다는 점에서 정략(政略)의 성공이라 일컬을 만했다.

　진주만 기습의 사실 앞에서 작약(雀躍)한 것은 영국이었다. 그제서야 학수고대했던 미국의 참전이 현실화 되었기 때문이다. 스탈린 또한 처칠 못지 않게 반겼다. 불세출의 스파이, 졸게의 전문으로 일본군이 북진 아닌 남진의 작전 계획을 세운 것을 알고 있었으나, 진주만 기습은 일본군이 배후에서 소련으로 쳐들어 오는 일이 결코 없음을 확인시켜 주는 작전이었다. 만약 일본군이 북진했다면, 히틀러의 공격 앞에서 고전을 면치 못했던 소련은 결정적인 타격을 입었을 법하다. 일본은 공산주의에 대한 증오 때문에 북진을 하고 싶었으나, 석유 자원의 확보를 위해 남진으로 방향을 돌렸던 것이다.

　장개석 총통의 중국도 환희했다. 일본이 전선을 넓힘으로써 중국에서의 공격이 약화될 것을 예견할 수 있었기 때문이다. 히틀러 또한 북진을 하지 않는 것에 대해서는 실망했으나, 어쨌건 일본이 전쟁에 뛰어든 것은 다행이라 생각했다. 이해(利害) 상반(相反)의 전쟁 당사국이 모두 환영한 전투는 전사상 일본 해군의 진주만 기습이 유일한 예라 할 수 있다.

6. 미국 현대사를 빛낸 한 표의 반란

　진주만 기습과 연관된 역사적 사건에 닷킨스 하원의원의 반란이 있다. 진주만 기습 직후 루즈벨트 대통령은 미의회에 선전 포고의 승인을 요청했다. 전쟁은 일본의 기습으로 이미 벌어지고 있었고, 미국 조야가 분노에 몸을 떨고 있었다. 당연히 대통령의 선전포고는 전원일치의 승인을 얻을 것으로 예상했다. 그러나 뜻밖에도 닷킨스 여사가 반대표를 던졌다. 그녀는 퀘이커 교도의 신념에 따라 반대표를 던졌던 것이다. 오늘날 미국의 역사가들은 닷킨스 여사의 반란을 미국 현대사를 빛낸 역사적인 한 표로 평가하고 있다. 아무리 정당한 것이라 할 지라도 만장일치의 찬성이나 결의는 위험하다는 민주주의의 대원칙에 바탕한 역사적 평가라 할 것이다.

제2장 멸망의 자충수를 둔 독재자의 오판(誤判)

1. 일본의 중국 침략

중국의 동3성(만주)을 지배한 일본이 중국을 공략했을 때, 일본 육군은 6개월 안팎의 단기전으로 끝날 것임을 자신했다. 그러나 태평양 전쟁이 발발하기까지 4년여가 지났어도, 중·일 전쟁은 끝나지 않았다. 장개석 총통은 일본군이 차지한 것은 점과 선일뿐, 광대한 중국 영토의 어느 지점도 점령하지 못했다고 설파했다. 사실이 그러했다.

중·일 전쟁은 1937년 7월 7일 밤, 노구교에서 중·일 양군이 충돌함으로써 벌어졌다. 어처구니없는 사실은 당시의 일본 수상 고노에가 전쟁의 발단이 된 노구교 사건이 일본 군부의 공격에 의해 일어난 것인지, 중국군의 방어적 공격에 의해 발발한 것인지 전혀 몰랐다는 사실이다. 심지어 일본 육군 수뇌부의 계략인지, 이른바 만주 사변 때처럼 일본군 현지 장교의 독단적 행동인지 조차 수상은 몰랐다. 바로 이 같은 정부 체계에 군국 일본의 함정이 있었다.

당시의 일본은 「통수권의 독립」이라고 하여, 군의 작전 용병에 대해서는 내각이 전혀 관여하지 못하게 되어 있었다. 일본에는 군부와 내각이라는 두 개의 정부가 있었던 것이다. 그러나 수상은 육·해군대신과 참모 총장 등의 인사에 전혀 관여하지 못했던 것에 반해, 군부는 대신을 내각에 보내지 않거나 철수시킴으로써 언제든지 내각을 와해시킬 수 있었다. 사실상 군부가 내각위에 군림했다. 전시에 수상이 전쟁 최고 지도회의 멤버에 포함되지 않았던 것이 그러한 사실을 단적으로 말해주고 있었다.

일본 육군이 단기 결전을 자신한 것은, 후진적인 장비의 중국군을 일격에 무찌를 수 있다고 판단했기 때문이다. 그러나 8로군(공산군)은 물론 장개석 총통의 국부군도 일본군과의 정면 충돌은 극구 회피했다. 8로군은 게릴라전으로 일본군을 괴롭혔고, 국부군은 정면 대결을 피한 채 내륙 깊숙이 포진했다. 나폴레옹이 끝없이 후퇴하는 러시아군을 뒤쫓은 끝에 패망한 것처럼 일본군 또한 헤어나기 어려운 수렁에 빠져 있었다. 일본군의 중국 침략이야말로 일본 군부의 오판에 의한 자멸의 길이었던 것이다.

2. 프랑스의 항복과 일본의 인도차이나 진주(進駐)

나치스의 기계화 부대는 프랑스 공략 45일만에 레이노 정권으로부터 항복을 받아냈다. 당연히 해외의 프랑스 식민지는 독일과의 협정에서 탄생한 패탕 원수의 비씨 정권하에 들어갔다. 일본군은 때를 놓치지 않고 불령(佛領) 인도차이나에 진주했다. 무혈 점령이었다. 그러나 이것은 결정적인 실책이었다. 일본군의 중국 철수를 강력히 요구해 온 영국과 미국은 일본에 석유 공급을 중단했다. 일본은 영·미 양국의 주장을 받아들이느냐, 승산 없는 전쟁을 벌이느냐의 기로에 놓여졌다. 영·미 양국이 일본군의 인도차이나 진주를 묵과할 것이라는 오판이 태평양 전쟁의 결정적 발단이 된 것이다.

3. 히틀러의 폴란드 공격

독일 국민의 생존권 확보라는 명분아래 감행된 히틀러의 팽창 정책은 모험으로 시작되었다. 독일군의 라인란드 진주, 오스트리아 병합, 스데덴의 합병, 체코 해체 등 히틀러 정권 하에서의 독일 영토 확대는 전쟁1보 전의 모험이었다. 케네디의 쿠바 봉쇄때 소련이 그러했던 것처럼, 영국과 프랑스가 강력히 나오면 즉시 철군할 것을 나치스는 내심 작정하고 있었다. 그러나 마지막 순간까지 평화에 대한 희망을 버리지 않았던 영국과 프랑스는 히틀러의 도박을 기정사실로 받아 들였다.

히틀러의 폴란드 공격도 그 연장선상에서 감행되었다. 그러나 뜻하지 않게, 영국과 프랑스 양국은 독일에 선전포고를 했다. 릿펜드롭 독일 외상은 폴란드에 독일군이 침공한 3일 후 영국의 주독 대사로부터 최후 통첩을 받자 「히틀러처럼 평화와 영국과의 우호를 위해 노력한 사람은 없었다」라고 말했다. 이것은 폴란드 침공이 유럽 전쟁의 발단이 될 것임을 전혀 예상치 못한 나치스 독일의 감각을 잘 말해주고 있다. 히틀러는 『폴란드 문제는 영국과 프랑스와는 상관없고, 이 때문에 왜 우리들이 싸우지 않으면 안되는 것인가』라고 영 · 불 양국에 호소했다. 그러나 영국은 물론 프랑스도 히틀러의 화평 제안을 거부했다. 독재자의 오판이 뜻하지 아니한 전쟁으로 비화한 사실을 확인하게 된다.

히틀러는 폴란드 침공의 하루 전인 1939년 8월 31일, 폴란드군을 위장한 독일군 13명을 폴란드 국경 지대의 그라이 비치에 있는 독일 방송국에 난입시켜 폴란드 만세를 부르짖게 했다. 죄없는 방송국 요원을 사살하면서, 폴란드 국민의 대독 항전을 외치게 했던 것이다. 히틀러는 『어젯밤, 폴란드병이 독일 영토에 포화를 퍼부었다. 오늘 아침 우리들은 요격하고 있으나 폭탄에는 폭탄으로 답할 뿐이다. 나도 바로 전선으로 갈 것이다. 승리 아니면 죽음 뿐, 결코 이 군복을 벗지 않을 것이다.』라고 폴란드를 맹렬히 공격했다. 방송국에 쳐들어 간 13명의 독일군은 모두 사살되었다. 강제 수용소의 죄수였던 13명의 돌격대는 면죄(免罪)의 희망을 품고 명령에 복종했으나, 결과는 그들이 죽인 방송국 요원처럼 스스로도 참살되고 말았다.

4. 무솔리니의 오판

무솔리니의 비극은 독일편에 서서 2차 대전에 뛰어든 것이었다. 그는 뮌헨회담의 중재자였다. 이 사실은 이태리가 중립을 지키거나 연합국에 가담하여 히틀러에 맞설 수도 있었음을 말해주고 있다. 그러나 독일 기계화 부대가 파죽지세로 프랑스를 무찌르고 게링의 공군이 런던을 강타하자 나치스에 합류했던 것이다.

5. 걸프전과 후세인의 오산(誤算)

1990년 8월, 이라크는 불과 6시간만에 쿠웨이트를 점령하는 진격전에 성공했다. 미국을 비롯한 서방세계는 즉시 무조건 철수를 요구했으나 후세인은 독재자로서의 위치를 지키기 위해 국제 여론을 무시했다. 후세인은 만약의 경우 베트남 전쟁에서와 같은 타격을 미국에 가할 수 있다는 생각으로 마지막까지 버텼다.

그러나 이라크군은 미군에 제대로 저항조차 못하고 참패했다. 소련제 병기의 열악한 성능이 첫째 요인이었다. 소련제 무기는 기술 수준의 현저한 낙후로 이미 미국제 신병기와 맞설 수 없는 것임을 간과(看過)했던 것이다.

1982년 6월 9일, 레바논 상공에서 시리아는 소련제 전투기 미그23과 미그25를 중심으로 한 96기(機)를 투입, 미국제 전투기로 편성된 이스라엘 공군에 도전했다.

단 15분의 공중전에서 시리아의 96기는 모조리 격추되었다. 이스라엘 공군의 손해는 제로라는 항공 전사상 보기 드문 기록을 남겼다. 후세인이 이 때의 교훈을 명심했다면 무모한 대미(對美) 도전은 삼갔을 것이다. 후세인의 또 다른 패인(敗因)은 경제 봉쇄의 어려움을 과소 평가한 것에 있다.

미해군의 걸프만 봉쇄는 이라크의 생명선인 석유 수출의 길을 막았고, 모든 물자의 수입을 불가능하게 만들었다. 무엇보다 견고한 방어진지의 구축을 불가능하게 함으로써 모래 참호 속에 숨어 있던 이라크군은 포격이 끝나는 날을 기다릴 수 밖에 없었다.

후세인의 또 다른 오산은 쿠웨이트 침공이라는 명분없는 전쟁으로 미국과 서방세계는 물론 아랍권마저 대부분을 적으로 돌렸다는 점이다. 상대적으로 미국은 정의의 십자군같은 위치에서 걸프 전쟁을 수행할 수 있었다. 걸프전에 직접 참여하지 않은 서방국가는 전비를 고스란히 부담해야 했다. 세계의 생명선인 석유 자원의 확보와 보호라는 명분을 외면할 수 없었기 때문이다. 이에 비해 2003년의 이라크 침공은 걸프 전쟁때와 같은 전쟁의 명분을 갖지 못함으로써 미국의 고립이라는 결과를 가져오고 있다. 이 점은 달리 논하려 하거니와, 군사적·정치적 오산이 전쟁의 부정적인 요인으로 작용하고 있음을 확인하게 된다.

부시 대통령의 강경한 노선에 대한 오판도 이라크의 실수였다. 월남전의 쓴 경험을 안고 있는 미국이 전쟁을 감행하지 못할 것으로 후세인은 판단했다. 그러나 인류의 생명선인 석유 자원의 위협은 어떤 경우에도 용납되지 않을 서방의 결의를 몰랐다. 새삼스럽게 걸프전을 되새기는 것은 북한이 이라크와 같은 오산을 범해서는 안될 것임을 경고하기 위해서이다.

북한은 핵무기라는 위험한 수단을 가지고 한국과 미국에 맞서고 있다. 만약 미국이 성급한 결정을 내리거나, 북한이 절망적 상황에 놓이게 될 때, 또는 북한의 광기가 오판으로 이어질 때, 한반도에서는 예측하기 어려운 상황이 빚어질 수 있다. 이 오판과 위험을 막는 것에 본고(本稿)의 목적이 있다.

6. 오판의 위험

1939년에 감행된 소련의 핀란드 공격은 뜻밖에 고전을 거듭했다. 이를 지켜본 히틀러는 스탈린의 적군(赤軍)장교에 대한 대숙청의 결과라 판단했다. 양정면작전, 즉 서부전선이 마무리 되기전에 동부 전선에 새로운 전선을 형성하는 것은 전략상의 터부였다. 그러나 히틀러는 이로써 소련군은 현저히 약화된 것으로 생각하고 독일군에게 대소 침공을 명령했다.

독일군은 서전(緖戰)의 기습으로 적군에게 일방적 승리를 거두었다. 1941년말까지 소련은 1930년대의 급속한 공업화로 건설된 공장 시설의 태반을 잃었고 수적으로 우세했던 소련 육군은 독일 기갑부대에 의해 궤멸적인 타격을 입었다. 그럼에도 불구하고 6개월만에 1천3백의 주요 공장을 후방으로 이동하고 독일 기갑부대의 손이 닿지 않는 우랄산맥 배후에 새로이 일대 공업지대를 건설했다. 1942년말께에는 독일군의 4배의 전차, 약 2배의 항공기를 생산하기에 이르렀다. 히틀러는 운명적인 오판을 저질렀던 것이다.

단순 수치에 바탕할 때 인민군은 국군에 비해 단연 우세하다. 그러나 남북간의 현격한 경제적 격차, 아무리 빗장을 걸어도 스며드는 개방화의 물결로 북한 수뇌부는 초조해있다. 더 이상 그들 사회가 약해지기 전에 남침을 시도할 가능성은 충분히 있다. 남북간에 대화가 진전된다하여 남침의 가능성이 줄어든다고 생각해서는 안될 것임을 일깨우게 된다.

7. 뮌헨회담의 환상

뮌헨회담이 타결되었을 때, 유럽의 모든 교회에서는 평화를 축원하는 종이 일제히 울렸다. 쳄발렌 영국 수상은 영국 조야의 뜨거운 환영속에 런던으로 돌아왔다. 그러나 뮌헨회담을 비롯한 평화의 환상에 처칠은 일찌감치 경고했다. 전쟁을 막는 것은 사악한 히틀러와 회담을 하는 것이 아니라 영국인들이 매일 아침마시는 한잔의 홍차값을 절약하여 군비를 확장하는 것이라 말했다. 그러나 영국 조야는 처칠을 전쟁광으로 몰아붙였다. 드골 또한 일찍부터 기계화 부대론을 제창하여 프랑스 육군의 현대화를 촉구했다. 아이러니컬하게도 그의 이론은 독일에 의해 원용됨으로써 이른바 전격 작전의 주축이 된다.

독재국가는 모험을 곧잘 감행한다. 소련군의 베를린 봉쇄는 미국에 대한 도전이라기 보다 하나의 시험이었다. 미군이 즉각 이에 대처했다면 스탈린은 후퇴했을 것이 틀림없다. 2차 대전 직후 미국은 세계 유일의 초강대국이었기 때문이다. 베를린 봉쇄에서 자신을 얻은 소련은 한국 동란으로 또 한차례 미국의 의지를 시험했다. 쿠바의 미사일 기지 건설은 소련의 가장 큰 도박이었다. 케네디가 일전불사의 결의로 쿠바를 봉쇄하자 흐루시초프는 두 손을 들었다.

역사는 되풀이되지만 너무나 쉽게 그 교훈을 잊어버리는 일이 많다는 것을 새삼 확인한다. 도전적인 집단과의 평화는 대화에 의해서가 아니라 힘으로 결정되는 것임을 현대사는 생생하게 일깨우고 있다. 북한은 미국이 선제 공격을 하지 않는다는 보장만 하면 핵 개발 포기의 뜻을 명백히 하고 있다. 미국은 북한이 먼저 핵을 포기할 것을 요구하고 있다. 케네디가 흐루시초프에 대응한 것처럼 대북 강경책이 과연 최선의 방법이 될 수 있을 것인지 쉽게 예단할 수 없다. 분명한 것은 북한이 체제 보장과 생존의 희망이 있는 한 자멸적인 도발은 못할 것이라는 점이다. 그러나 물러설 수 있는 마지막 퇴로(退路)까지 차단될 때의 상황은 예측할 수 없다. 북한이 「절망의 선택」을 할 수 없게 한반도의 정세와 국제 환경을 이끌어 내는 것에 대북 정책의 기본이 설정돼야 할 것을 말하게 된다.

제 2부

제1장 전쟁과 정치

I. 전투의 패배를 전쟁의 승리로 이끈 정치력

1. 절망적 상황을 극복한 처칠의 전쟁지도

윤봉길(尹奉吉) 의사에게 한쪽 다리를 잃은 일본의 원로 외교관(元老外交官) 시게미쓰 마모루는 그의 오랜 외교관 생활을 통해 가장 감동적이었던 순간은 나치스 독일의 침공 앞에 영국이 절망적인 상황에 몰렸을 때 처칠경이 의회(議會)에서 연설했을 때였음을 술회한 바 있다.

일본이 2차 세계대전에 참전하기 전인 1940년 6월, 시게미쓰(重光)는 주영일본대사(駐英日本大使)였다. 전후 세 차례나 일본 외상(日本外相)을 역임한 그는 외교 사절단의 일원으로 처칠 수상의 역사적인 사자후(獅子吼)를 방청할 수 있었다.

이때 영국은 프랑스의 단켈크에 육군의 주력부대(主力部隊)가 수장(水葬)될 위기에 몰려 있었다. 맹방(盟邦) 프랑스마저 나치스에 항복하여 히틀러가 자랑하는 기계화 부대가 영본토(英本土)에 상륙하는 날 전면 패퇴할 수밖에 없는 절박한 상황에 놓여 있었다.

　이 절망적인 상황 속에서 처칠 수상은 피와 눈물의 비장한 대독 항쟁(對獨 抗爭)을 선언했고 이 명연설은 불굴의 투지를 영국민에게 심어주었던 것이다.

　단상에 오른 처칠 수상은 『여러분! 우리는 패했습니다. 프랑스에서, 단겔크에서 적에게 패했습니다. 그러나 우리는 싸울 것입니다. 만약 적군이 본토에 상륙하면 온 국민이 이들과 맞설 것이며, 그래도 안될 때에는 정부를 캐나다로 옮겨 항전(抗戰)을 계속할 것입니다. 폐하는 정부의 이 계획을 윤허하셨고 캐나다 정부도 이에 동의했습니다.

　지금 우리가 가진 것은 피와 눈물뿐입니다. 그러나 우리는 싸울 것입니다. 사악한 적에게 굴복하는 오욕을 결코 역사에 기록하지 않을 것입니다. 승리냐, 죽음이냐, 이 둘 중에서 하나를 우리는 택할 것입니다.』

　물을 끼얹듯 조용하던 의사당은 수상의 연설이 끝나자 전원이 기립하여 우뢰와 같은 박수를 보냈다. 수상과 의원의 눈에는 이슬이 번득였으며 불굴의 의지(意志)와 전의(戰意)가 의사당(議事堂)을 덮고 있었다.

　절망적인 전황(戰況)을 숨김없이 말하는 수상, 이에 눈물과 박수를 보내면서 정부를 성원하는 의원, 시계미쓰는 생애동안 잊지 못할 감동적인 장면이었다고 전후(戰後) 그가 외상으로 다시 취임했을 때 회상한 바 있다.

　여기에서 잠시 처칠경이 수상에 취임하기까지의 영국을 더듬어 보기로 한다. 챔벌린 수상을 비롯한 영국 조야(英國 朝野)가 평화의 환상에 젖어 있을 때 처칠경은 전쟁의 위험을 거듭 경고하고 유비무환(有備無患)의 대비책을 호소했다. 그러나 처칠경은 전쟁광(戰爭狂)의 비난만한 몸에 입었다. 나치스가 정면으로 도전해오자 그제서야 처칠경의 선견(先見)을 깨달은 영국민은 챔벌린 수상을 퇴진시키고 처칠경에게 조각을 위촉시켰다. 국왕(國王)의 부름을 받고 버킹검으로 달려간 그 때의 정경을 그의 회고록에서 간단히 간추려 본다.

— 국왕은 잠시 나를 놀려주듯이 내 얼굴을 바라보다가 『내가 왜 신(臣)을 보자고 했는지 모르지요?』하고 말했다. 나(처칠)는 『왜 저를 부르셨는지 통 짐작이 안갑니다』하고 대답했다. 국왕은 웃으며 『경에게 조각을 부탁하고 싶소이다』하고 말하였다. —

쾌히 승낙한 처칠경은 국왕에게 노동 · 자유 양당 수뇌를 곧 만나겠다는 것, 5명 내지 6명으로 구성되는 전시 내각을 조직할 것임을 아뢰고 지체없이 노동당수 애틀리를 만났다. 처칠은 조각의 어명이 그에게 내렸음을 말하고 제1야당인 노동당이 각원(閣員)의 3분의 1을 차지할 것, 6명 내지 5명의 전시내각 안에 2명의 각원을 넣을 것을 제의했다.

처칠경은 전쟁지도에 전책임을 지는 5명의 전시내각(戰時內閣)을 구성했고 이 안에 노동당 각료 2명을 넣었다.

이리하여 처칠 수상은 조각과 함께 여야(與野)없는 거국일치내각(擧國一致內閣)을 조직하여 히틀러에게 대항했던 것이다.

본토 포기가 불가피할 것처럼 보였던 영국은 처칠 수상의 지도와 비장한 호소에 힘입어 참으로 잘 싸웠다. 사가(史家)들은 만약 이때 영국이 쉽게 함락되었다면 미국이 영국편에 서서 참전했을 가능성은 의문시된다고 말하고 있다. 하늘은 스스로 돕는자를 돕는다는 말처럼 절망을 딛고 일어선 영국민이 용케 버티어 주었기에 후일 미국의 참전을 유도(誘

導)하게 되고 끝내는 최후의 승리를 거두게 된 것이다.

여담(餘談)을 말한다면 이때 히틀러가 승세(勝勢)를 몰아 단숨에 영국 본토로 쳐들어 갔으면 영국 정부는 캐나다로 옮겨갈 수밖에 없었을 터인데 정보활동의 착오로 영본토에 상당한 육군 병력이 있는 것으로 판단하여 결정적 승기(勝機)를 놓쳤다.

영국이 거국일치내각을 구성한 것은 2차 대전 때가 처음이 아니다. 1차 세계 대전 때에도 로이드 죠지 수상이 거국일치내각을 구성한 바 있고 1930년의 대공황(大恐慌)을 타개하기 위해 맥도날드 내각이 역시 거국일치내각을 구성한 바 있다.

평시에는 여·야로 갈려져 정쟁(政爭)을 벌이다가도 위기나 비상시에 처하면 여·야없는 거국 체제를 구축할 수 있다는 것은 참으로 부러운 정치 역량이 아닐 수 없다.

2. 마지노 라인과 처칠

시게미쓰는 마지노 라인이 함락된 그 충격적인 순간에도 의연(毅然)하기만 했던 처칠경을 또한 회상하고 있다. 프랑스 전선에서 막 돌아온 처칠경은 각의(閣議)가 끝난 뒤 오찬회(午餐會)에 참석한 외교사절들 앞에서 『어젯밤은 아주 곤경을 치루었습니다. 실은 마지노 라인이 돌파되어서 말이지요.』이 말에 모두가 깜짝 놀랐다. 프랑스 대사는 너무나 큰 충격에 얼굴색이 하얗게 변했다. 그러나 처칠경은 평소와 조금도 다름없이 불퇴전의 결의를 미간(眉間)에 응결시켜 투지 왕성함을 보여주었다. 시게미쓰는 이때의 처칠 수상이 당당하면서 날쌘 투우(鬪牛) 같았다고 했다. 그는 잘 마시고 잘 떠들었으며, 영·일(英日)간의 관계 개선은 연래(年來)의 현안이라는 외교사령(外交辭令)도 잊지 않았다. 마지노 라인이 무너지자 프랑스는 서둘러 독일에 무릎을 꿇었다. 베르당의 영웅, 패탕 원수가 항복 조인의 주역이 된 것은 역사의 아이러니가 아닐 수 없다.

그러나 육군차관 드골은 분연히 항복을 부인했다. 프랑스는 전투에서는 졌으나 전쟁에 진 것은 아니다. 단 1명의 프랑스 용사라 할지라도 독일과 싸우는 한 전쟁은 끝난 것은 아니다.

드골의 이 신념과 의지가 패전국 프랑스를 전승국으로 이끌었다.

3 독일 통일을 가능케 한 비스마르크와 모르토케

명장 모르토케는 문민우위의 원칙을 확립시킨 전략가였다. 보·오 전쟁의 전개과정에서 비스마르크와 군부간에는 강화 문제를 둘러싸고 첨예하게 의견이 맞섰다. 이때 화전(和戰)의 결정은 정치가가 내려야 한다는 모르토케의 판단으로 비스마르크는 원대한 정치적 포부를 달성할 수 있었다. 문민우위의 원칙은 제3제국하에서도 지켜졌다. 독일 참모본부는 히틀러의 전쟁구상에 반대했으나 통치권자의 명령이 떨어지자 참으로 용감하게 싸웠다. 히틀러가 영국군의 단켈크 철수때 이유없이 진격을 늦추지만 않았다면, 모스크바 공략 직전에 주력 부대의 키예프 공격을 명하지만 않았다면 2차 대전은 양상을 달리했을 것이다. 게슈타포로 대표되는 나치스의 친위세력은 독일 국민의 증오를 사고 있었으나 독일 국방군은 지금도 독일 군민의 사랑을 받고 있는 이유이다.

청·일, 러·일 전쟁의 승리로 일본이 열강에 올라 앉았을 때 일본 군부는 정치가의 결정에 순종했다. 군부의 최고위층은 육군대신을 여러 차례 역임한 장로급이었다. 러·일전쟁의 원정군 총사령관이었던 오오야마 이와오(大山巖)는 출정에 앞서 해군대신 야마모토 곤베에(山本 權兵衛)에게 전선은 어떻게든 꾸려 나갈테니 때를 놓치지 않고 강화를 체결하라고 당부했다. 그러나 이같은 절제와 양식은 군부가 스스로 정치의 주역이 되면서 무너졌다. 소위 만주 침략에 앞서 정치를 지배하게 된 일본 육군은 무모하게 전선을 확대해 갔다. 태평양 전쟁에 대해서도 정부와 해군에는 반대론이 우세했으나 육군은 이를 묵살하고 모험을 택했다. 전쟁초기 일본이 승승장구를 거듭할 때 조기강화론이 정부와 해군의 일각에서 제기되었으나 일축되었다.

육군은 「애국」을 독점하고 폭주를 거듭함으로써 그의 나라를 패망으로 이끌었다. 이때 일본 육군은 심각한 하극상의 난기류에 말려있었다. 참모본부의 영관급 참모가 총장의 이름을 빌려 야전군 사령관을 멋대로 부려먹었다. 반대 의견은 「비애국」으로 몰아세워 거세했다. 해방이후 수십년간 일본에서 「애국」이란 말이 禁句가 된 이유이다.

4. 상해 임정(臨政)과 자유프랑스

상해 임시정부와 자유프랑스는 그 탄생과정이 참으로 비슷하다. 망국의 한을 품고 남의 땅에서 상해 임정(臨政)이 수립된 것처럼 정부가 항복하고 국토가 나치스에 점령된 상황에서 자유프랑스는 런던에서 출범했다. 『최후의 1인까지 싸우라』고 臨政이 선언한 것처럼 드골은 항복하지 않는 오직 한 사람의 프랑스 장군으로서 항전을 선언했다.

프랑스는 『전투에서는 졌으나 전쟁에 패배하지는 않았다. 설사 한 주먹밖에 안되는 사람이라 할지라도 국민이 패배의 인정을 거부하고 있는 이상 군사적 패배는 결코 국민의 패배가 될 수 없다』는 드골의 신념은 임시정부라는 이름속에 주권국가의 정통성을 살리던 상해 임정의 의지와 흡사하다.

그러나 두 망명정권의 운명은 명암을 달리한다. 임정(臨政)은 망명 정권으로서의 공인을 중국정부로부터 받았으되 해방된 조국에서 그 법통이 부인된다. 자유프랑스는 망명지 영국에서조차 공인되지 못했으나 전후 해방 프랑스의 정부로 안착했다. 연합군의 파리 입성에 앞서 자유프랑스군의 루크렐사단이 선봉군으로 진격할 것을 절망한 드골의 요청이 아이젠하워 장군에 의해 받아들여진 것이 그 배경이 된다. 아직 총성이 들리는 샹제리제가를 드골 장군은 개선장군으로 행진했고 군중은 불타는 듯한 열기와 환호 속에서 그를 맞았다. 그러나 광복군은 본토 진격의 전열을 가다듬은 결정적 순간에 일황의 항복으로 개선군의 영예를 누리지 못한다. 일본의 항복을 발을 구르며 통한해 한 광복군의 심경을 헤아리고도 남는다.

당초 연합군은 프랑스를 독일처럼 점령지로 다스리려 했다. 그러나 드골은 국민적 열광을 배경으로 프랑스의 독립과 위신을 회복한다. 臨政은 정부의 이름으로 귀국했으나 미군정의 묵살로 환영객 하나 없는 빈 공항에 나그네처럼 고국 땅을 밟았다.

상해 임시정부가 드골의 임시정부 같은 法統을 인정받지 못한 것에서 한국의 비극은 시작된다. 그러나 임정이 있음으로써 우리의 항일사는 빛났고 민족사의 정통성, 의회정치의 초석이 다져 졌다.

5. 두 번이나 권좌를 버린 드골

드골은 널리 알려진 것처럼 두 번이나 그의 나라를 구한 영웅이다. 나폴레옹 이후 프랑스 최대의 거인으로 일컬어지는 그는 어느 누구도 그의 사임을 기대하거나 강요하지 않았는데도 불구하고 두 번이나 정권을 미련없이 버리고 야(野)에 묻혔다. 국민의 전폭적 지지가 없다고 판단했을 때 표연(飄然)히 권좌에서 물러났던 것이다.

국가 해방의 공로로 프랑스 해방 후 임시정부 주석이 되고 제4공화국의 초대수상이 된 드골은 1946년 1월, 공산당 등과의 이견(異見)을 이유로 침묵속에 정계를 떠나게 된다. 알제리 사태로 프랑스 조야의 부름을 받고 다시 프랑스를 이끈 드골은 정정(政情) 불안의 나라를 안정기반에 올려 놓고 프랑스의 영광을 되찾았다. 그러나 국민투표에 붙인 지방자치 관련 법안의 부결을 이유로 대통령직에서 깨끗이 물러났다. 불신임 투표를 받은 것이 아니었는데도 이제 위대한 그의 시대가 사라져 가고 있음을 깨닫자 주저하지 않고 야인(野人) 생활을 택했던 것이다.

그의 임기는 4년 가까이 남아 있었고 국민투표의 부결은 대통령에 대한 불신임이 아니라 특정정책에 대한 반대에 불과했다. 그러나 대통령의 중요정책이 불신임 받자 그는 물러나야 할 때로 판단했다. 드골은 이에 앞서 수 없는 개혁안을 국민투표에 붙였고 그때마다 압도적 지지를 받았다. 부결은 처음이었고 그것은 헌법상 대통령의 사임을 어떤 각도에서도 상정(想定)하지 않고 있었다. 그러나 그는 지체없이 엘리제궁을 떠나 고향 콜롱베에 내려가 그곳에서 회고록을 집필했다. 그리고 그곳에서 영면했다. 그는 유언에서 국장을 사양했고 육군 준장의 정복을 입은 채 묻히길 바랐다. 그의 희망대로 장례식은 고향 콜롱베에서 간소하게 거행되었다. 퐁피두 대통령이 유언 집행자의 자격으로 임석했다.

그러나 세계는 이 위대한 거인의 죽음을 그냥 보낼 수가 없었다. 장례식에 이어 유서깊은 노틀담 사원에서 추도식이 거행되었을 때 미·소를 비롯한 전세계의 국가원수와 수상이 구름떼처럼 모여 들었다. 우리나라에서도 당시 박정희 대통령이 참석했다. 그는 야인으로서 서거했지만 세계의 어떤 현직 원수가 사망했을 때보다 더 많은 국가원수를 국장아닌 추도식에 불러 들였다.

닉슨이 지적한 것처럼 그는 많은 정치 지도자에 의해 20세기 최대의 인물로 평가된다. 한 개인이 조국을 두 번이나 구한 예는 그 이외의 어떤 사람에게서도 찾아 볼 수 없다. 그러나 그의 위대함은 두 번이나 대권을 미련없이 버린 데서 더욱 빛났다. 그에게 있어 정권은 조국에 봉사하기 위한 수단이었고 국가의 소명(召命)에 응한 의무의 이행이었다. 때문에 국민의 마음이 멀어가기 시작했음을 확인한 순간 참으로 깨끗이 대권을 사양했다. 국민은 물론 야당조차 그의 사임을 입밖에도 내지 않았으나 그는 수상과 대통령직에서 두 번이나 물러났던 것이다. 그는 세계에 모범을 보임으로써 그의 신화(神話)를 더욱 찬란히 장식했다.

한가지 부연할 것은 그는 가히 신(神)에 준할 만한 존경을 받았고 권위를 지녔으나 철저한 민주 정치가였다는 점이다. 헌법은 그에게 국가 통치의 전권(全權)을 위임했지만 중요 정책을 결행함에 있어서는 항상 국민의 신임(信任=國民投票)을 물었다. 그리고 국민적 신임을 불러일으키지 못하자 정권을 깨끗이 내놓았던 것이다.

Ⅱ. 전투의 승리를 전쟁의 패배로 전락시킨 독재자들

1. 스탈린없는 공화국의 유실

독일 참모본부는 히틀러의 전쟁 강행 자체에 강력히 반대했다. 그러나 독일 국방부는 전쟁이 벌어지자 참으로 잘 싸웠다. 서유럽을 석권한 독일 장갑사단의 공격 앞에서 소련군은 연전 연패했다. 독일군 수뇌부는 모스크바를 점령한 다음「스탈린 없는 공화국」의 건립을 계획했다. 나폴레옹 시대와는 달리, 모스크바 점령은 정치적, 전략적으로 중대한 의미를 갖는 것이었다. 스탈린의 숙청 앞에서 반공 정권의 수립을 기대한 우크라이나를 비롯한 소련 연방내의 스탈린 저항세력은 독일군의 진격을 은근히 기대하고, 환영했다. 그러나 히틀러의 명령에 의한 민간인의 무차별 학살은 모든 소련인을 일치 단결시키는 결과를 가져왔다. 죽음을 두려워하지 않는 러시아인의 처절한 저항이 모든 전선에서 펼쳐졌다. 장병과 민간인을 비롯한 모든 소련인은 모스크바 이서(以西)의 군수 장비를 트럭과 손수레, 심지어 어깨에 매고 우랄산맥 이동(以東)으로 실어 날랐다. 스탈린그라드의 공방에서 보는 것처럼, 범 러시아인의 처절한 저항이 펼쳐졌다.

「슬라브인이여, 단결하라!」는 스탈린의 호소는 모든 러시아인의 가슴에 파고들었다. 그럼에도 불구하고 독일군은 가히 파죽지세로 모스크바 근교까지 진격했다. 모스크바 함락은 시간 문제였다. 그러나 이 결정적 시기에 히틀러는 주력 부대의 반을 우크라이나의 키에프로 돌릴 것을 명한다. 곡창지대를 확보하기 위함이라는 작전 의도가 천명되었다. 오늘날 모든 전사가들은 히틀러의 이 어처구니없는 명령만 없었다면, 모스크바는 함락되었을 것임을 말하고 있다. 민간인의 무차별 학살로 말미암은 러시아인의 반독 감정이 팽배했다 할지라도, 모스크바만 함락되었다면 「스탈린없는 공화국」은 상징적으로나마 설립되었을 법하다. 역사의 역설이 아닐 수 없다.

2. 모스크바 함락 직전의 병력 양분

1940년 12월 18일, 히틀러는 소련을 목표로 하는 「바로바롯사 작전」의 실행 명령을 내리고, 1941년 5월 1일까지 작전 준비 완료를 명령했다. 현실의 공격 개시는 한 달과 일주일이 늦었지만 1백50여 사단, 3백만의 대병력이 소련을 향해 진격했다. 공격 개시에 앞서 독일 육군 참모총장 프랑츠, 헬더 장군은 전장 시찰을 위해 비행기를 이용했으나, 눈 아래에 펼쳐진 광대하고 황량한 대지에 의기소침(意氣銷沈)했다고 한다. 그 러시아의 대평야를 향해 1941년 6월 22일, 선전포고도 없이 독일의 전격전이 개시되었다. 2천 마일에 걸친 전선을 향해 사상 최대의 대병력이 레닌그라드, 모스크바 그리고 우크라이나 지방을 향해 진격했다. 그것은 그 때까지 인류 사상, 최대의 파괴적 공격이었다.

히틀러는 겨울이 오기 전에 승리를 얻을 것으로 확신했다. 과연 몇 달 만에 독일군은 소련의 인구, 철도, 곡물 생산의 40%를 점하는 지역을 점령했다. 스탈린이 어디로 정권을 옮길 것인가가 국제적 관심을 모았다. 소련군이 독일의 공격 앞에 맥없이 무너진 것은 명장 드와체프스키 원수를 숙청하는 과정에서 고급 지휘관의 2/3를 처형한 것과 밀접한 연관이 있는 것으로 일컬어지고 있다. 러시아 내의 일부 반공 인사는 독일군의 진격을 환영하기까지 했다. 그러나 앞에서 말한 것처럼, 민간인에 대한 무차별 학살은 러시아인의 총 궐기를 불러왔다. 1941년 7월 3일, 스탈린은 방송을 통해 독일군의 국토 침입을 솔직히 인정하고 앞으로의 항전은 「전 소비에트 인민의 싸움」임을 역설했다. 모든 슬라브 민족의 단결을 호소하면서 독일과의 전쟁을 「대 조국 전쟁」으로 부른 것에서 보는 것처럼, 스탈린은 대전을 통해 공산주의를 부르짖은 것이 아니라 러시아 민족의 애국심에 파고들었다.

승패보다는, 소련이 얼마간 항전할 수 있는 가를 국제 사회는 주시했다. 1941년 9월, 독일군은 모스크바 근교까지 진격했다. 그러나 이 때, 히틀러는 앞에서 말한 것처럼, 주력 부대의 일부를 키에프로 돌렸다. 우크라이나의 곡창지대를 확보한다는 것이 이유였다. 만약 이 때 히틀러의 어이없는 작전 명령이 없었으면, 모스크바는 함락되었을 것으로 적지 않은 전사가들이 말하고 있다. 가을이 오기 전에 독·소 전쟁을 끝내겠다는 히틀러의 구상은 무너졌다. 그리고 러시아 전선이 교착 상태에 빠진 1941년 12월에 일본은 태평양 전쟁에 뛰어든다. 일본군의 역사적 실책이 아닐 수 없다.

3. 일본 해군 최대의 적은 일본 육군

일본 육군이 영·미 두 나라와의 전쟁을 기정 사실로 밀어붙일 때 해

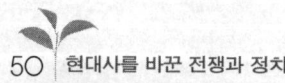

군은 대체로 이에 반대했다. 소련 한 나라만을 대상으로 전쟁을 결행한다면 찬성이지만, 영국까지 포함시키는 것은 절대 반대의 입장을 고수했다. 수상을 두 차례나 역임한 요나이 미스마사(米內 光政) 해군대신이 그러한 주장을 강력히 주장했다. 해군의 장로격인 요나이의 견해는 곧 해군을 대변하는 것이기도 했다. 특히 요나이 밑에서 고노에 내각의 해군 차관직에 있던 야마모토는 영국을 대상국으로 하는 것은 동시에 미국도 적대국으로 돌리게 된다는 점에서 반대론을 펼쳤다.

　일본 해군과 육군의 대립은 일본이 독일 및 이탈리아와 동맹 체결을 할 때부터 시작되었다. 해군은 3국 동맹 체결이 육군 주도로 진전된다는 것에 불신과 대항의식을 가졌다. 해군은 일찌감치 외국을 순회하여 국제 정세에 밝았다. 국제 감각이 전무한 육군과는 처음부터 입장이 달랐다. 진주만 기습을 입안한 야마모토 이소로쿠와 이노우에 시게요시 중장은 영·미와의 전쟁은 결코 이길 수 없음을 꿰뚫어 보고 있었다. 이 점 책머리에서 약술했거니와 첫째, 광대한 미 본토를 공략하거나 점령하는 것이 불가능하고, 수도 공략 또한 불가능하다. 미군사력의 섬멸이 불가능 할 뿐만 아니라, 대외 의존도가 얕고 물자가 풍부한 미국은 해안 봉쇄를 해도 효과가 거의 없다. 그에 앞서 해안선의 장대함과 일본과의 거리에 비추어 해상 봉쇄 자체가 원천적으로 불가하다. 이에 반해 일본은 본토 점령, 수도 점령, 작전군의 섬멸, 해상 봉쇄에 의한 물자 결핍, 또 기술적으로도 봉쇄가 가능하다. 이에 대하여 현존 병력이 아닌 총체적인 국방력은 미국의 1/10에 비치지도 못함을 알고 있었다. 육군과는 달리 전쟁에 소극 내지 반대했던 이유라 할 것이다.

　전쟁이 벌어진 다음에도 육·해군은 맞설 때가 많았다. 해군은 전쟁

초기의 화려한 전과를 토대로 연합 국가와의 화평을 모색하려 했다. 싱가포르 함락 직후가 그 적기(適期)라 판단했다. 그러나 승리에 취한 일본 육군은 이를 무시했다. 태평양 전쟁 말기에도 해군은 강화, 곧 항복론을 주창했으나, 육군은 이를 반역으로 몰아 부쳤다. 태평양 전쟁의 전 과정에 있어, 일본 해군 최대의 적은 일본 육군으로 지칭하기도 한 이유가 이러한 데에 있다.

4. 단겔크에서 진격 멈춘 독일군

드골의 기계화 부대론을 빌려 전차 중심의 공격 부대를 편성한 독일군은 불과 45일만에 프랑스를 제압했다. 남은 것은 도버 해협을 눈앞에 둔 33만명 이상의 영국군을 바다에 매장해 버리는 것이었다. 독일 참모본부는 기갑부대에 북상 명령을 내렸다. 영국군은 필사의 탈출을 시도했으나, 단겔크에서 독일군의 추격 앞에 전멸의 위기에 놓였다. 이 때 영국군이 수장되었다면 영국은 육군의 주력부대를 상실함으로써 독일 육군이 본토에 상륙하게 되면 속수무책의 절대 위기에 놓여 있었다. 처칠 수상이 의회 연설에서 최악의 경우, 수도를 캐나다에 이전할 것을 눈물로 호소한 것도 이 무렵이었다.

그러나 히틀러는 구델리안 장군의 선두 전차부대에 진격의 정지를 명했다. 전차부대의 출동에 대해서는 히틀러가 직접 명령을 내리게 되어 있었다. 무엇때문에 히틀러는 결정적 승리의 기회를 스스로 포기했던가! 전차의 소모를 염려하여 게링의 공군에 의한 단겔크 연합군 전멸을 도모했다는 설이 있긴 하다. 그러나 그 진상은 지금껏 밝혀지지 않고 있다. 히틀러는 유태인과 슬라브 민족을 저주하고 증오한 반면, 앵글로 색

슨에 대해서는 한없는 동경을 가지고 있었다. 이 미묘한 심리에 말미암은 것으로 해석되기도 한다. 어찌됐건, 어처구니없는 진격 정지 명령에 의해 약 33만의 연합군 병사는 단켈크에서 기적의 철수를 거둘 수 있었다. 이 날 처칠은 『우리들은 해안에서 싸우고, 평야에서 싸운다. 어떤 경우에도 사악한 적에게 항복하지 않을 것이다.』라고 선언했다.

5. 히틀러의 대영(對英) 화평 공작 실패

히틀러의 가장 큰 오산은 영국이 폴란드 공격을 묵인할 것이라고 생각한 점이었다. 설사 군사적 대응 조치를 취한다 할 지라도, 손쉽게 영국과의 화평이 성립될 것으로 판단했다.

히틀러의 통역관이 영국의 최후 통첩을 번역했을 때, 이를 받아본 독재자는 긴 침묵 끝에 창가의 릿펜드롭을 향해 내뱉듯이 말했다. 『도대체, 어떻게 된 것인가?』마치 릿펜드롭 외상이 사태를 그르친 것이라고 힐난하는 듯 했다. 릿펜드롭은 조용히 말했다. 『한 시간내에 프랑스도 최후 통첩을 가지고 올 것입니다.』
스탈린이 영국과 프랑스가 폴란드를 위해 독일과의 전쟁을 시작할 것을 계산하고, 독·소 불가침 조약을 체결한 것인지는 알 수 없다. 분명한 것은 그 결과가 스탈린에게 있어 가장 바람직한 방향으로 전개되었다는 점이다.

독일의 이른바 「생존권」 확보를 위한 동유럽에의 침공은 뜻하지 않게 영·불과 대결하게 되었으나 이미 물러설 길은 막혀 버렸다. 히틀러는 독일이 장차 대국의 지위를 유지하기 위해서는 식량, 자원의 항구적인

확보가 필요하다고 생각했다. 히틀러는 이를 위해 4가지 방법을 선택할
수 있었다. 첫째는, 독일 인구를 억제하는 것. 둘째는, 해외 식민지를 확
보하여 독일인을 이주시키는 것. 셋째가 무역, 통상을 통해 인구에 걸맞
는 국력을 양성하는 것. 그리고 마지막이 유럽을 정복하여 독일 영토를
확대하는 것이었다. 히틀러는 침략에 의한 독일 영토의 확대를 선택했
다. 히틀러는 소련과 동유럽의 열등한 민족들은 우수한 게르만 민족에
지배되지 않으면 안된다는 생각을 하고 있었다. 서유럽, 더욱이 영국 본
토를 정복할 생각은 전혀 없었다. 그 때문에 히틀러는 전쟁이 시작된 뒤
에도 거듭 영국에 대해 화평을 제안했다.

첫번째는, 폴란드가 굴복한 직후의 1939년 10월 6일로, 독일과 영 ·
불 연합군이 국경에 병력을 배치한 채 움직이지 않을 때였다. 히틀러는
폴란드 문제는 영 · 불에 관계없고 무엇때문에 전쟁을 하지 않으면 안되
는 가하고 호소했다. 이에 대해 프랑스의 다라이디에 수상은 즉각 거부
했다. 챔발렌 영국 수상은 폴란드에서의 철수를 요구했다. 어쩔 수 없이
히틀러는 프랑스 공략을 명했으나, 악천후와 작전 계획서의 유실이라는
여러 이유에서 몇 차례나 연기되었다. 결국 1940년 4월 8일에 먼저 노
르웨이, 덴마크를, 5월 10일에 네덜란드, 벨기에, 룩셈부르크를 침공한
다음에야 프랑스를 공격했다. 바로 이 날, 오래전부터 히틀러에의 경계
와 적의를 노골적으로 표시해 온 처칠이 수상에 취임한다.

프랑스 항복 후의 1940년 7월 16일, 히틀러는 독일군의 영국 본토 상
륙작전을 명령한다. 그러면서도 히틀러는 영국이 화평에 응하기만 하면
즉각 작전을 중지할 것이라면서 영국에 또 다시 화평제안을 했다. 영국
이 화평에 응한다면 영국 본토는 물론 해외의 식민지도 현상대로 인정

할 것임을 시사했다. 히틀러가 추구하고 있는 것은, 독일의 생존권 획득을 위해 동유럽을 차지하는 것일 뿐, 영국에 대한 적대 정책은 결코 없음을 강조했다. 영국에의 화평 제안은 중립국인 스웨덴과 미국, 나아가 로마 교황청이라는 또 하나의 루트를 통하여 은밀히 진행되기도 했으나, 영국은 일축했다. 독일군이 점령지에서 철수하고, 앞으로도 침략하지 않는다는 보장을 한다면, 교섭에 응할 수 있을 것임을 밝혔다. 일본군의 중국 본토 철수를 대일 화평의 전제 조건으로 제시한 미·영의 요구와 비슷했다. 그러나 일본군이 중국 철수대신 전쟁이라는 모험을 감행한 것처럼, 히틀러도 결국 영국과의 전쟁을 벌이게 된다.

히틀러는 대영 공격 명령을 발동하기에 앞서,『영국이 그 절망적인 상황에도 불구하고, 사태를 이해하지 못하고 있다』라고 말하면서, 처칠이 철저한 항전의 태세를 훈지하고 있는 것에 대해 의문을 제기했다. 히틀러는 영국이 화평 제안을 거부하고 있는 것은 이 전쟁에 소련이 개입할 것을 기다리고 있기 때문이라는 결론을 내렸다. 그리하여 소련을 타도하면 영국도 굴복시키고, 독일은 뜻한 바 생존권을 확보할 수 있다고 생각했다. 이 같은 판단아래서 히틀러는 세계를 놀라게 한 독·소 불가침 조약을 깨트리고 소련에 쳐들어간다. 요컨대 히틀러는 폴란드 공격 당시만 해도 생각지 못했던 영국 및 소련과의 전쟁을 시작하게 되었을 뿐만 아니라 끝내는 미국마저 전쟁에 불러들임으로써 파멸로 치닫게 된다. 독재자의 오판이 불러일으킨 인류의 재앙이었다.

III. 전투의 승리를 전쟁의 승리로 장식한 지도자들

1. 지도자들의 전쟁

유럽 전쟁은 소수의 지도자에 의해 벌어진 전쟁이었다. 루즈벨트, 처칠, 스탈린, 또는 히틀러, 무솔리니, 나아가 저항운동의 지도자인 프랑스의 드골, 유고슬라비아의 티토 등이 2차 대전의 주역이었다. 물론 어떤 전쟁에도 지도자는 존재한다. 그러나 제2차 세계 대전처럼 정치상의 최고 지도자가 나란히 군을 장악하고, 전략을 결정한 일은 거의 없었다. 이들은 전쟁 수행의 중요한 수단인 전시 외교에 있어서도 국무장관이나 외상 등을 보좌역으로 거느린 채 주연 역할을 했다. 당연히 저마다의 개성이 발휘되고, 허허실실(虛虛實實)의 드라마가 연출되었다. 이들의 외교 정책상의 판단, 결정, 그리고 이에 이르는 과정은 전쟁의 승패에 결정적 작용을 했다.

제2차 세계 대전이 시작된 시점에서 이들 지도자의 연령을 살펴보면, 처칠은 64세, 스탈린은 59세, 루즈벨트는 57세, 무솔리니 56세, 장개석 51세, 히틀러 50세, 드골 48세, 그리고 일본 천황 히로히토가 38세였다. 특기할 만한 것은 일본도 2차 대전의 주요 당사국이었으나, 다른 나라에서와 같은 절대적 지도자가 없었다는 점이다. 도조(東條)가 전범의 수괴처럼 인식되고 있으나, 강력한 개성의 지도자와는 거리가 멀었다. 또 하나 간과해서 안될 것은 독일과 이탈리아에서는 국민에 의해 전범이 추적되고 단죄되었으나, 일본은 오로지 연합국에 의한 처단에 그쳤다는 점이다. 독일의 경우에도 전범은 뉘른베르크의 전범 재판에 의해 다루어 졌으나, 독일 국민은 지난날의 전쟁 지도자를 철저하게 비판했고, 지금도 나치스나 그 추종자는 시효와 상관없이 처벌되고 있다. 이에 반해 일본은 수상이 전범들이 안장되어 있는 야스구니 신사를 참배하고 있다. 일본 조야의 정서를 함축하고 있다.

2. 영국의 전시 내각

1941년 3월, 드골은 처칠의 초청으로 런던 교외에 있는 체카스의 수상 별장에 숙박하고 있었다. 3월 9일 새벽, 처칠은 희색이 만면하여 손님을 깨웠다. 이른바 무기대여법이 상정되고 난 뒤 2개월 가까이의 논란 끝에 미국 상원이 60 대 31로 이 법안을 통과시켰던 것이다. 고독한 전쟁을 계속하고 있던 처칠은 이로써 미국으로부터 전략 무기를 공급받게 된 것이다. 스탈린의 소련 또한 이 법에 의해 미국을 그들의 병기창으로 활용했다. 이 법은 전쟁이 끝날 때까지 40개 가까운 나라에 적용되었으나, 그 최대의 수혜자는 영국이었다. 히틀러는 영국이 미국의 유태인 자본가들의 노예가 되고 있다고 무기대여법을 비난했으나, 처칠에 있어서는 더할 나위없는 복음이었다.

만약 전쟁에 지면 제일 먼저 런던탑에서 처형될 5명의 전시 내각은 대독 전쟁의 중추적 역할을 했다. 단겔크에서 영·북 양국 합해 33만명이 구출되긴 했으나, 전황은 절망적이었다. 영국 정부 내에서도 대독 화평의 움직임이 일기 시작했다. 쳄발렌의 후계자로 가장 유력하게 거론됐던 전시 내각의 하리팍스가 그 중심이었다. 영토상의 이익을 대가로 이탈리아에 중재를 의뢰하려 했다. 이 같은 화평 움직임에 쳄발렌도 반드시 반대하지 않았다. 그러나 처칠은 노동당 각료의 지지를 배경으로 항전의 의지를 관철했다. 영국의 전시 내각이야말로 전투의 패배를 최종적인 전쟁의 승리로 이끈 구심체였다.

아메리칸이 가장 행복했던 시기로 기억하는 2차 대전 중 미국은 그야말로 범국민적인 단결로 나치스와 일본을 격파했다. 전쟁 중 국민소득이 증가한 유일한 나라인 미국은 민주주의의 병기창으로 2차 대전을 주도했다. 1944년의 대통령 선거에서 듀이 공화당 대통령 후보는 백악관행의 결정적 티켓을 가지고 있었으나 안보를 위해 포기했다. 진주만 기습에 얽힌 루스벨트의 트릭을 폭로했을 때 일본군의 암호 해독 사실이 노정되는 것을 염려해서 였다.

3. 전후 세계를 꿰뚫어 본 처칠과 스탈린

독일의 대소 전선이 확대되면서 스탈린은 미 · 영에 「제2전선」을 형성하여 독일의 군사력을 양분시킬 것을 희망했다. 이 때 프랑스에 제2전선을 만드는 것에 반대한 것이 처칠이었다. 영국이 고군분투하고 있을 때 독일에 접근한 소련이 지금 어려운 처지에 놓여 있다고 하여 갑자기 지원을 요구하고 있는 것은 뻔뻔스럽다는 생각을 영국인들이 품고 있을 법했다. 어찌했건 영국은 독일 방어력의 강력함과 자국 군사력의 약함을 주장했다.

처칠은 중근동(中近東), 지중해, 아프리카 방면의 작전을 중시하고, 이미 많은 군수품을 이 지역에 배치하고 있었다. 그것은 지중해의 여러 지역에서 승리를 거두고, 이탈리아 반도나 발칸 방면의 소위 추축국(樞軸國)의 부드러운 하복(下腹)에서 독일을 공격한다는 전략을 세우고 있었다. 그것은 소련의 서진(西進)을 차단하는 효과도 있었다. 스탈린은 연합국의 승세가 굳어질 무렵 프랑스에서의 제2전선을 강력히 주장함으로써 처칠과 맞섰다.

제2차 세계 대전의 주역은 루즈벨트 미 대통령이었다. 전쟁 자체는 독일과 영·불, 독일과 소련 사이에 먼저 벌어졌으나, 전쟁을 이끌어 간 것은 뒤늦게 뛰어든 미국이었다. 「민주주의의 병기창」이라고 일컬어진 미국의 거대한 공업력과 풍부한 자원이 미국으로 하여금 연합국의 병기창으로 기능하게 했다. 영국은 물론 소련도 미국이 제공하는 군수 물자와 무기에 의존해야 했다. 문제는 루즈벨트가 스탈린과 처칠을 등거리(等距離)에 두고 다루었다는 점이다. 처칠은 『만약 히틀러가 지옥을 공격한다면, 나는 악마와 제휴하여 이를 물리치겠다』고 말하리만치 나치스를 증오했으나, 그에 못지 않게 전후의 공산주의 팽창을 경계했다. 비운의 전쟁 영웅 패턴 장군이 철저하게 적군(赤軍)을 혐오, 경계하고 룸멜을 비롯한 독일의 유수한 장군들이 영(英)·불(佛)과의 조기 강화와 소련과의 결전을 주장한 것에서 보는 것처럼, 오늘의 동맹국 소련은 언제든지 미·영의 적국이 될 수 있는 성향의 국가였다. 그러나 이것은 어디까지나 처칠의 견해일 뿐, 루즈벨트는 소련을 영국과 같은 동맹국으로 보았다.

만약 처칠의 구상이 받아들여졌다면, 소련군이 유럽 동부를 지배하고 2차 대전 이후 미국의 강력한 경쟁 세력으로 대두하는 일은 없었을 것이다. 사가들은 전시 중에 전후 세계의 재편을 바라본 것은 처칠과 스탈린 뿐이었음을 말하고 있다.

4. 소련군의 베를린 진격을 허용한 아이젠하워

1945년 5월 2일, 소련군 병사들은 베를린 국회의사당에 붉은기를 휘날렸다. 이 군을 지휘한 게월기 주코프 원수는 레닌그라드, 모스크바, 스탈린그라드 등의 방위전에서 혁혁한 전공을 세웠다. 이름그대로 소련군 최고의 군인이었다. 그는 스탈린과 대등하게 말할 수 있는 인물이기도 했다. 쾌활하고 사교적인 주코프는 아이젠하워와도 친밀했으나, 스탈린은 이를 탐탁치 않게 생각했다.

소련군에 의한 베를린 점령이야말로 처칠이 가장 우려한 것이었다. 1945년에 접어들면서 이제 군사적 승리를 시간문제로 본 처칠은 독일의 심장부인 베를린 공략에 대하여 루즈벨트에게 소련군 아닌 미·영군이 앞장설 것을 요망했다. 그러나 1945년 3월말, 베를린을 목표에 포함시키지 않는 미·영군의 진격작전을 스탈린에 통보했다. 그리하여 아이젠하워는 처칠의 요청에 귀를 기울이지 않았다. 한편, 소련은 미·영을 의심하고 베르린 점령을 서둘렀다. 독일군의 주력과 싸운 소련군으로서는 베를린이야말로 반드시 스스로의 손으로 점령하지 않으면 안되는 곳이었다. 처칠이 베를린과 함께 중시한 프라하의 해방도 소련군에 위임되었다.

루즈벨트의 실책 중의 하나는 트루먼 부통령을 외교정책 수립에 접근시키지 않은 것에 있었다. 1945년 4월 12일, 상원에 있던 트루먼 부통령은 백악관의 긴급 호출을 받았다. 오후 5시반경 그를 맞은 엘리노어 루즈벨트 부인은 남편의 죽음을 알렸다. 오후 7시경 대통령 취임식이 즉석에서 행해졌다. 친소적이었던 루즈벨트와는 달리 트루먼은 소련을 싫어했다. 그러나 루즈벨트의 외교정책을 바꿀만한 아무런 예비지식을 그는 갖지 못했다. 사실상 루즈벨트의 대역을 맡은 마샬 원수는 군사 중심으로 정세를 판단했다. 그는 얼마나 빨리, 가장 손해가 적게 전쟁을 끝낼 것인가만을 생각했다. 소련군의 진격을 저지할 처칠의 정략에는 전혀 귀를 기울이지 않았다.

루즈벨트, 아이젠하워의 전략에 참을 수 없는 분노를 느낀 것이 패턴 장군이었다. 오늘날 미국 최고의 명장이며, 전쟁 영웅으로 평가되고 있는 패턴은 동맹국 소련에 대한 노골적인 반감의 표시등이 문제가 되어 한때 지휘권을 박탈당하기도 했다. 가까스로 전장(戰場)에 복귀했으나, 오랫동안 그의 부관이었던 오마 브래들리 장군밑에서 군단을 지휘하는 것에 머물러야 했다. 그래도 그의 군단은 질풍노도의 세로 진격했다. 이에 제동을 건 것이 아이젠하워였다. 동맹국 소련군의 베를린 점령을 가능케하기 위한 명령이었다.

전쟁 말기에 독일과 미·영간의 단독강화는 여러 갈래에서 모색되었다. 예를 들면 1945년 2월에서 3월, 이탈리아 방면의 독일 장교가 스위스에서 미·영측과 교섭하는 사건이 있었다. 이러한 공작은 히믈러나 게링에 의해서도 기도되었다. 히틀러 자살후 후계자로 지명된 데니츠도 먼저 서부전선에서 항복하려 했다. 룸멜 장군 등의 히틀러 암살계획 또한 미·영과의 강화를 전제한 것이었다. 스탈린은 독일과 미·영이 화평하여 반소 십자군이 결성되는 것을 가장 두려워했다. 소련군에 의한 베를린 점령으로 스탈린의 오랜 의구(疑懼)는 사라졌다. 역사의 가정이란 무의미한 것이지만, 만약 처칠의 전략 구상이 루즈벨트에 의해 받아들여졌다면, 전후 소련의 동유럽 진출은 원천적으로 차단되었을 것이다. 소련과 영국을 등거리(等距離)에서 다룬 루즈벨트의 외교, 정치적 감각에 전후의 냉전은 배태(胚胎)되었다고 할 수 있다.

5. 군과 정치

맥아더는 일본 패전의 원인으로 저급한 지휘관들을 추가하고 있다.
『내 선친이 觀戰무관으로 임한 露·日전쟁시의 將官, 大山, 東鄕, 兒王,
秋山등의 세계 1류급 인물은 어디 갔는가. 태평양 전쟁에서 상대한 일본
의 장군은 모두 고작 2류급에 머물고 있지 않은가』. 그의 지적은 옳았
다. 러·일 전쟁 당시의 일본 군부는 정치에 초연했으나 태평양 전쟁 때
의 일본 군부는 스스로가 정치의 주역이었다. 군인들이 정치에 관여할
때 본래의 자질과 기능이 떨어질 것은 필연의 이치이다.

普·墺 전쟁 당시 프러시아군이 敵都비엔나 점령을 눈앞에 두었을 때
비스마르크가 진군을 중지시킨 것은 유명한 얘기이다. 장군들은 발을
구르며 통분했다. 그러나 후일을 기해 오스트리아 국민의 자존심을 건
드리지 않아야 했다. 普·佛 전쟁이 벌어졌을 때 오스트리아는 그때의
은혜를 갚음으로써 비스마르크의 전략을 도왔다. 전술적 전개는 장군이
맡아야 하지만 전쟁 지도는 정치가가 맡아야 옳다. 맥아더는 대통령의
전쟁지도 내지 전략 구상에 도전했다. 해임은 너무나 당연한 것이었다.

군이 정치에 관여함으로써 성공한 나라는 낫셀시대의 이집트 뿐이다.
남미와 亞·阿의 많은 나라는 군의 정치 개입이 끝없는 악순환의 원인
이 되고 있다. 지난날 군일각의 정치 개입이 나름대로의 이유를 가졌다
할지라도 어디까지나 역사의 아픔이었다. 군이 정치 현상을 주관적으로
판단하려 해서는 안된다. 최고사령관(대통령)의 명령에 복종함으로써

족하다. 민주국가에서 군령권의 정상은 대통령인 것이다.

6 대통령과 군부

집권자가 군부를 장악하는 길은 두 가지가 있다. 인사권과 예산편성권이 바로 그것이다. 케네디 미대통령은 취임직후 합참의장에 이미 퇴역한 맥스웰 테일러 대장을 기용했다. 그때까지 합참의장은 육·해·공군의 순번으로 임명되었다. 초대가 브래들리 육군대장, 이어 레드포드 해군대장, 드와이닝 공군대장, 그리고 렘니처 육군대장으로 이어지고 있어 다음은 해군대장이 의장에 취임할 것으로 생각되었다. 그러나 케네디 대통령은 재임의 관례마저 무시, 렘니처 대장을 1기로 물러나게 하고 테일러 대장을 앉혔던 것이다.

존슨 대통령은 취임하기 바쁘게 재임기간이 1년남짓 남아있는 테일러 대장을 引退시키고 육군참모총장 휠러 대장을 후임에 임명했다. 그와 함께 웨스트 모얼랜드 대장을 육군참모총장으로 승격시켰다. 장차 웨스트 모얼랜드 대장을 합참의장으로 기용할 속셈이었다. 그러나 닉슨 대통령은 존슨 보이로 일컬어진 웨스트 모얼랜드 대장을 싫어하여 의장에는 뮐러 해군대장을 발탁했다. 1백여명의 선임대장 중장을 제치고 헤이그 소장을 2계급 특진시킨 뒤 육군참모차장에 임명한 것은 닉슨의 가장 파격적인 장성 인사였다. 육군을 장악하기 위한 닉슨의 복선이었다. 히틀러는 장교의 충성서약과 원수의 양산을 통해 군부를 장악했고 빌헬름 1세는 군정은 비스마르크에, 군령은 모르토케에 맡기면서 독일 군부에 군림했다.

루스벨트 대통령은 이름 그대로 3군 최고사령관이었다.『마샬은 해군의 일을 모르고 킹은 육군의 사정을 모른다』면서 마샬 육군참모총장과 킹 해군참모총장을 수족처럼 부렸다. 루스벨트 이후 3군을 직접 장악한 대통령은 없으나 합참의장을 비롯한 3군 수뇌의 인사를 통해 문민지배의 원칙을 확립했다.

일본이 태평양 전쟁에서 패한 중요한 요인 중의 하나에 수상이 군부에 간여할 길이 원천적으로 봉쇄된 체계가 있다. 일본 군부는 「통수권의 독립」이라고 하여 군의 작전과 용병은 물론 심지어 전쟁 자체에까지 내각이 발언할 기회를 차단했다. 일본 육군을 장악하고있는 참모총장은 내각과는 독립되어 있었다. 법적으로는 천황에 통수권이 귀속되어 있었으나, 천황의 통수권은 상징적인 것이어서 사실상 참모총장이 통수권자였다. 그리하여 대미 선전포고 직전까지 일본 외상은 개전일자를 모르고 있었다. 그것을 알아야 미국과의 협상 전략을 짤 수 있다는 외상의 호소 앞에서 해군 군령부총장(참모총장)은 12월 7일이라고 알려주었다.

만주 침략은 물론 중·일 전쟁마저 내각이나 수상이 전혀 모르는 상태에서 저질러졌다. 내각은 군부의 독재를 뒤치다꺼리하는 존재에 지나지 않았다. 현역 군인인 참모총장이 사실상 통수권을 행사함으로써, 일본은 패망이 전제된 전쟁을 벌이고 만다.

7 정쟁과 전황(戰況)발표

전황발표처럼 서로의 주장이 엇갈리는 것도 드물다. 후세인의 일방적인 공격으로 벌어진 이란, 이라크전은 물론 영국, 아르헨티나간의 전쟁에 있어서도 교전 당사국은 서로 자국의 우세를 주장했다. 전황은 국민들에게는 물론 전선의 장병에게도 사기에 영향을 미치는 것이기 때문에 자국에 유리한 해석을 내리는 것은 이해가 가는 일이다. 그러나 이런 경우에도 독재국가들은 허위와 과장이 심한 반면 민주국가는 대체로 진실을 국민에게 알린다.

진주만 기습에서 시작된 서전에서의 잇따른 패전에 대해서 미국 정부는 하나 숨김없이 국민에게 알렸다. 한국전이나 월남전이 치열한 보도 경쟁을 통해 서방에 사실 그대로 전해진 것은 우리가 직접 경험한 바이다. 그러나 일본은 주력함대를 섬멸당한 미드웨이에서의 패전조차 혁혁한 승리로 분식하여 전황을 제대로 알리지 않았다. 야마모토 이소로꾸 원수(山本五十六元師)의 전사를 일본은 한달 가까이 숨겼고 히틀러는 롬멜 장군을 처형한 뒤 국장으로 예우함으로써 부상 끝의 전사로 국민을 기만했다. 일본은 항복의 그 순간까지 승리를 호언했고 마지막 일순까지 국민을 속였다. 히틀러 또한 궤멸의 순간까지 국민에게 승리를 믿게 하여 필요 이상의 희생을 보게 했다.

일본은 1945년 8월 15일의 항복 직전까지 승리를 장담했다. 해군 본부와 120여만명의 해군 장병은 있었으되, 군함은 모두 바다 밑에 가라앉은 상황에서도 무적 해군을 자랑했다. 육군 또한 신병이 소총조차 지급받지 못한 황폐한 상황에서도 최후의 승리를 호언했다. 미드웨이 해전이후 계속 수세에 몰리고 패전을 거듭했으되, 항상 전투의 승리만을 국민에게 알렸다. 그리고 대부분의 국민은 이 날조된 전황발표를 믿었다. 어처구니없는 것은 몽고와 고려군의 일본 공략때에 불어닥친 계절풍같은 것이 다시 일본 열도 주변을 휩쓸어 적군을 매장시킬 것으로 믿고 있었다는 점이다. 그 옛날의 계절풍을 가미가제(神風)로 선전하여 일본 국민들에게 최후의 승리를 믿게 했던 것이다.

독일은 조금 사정이 달랐다. 스탈린그라드의 패배이후 히틀러는 라디오를 이용한 대중 연설을 거의 하지 않았다. 승리의 호언같은 것도 비치지 않았다. 오히려 측근들에게는 비극적인 최후를 예견하는 듯한 말을 토로하기도 했다. 그러나 영국은 항복이 촌각에 달린 것 같은 절망적 상황에서도 전투의 패배를 솔직히 털어놓았다. 미국 또한 진주만 기습 이후의 패전을 사실 그대로 국민에게 알렸다. 미드웨이 해전 이후에는 거의 연전연승을 거두었기 때문에 사실 보도만으로도 아메리칸의 사기를 높일 수 있었다. 유럽 전선에서도 마찬가지였다. 역사는 국민 앞에 진지하고 솔직했던 지도자와 나라의 손을 들어주고 있다. 시사하는 바 크다할 것이다.

8. 충성서약

롬멜 장군이 히틀러 암살 계획에 가담한 것에서 보는 것처럼 2차 대전이 수렁에 빠지면서 많은 독일 장교들은 히틀러에 대해 회의를 품었다. 모스크바 함락을 눈앞에 두고 군의 주력을 키예프로 돌린 것 이라든가, 패주하는 영국군을 바닷속에 매장 할 수 있는 절호의 기회를 놓치게 한 단켈크 작전같은 것은 도무지 이해할 수 없는 처사였다.

전쟁이 절망적인 상황으로 접어들면서 대다수 장교들은 히틀러를 제거 하지 않으면 조국이 궤멸적인 상황에 빠져들 것을 예측했다. 그럼에도 불구하고 절대다수의 나치장교는 최후의 일순까지 히틀러에게 충성을 다했다. 히틀러에 대한 충성서약이 장교들의 발목을 잡았던 것이다.

힌덴부르크 대통령의 사망으로 대통령직까지 승계한 히틀러는 모든 독일 장병으로부터 바이말 공화국이 아닌, 히틀러 개인에 대한 충성서약을 받았다. 모세의 10계가 서구 최고의 율법인 것에서 보는 것처럼 서약은 서양인들에게 있어 절대적 의미를 갖는다. 제정(帝政) 러시아 최대의 농노(農奴) 반란사건인 「푸카초프의 난」을 보면 반란군에게 체포된 러시아 장교들이 『황제 폐하 만세』를 부르면서 교수대로 향한다. 푸카초프에 대해 충성서약을 하면 목숨을 살려 주었으나 한 사람도 반란군에게 굴종하지 않았다. 러시아 장교의 긍지와 영예를 저버릴 수도 없었지만 그에 앞서 황제에 대한 충성서약을 배반할 수 없었기 때문이다.

민주국가에서 국가에 대한 충성은 있을 수 있으나 개인에 대한 충성이란 있을 수 없다. 오늘날 개인에 대한 무한대의 충성이 요구되는 나라는 북한뿐이다. 나치스 시대의 독일 군부가 국가가 아닌 히틀러에의 충성이 강요되었던 것과 같은 위험한 개인 숭배의 소산(所産)이 아닐 수 없다. 한사람의 손에 의해 국가가 좌우될 수 있다는 것은 위험천만의 정치체계라 할 것이다. 히틀러와 무솔리니의 비극이 그러한 사실을 단적으로 일깨위 주고 있다.

9. 러시아는 왜 일본에 패했는가

러 · 일 전쟁이 벌어졌을 때 세계의 신문은 사자와 고양이의 싸움으로 비유했다. 제정 러시아는 세계 최강국의 하나였고 일본은 아시아의 신흥 소국가였다. 승패는 처음부터 자명한 것처럼 보였다. 그런데도 결과는 일본의 승리로 끝났다. 그 원인은 어디에 있는가? 그것은 일본이 상하일치의 국민적 단결로 전쟁에 임한데 반해 러시아는 극도의 내정 불안을 보이고 있었기 때문이다.

이때 러시아는 제정(帝政)이었다. 그런데 무정부주의자를 비롯한 반정부 분자들은 노동자, 농민을 선동하여 끊임없이 불안을 조성하고 있었다. 러·일 전쟁이 한참이던 1905년 1월 22일, 노동자들은 페테르부르크의 궁전에 모여 일대 시위를 벌였다. 이 시위를 계기로 전국에 스트라이크가 일어나고 흑해함대의 전함에서 수병이 반란을 일으키기까지 했다. 10월에는 전국에 스트라이크가 번져 러시아의 산업을 마비시켰다.

러시아 정부는 만주에 있는 군대를 본국에 불러들여 국내 치안과 질서 회복에 투입하지 않으면 안되었다. 이러한 상황에서 일본은 기습으로 유리한 고지를 점한다. 만주 여순에 있는 러시아 함대를 항내에 봉쇄하기 위해 항만 출입구에 21척의 헌 기선을 가라앉혔다. 여순항은 출입구가 좁고 항만이 얕아 일본의 항만 봉쇄작전으로 러시아 함대는 꼼짝없이 여순항에 갇히고 말았다. 러·일 전쟁의 서전에서 일본 해군이 기선을 잡을 수 있었던 결정적 계기였다. 이어 유명한 여순 공략과 봉천대 회전에서 일본은 러시아의 육군을 격파한다. 그리하여 일본은 열번 싸워도 지게 되어 있는 전쟁에서 승리를 거두게 된다.

일본이 승리를 거둔 이면에는 일본의 정보활동이 성공한 것에도 말미암는데, 이 또한 러시아의 정치적 불안이 몰고 온 결과였다. 전쟁이 벌어지자 일본 군부는 한 정보 장교에게 1백만엔의 거금을 주고 러시아 영내에 잠입하게 한다. 일본이 러 · 일 전쟁에 쓴 전비(戰費)가 모두 16억 엔이었음을 상기할 때 1백만엔의 정보비가 얼마나 엄청났던 것인가를 이해할 수 있다.

10. 러 · 일 전쟁의 숨은 영웅

러시아 영내에 잠입한 아까시 대령(明石)은 즉시 러시아 내의 소수민족과 연관을 맺고 그들의 반란 행동을 도왔다. 무기를 사주고 선동을 일삼아 러시아 내정을 끊임없이 소란케 했던 것이다. 그는 단순히 그의 정보 목적만을 위해서가 아니라 진심으로 소수 민족의 독립 사상에 공명하고 의기 투합하여 함께 싸웠다. 그 증거로 그는 전쟁이 끝나자 일본에 일단 귀국했으나 다시 개인 자격으로 러시아에 들어가 옛날 함께 손잡은 소수 민족 지도자들과 합류한 것을 들 수 있다. 정보활동이란 이렇게 전심전력해야 성공하는 것임을 알게 된다.

그러나 결정적인 행운은 미국의 중재로 포츠머스 강화조약이 성공한 것에 있다. 러시아는 비록 연이어 패했으나 봉천대회전이 끝난 뒤에야 비로소 그 최정예 부대가 전장에 도착하여 일대 결전을 다시 벌일 태세가 되어 있었다. 그러나 일본은 이때 탄약과 병참 물자가 떨어지고 전비도 바닥이 나 전쟁을 더 이상 계속하면 자멸하게 되어 있었다. 러시아는 다시 한번 싸우고 싶었으나 국내의 불안과 미국의 중재에 못이겨 싸우지 않고 버티기만 해도 이길 수 있는 상황에서 강화조약에 서명하게 된다. 국내의 소요가 군의 목덜미를 잡고 있으니 이길 전쟁을 지고야 만 것이다. 러 · 일 전쟁에서의 패배는 재정 러시아의 기반을 더욱 악화시켜 제1차 세계대전 중 이른바 러시아 혁명을 일으키게 하여 이 북방의 대국을 공산화시키는 한 원인을 조성하고 만다.

일본의 또 하나의 행운은 이른바 동해대회전에서 운명의 여신이 일본에 미소지은데 있다. 만약 이 해전에서 일본이 패했으면 러시아는 그렇지 않아도 내키지 않는 강화조약에 임하지 않았을 것이고, 일본은 강화조약을 끄집어 낼 기회를 못잡아 붕괴했을 것이다. 일본이 희망봉을 돌아 동해에 항진중인 발틱함대를 이길 방법은 하나밖에 없었다. 그것은 원로(遠路)에 지친 발틱함대가 브라디보스톡의 기지에 들어가 전열을 정비하고 그 곳 러시아 함대와 합세하여 공격해오지 못하게 길목을 지키고 있다가 격파하는 것이었다.

발틱함대가 브라디보스톡으로 가는 코스는 세 개가 있었다. 대한해협과 일본 혼슈(本州)와 북해도 사이의 쓰가루해협, 북해도와 사할린 사이의 소오야해협이 그것이다. 발틱함대가 어느 코스로 항진해갈지 아무런 정보도 없었다. 일본의 국운은 발틱함대를 길목에서 만나느냐, 못만나느냐에 달려 있었다. 이 때 일본의 이순신 장군으로 일컬어지는 도고는 대한해협에서 기다리겠다는 운명의 결정을 내린다. 그리고 발틱함대는 도고의 예측대로 대한해협에 진입한 것이다.

이때 일본 연합함대 사령관 도고는 이 역사적인 해전의 직전에 유명한 훈령을 발한다. 『황국의 흥패, 이 일전에 있다. 각원 일층분발, 노력하라.』 그는 쌍안경을 목에 걸고 갑판에 서서 전두 지휘를 했는데 이것이 일본 해군장교의 이상상이 된 것까지는 좋았으나 이 때문에 일본은 태평양 전쟁에서 더욱 패배를 거듭했다. 현대 해전에서는 최고사령관은 최후방에 위치, 전군을 조감하며 작전 지휘를 해야 하는데 사령관들이 도고의 영웅적인 모습에 끌려 진두 지휘를 좋아하다가 이길 수 있는 해전을 번번히 지게 되는 것이다.

러·일 전쟁은 이 전쟁최대의 격전이었던 여순의 개성(開城-러시아의 항복)과 연관하여 유명한 일화를 남기고 있다. 수자영에서 열린 개성(開城) 조인에서 일본군 사령관 노기(乃木)는 러시아 사령관 스텟셀을 최고의 예우로 맞이한다. 두 사령관은 서로 상대방 장병의 용감무쌍을 치하하고 선물을 교환한다. 스테셀 장군은 이 전투에서 두 아들을 모두 잃은 노기 장군에게 심심한 조의를 표하면서 백마 한 필을 선사한다. 노기는 아들을 나라에 바침은 무인 최고의 영광이라 말하면서 최고의 예양으로 패장을 전송한다. 이것은 일본의 무사 정신을 빛낸 것으로 널리 선전되었다.

그러나 일본인이 말한 이 미담은 태평양 전쟁때 그들 손으로 산산히 부서진다. 싱가폴 공략에 성공한 일본군 사령관 야마시다 도모유끼(山下奉文)는 항복 협정에 나온 영국군 사령관 파시발에게 불문곡직하고 『Yes냐, NO냐』를 강요한다. 적장에 대한 예양을 송두리째 잊은 이 행위는 지난날의 전쟁과 달라 촌각을 다투는 대량 살상의 현대전이 낳은 불가피한 현상이라 일컬어지기도 하나 러·일 전쟁시의 일화와 비교되어 지금도 종종 그들의 화제에 등장한다.

제정 러시아는 한주먹꺼리도 안되는 일본에게 그들의 내정 불안과 사회적 혼란때문에 어이없게 패배하고 종내는 공산화의 비극까지 재촉하는 한 원인을 만들었다. 역사의 값비싼 교훈이 아닐 수 없다.

11. 나라를 위해 누명 덮어쓴 전권대사

러·일 전쟁과 연관하여 한가지 일화를 더 소개하자면 천신만고로 포츠머스 조약을 타결시킨 일본의 전권대사가 일본 민중들에 의해 반역자로 규탄된 점이다. 포츠머스 조약의 타결이 급했던 것은 러시아가 아니라 일본이었다. 러시아는 본국에 세계 유수의 육군이 아직 남아 있었다. 언제까지나 일본에 지기만 할 수는 없다는 결의와 자신이 있었기에 러시아는 처음부터 한치의 영토도, 한푼의 배상금도 지불할 생각이 없어 회담은 결렬상태에 접어 들었다. 이에 일본의 고무라(小村) 전권대사는 일본 정부에 최후의 명령을 내리도록 전보를 쳤다. 정부는 각의와 어전회의를 열어 『차제에 배상금이나 사할린 할양을 못받더라도 강화는 절대 필요하다』고 훈령을 보냈다. 일본은 더 이상 전쟁을 계속할 수 없는 절박한 상황에 몰려 있었다. 때문에 남 사할린을 할양받기로 하고 체결된 포츠머스 강화조약은 나라를 살려낸 성공이었다. 미국의 중재가 없었거나 러시아의 혁명 소동이 없었던들 일본으로서는 꿈도 못 꿀 수확이었다.

그러나 일본 민중들이 볼 때는 일본군의 연전연승 속에 끝난 것이 러·일 전쟁이었다. 병참과 탄약마저 떨어진 상황을 알 턱이 없었다. 일본 민중은 러시아군을 항복시킨 일본이 사할린만을 얻어내고 강화를 한 것은 전권대사와 정부가 외교 절충을 잘못했기 때문이라고 판단했다. 격앙한 군중은 전쟁 중의 고생과 희생이 아무것도 보상받지 못했다고 단정했다. 그리하여 우익 인사들이 주동이 되어 히비야 공원에서 대대적인 강화 반대의 국민대회를 열었다. 대회가 끝나자 경찰의 탄압에 분개한 민중은 차츰 폭동화되어 갔다. 당시 수상이었던 가쓰라 다로(桂太

郎)의 어용신문으로서 강화를 지지한 국민 신문사에 돌을 던지고 각목으로 쳐들어간 다음 동경 시내의 파출소와 경찰관서를 모조리 습격했다. 이 폭동으로 파출소의 8할이 피해를 입었다. 일본은 계엄령을 선포하고 군대를 출동시켜 간신히 폭동을 진압했다. 그러나 전권대사는 끝내 억울한 누명을 덮어써야만 했다.

이 사건은 정부란 국민에게 국정을 솔직히 털어놓을 수 없을 때도 있다는 것을 일깨워 준다. 일본 정부가 만약 사실을 알렸다면 국민은 가라앉았겠지만 러시아에게 사실이 탐지되어 강화가 실패하고 패전의 쓰라림을 받아들여야 했을 것이다. 일본 정부는 계엄령과 탄압으로 민중을 억누를 수 밖에 없었던 것이다.

Ⅳ. 역사적 순간에 명암 엇갈린 정치인들

1. 영웅과 반역자-패탕 원수의 비극

2차 대전 후의 가장 큰 재판 중의 하나로 패탕 원수에 대한 프랑스 법정의 재판을 들 수 있다. 일본의 전범을 재판한 동경 재판이나 나치 전범을 재판한 뉘른베르크 재판도 사상 초유의 대재판이었다. 그러나 재판받은 인물의 비중에 있어서, 애국자냐, 반역이냐의 역사적 논란에 있어서 패탕 원수의 재판은 이 두 재판을 능가했다 할 수 있다.

패탕 원수는 1차 대전의 영웅이었고 프랑스 군인의 우상이었다. 그는 국민적 존경을 한 몸에 모은 나라의 원훈이며 전쟁 영웅이었다. 베르당에서 그가 독일군 50만을 무찌른 것은 1차 대전에서 프랑스가 승리하는 데 일대 공헌을 한 것이었다. 그러기에 레이노 정부는 나치스의 침공으로 조국이 위기에 처했을 때 패탕 원수에게 정권을 인계하고 물러섰다.

그러나 이 역전의 영웅은 독일에 항복했을 뿐만 아니라 이른바 비시 정권을 수립하여 대독협력 정책을 펴나간다. 그리하여 그는 해방된 조국에서 반역자로 재판받게 된 것이다.

패탕 원수의 대독협력은 반역과 애국의 논란을 불러 일으켰다. 그의 히틀러에 대한 협력은 프랑스의 희생을 줄이기 위한 타협이었다는 해석도 없지 않았던 것이다. 그는 드골이 개선했을 때 스위스로 피신해 있었다. 스위스 정부는 드골 수반에게 패탕원수의 원수의 신병을 인도해야 할 것인가를 물어 왔다. 드골은 프랑스 정부는 패탕 인도를 서두르지 않고 있다고 통고했으나 패탕 원수 스스로가 프랑스에 돌아갈 것을 고집했다. 이미 궐석 재판이 열리고 있었고 자신이 멀지 않아 처단되리라는 것을 알면서도 89세의 노원수는 프랑스로 자진해 돌아왔다.

국민적 분노와 약간의 동정이 엇갈리는 가운데 프랑스 법정은 그에게 사형선고를 내렸다. 아무리 전쟁 영웅이라 할지라도 국가반역의 죄를 모면할 수는 없었던 것이다. 드골 수반은 그를 감형, 무기로 복역케 했다.

법의 존엄성을 말하기 위해, 패탕 원수와 함께 처단된 단츠 장군의 얘기를 부가할까 한다. 드골의 회고록에 의하면 레반트 주재 고등판무관의 지위에 있던 그는 1941년 봄에 비시 정부가 요구하는 대로 독일 항공대가 시리아의 비행장에 착륙하는 것을 허가하고 독일군이 상륙할 지점을 지정해 주었을 뿐만 아니라 끝내는 그의 지휘 아래 있는 부대를 자유프랑스군과 영국군에게 항전하게 했다. 그는 비시 정부의 명령에 따랐으나 조국 프랑스를 배반했기에 사형선고를 받았다. 그러나 그 이전의 국가적 봉사를 고려해 드골은 감형을 내렸다.

참고로 프랑스가 대독 협력자에 대해 내린 사형선고는 2천71건, 징역형은 3만9천9백건에 달한다. 벨기에서는 5만5천건의 징역형이, 네덜란드에서는 5만건 이상의 징역 판정이 내려졌다. 법은 준엄하고 누구에게나 공편한 것임을 패탕 원수에 대한 프랑스 법정의 재판을 통해 다시 한 번 확인하게 된다.

2. 뭇소리니와 프랑코

정치가, 특히 최고지도자가 실정(失政)을 하거나 내외정세를 오판하여 역사에 비극적인 단면을 기록했을 때 그 책임은 누구에게 있는가? 그것은 말할 것도 없이 최고지도자 그 사람에게 있다. 그러나 왕왕 측근(側近)을 잘못 기용하여, 나쁜 측근들에 둘러싸인 결과 그렇게 되었다는 말을 하는 사람이 있다. 세상에 이처럼 책임의 초점을 흐리게 하는 말은 없다. 최고지도자의 가장 중요한 자질과 조건은 측근의 선택능력이 있느냐, 없느냐인 것이다. 둘째로 여론이나 남의 말을 얼마나 가려서 받아들일 줄 아느냐에 지도자의 기량(器量)을 재정(裁定)하는 또 하나의 기준이 있다 할 것이다. 실례를 역사적 사실에서 찾아보기로 한다.

역사가들은 2차 대전 중 치명적인 정치적 오판을 거듭한 정치인으로 뭇소리니를 든다. 그는 히틀러와 손을 잡고 연합국과 전쟁을 하느냐 중립을 지켜 국가의 안전을 기해야 하느냐, 아니면 연합국과 함께 히틀러를 공략할 것이냐의 역사적 기로에서 히틀러와 손을 잡음으로써 그와 이태리를 파멸 속에 몰아 넣는다. 뭇소리니의 파멸을 결정한 것이 제2차 세계 대전의 참전임이 파시즘 연구가의 일치된 견해로 되어 있다. 그가 만약 1차 대전때의 이태리처럼 결정적인 순간에 연합군 측에 섰거나 프랑코 충통처럼 중립을 지켰으면 그는 죽을 때까지(프랑코처럼) 권좌에 있었을 것을 사가들은 가상(假想)한다.

뭇소리니에 반해 스페인의 프랑코 충통은 모든 상황이 히틀러에 편들지 않으면 안되게 되어 있었다. 그의 집권 자체가 히틀러의 지원(支援)에 힘입은 것이었고 내외의 정세가 그러했으나 교묘히 참전을 기피하여 2차 대전의 전화(戰禍)를 전혀 입지 않는 드문 나라로 스페인을 기록했다. 사가(史家)들은 뭇소리니의 오판이 측근 기용의 실패와 매사를 혼자 결정짓는 독선(獨善)에 있었다고 진단하는 반면, 프랑코의 성공은 그의 진로를 그르치게 할 측근들의 끈질긴 작용에도 불구하고 끝내 현명한 판단을 내린 그의 지도력에 있다고 분석한다.

3. 히틀러와 프랑코

패탕 원수에게 현명한 충고를 했던 프랑코 총통은 그의 나라를 이끄는데 있어서도 현명하기 그지없었다. 스페인 내란 때 신문에서 가장 통렬히 프랑코를 공격한 것은 영국과 프랑스인들이었고 프랑코와 싸우기 위한 정부군에 가장 많은 인원과 장비를 보낸 것도 프랑스와 영국이었다. 어네스트 헤밍웨이의 유명한 「누구를 위해 종은 울리는가」에서 볼 수 있는 것처럼 프랑코는 자유인들의 적으로 비치었다. 따라서 히틀러가 유럽 대륙을 휩쓸고 있을 때 일찍이 그를 물심양면으로 도와준 독일과 이 태리편에 서서 싸우는 것이 현명하고 자연스러운 것으로 생각되었다.

그러나 정치가가 역사적 결정을 내림에 있어 가장 중요한 것은 무엇보 다도 오직 국가의 이익이 되어야 한다. 국익이라는 각도에서 볼 때 스페 인은 중립을 지키지 않으면 안되었다. 내란으로 나라가 피폐할대로 피 폐해진 스페인은 어느 쪽에 가담해서건 전쟁을 할 힘이 없었다. 그러나 그 시대에 중립을 지킨다는 것은 어려운 처지에 있었다. 히틀러는 불서 (佛西)국경에 20개 사단을 배치하고 프랑코에게 군항 지브롤터 공격을 명하고 있었기 때문이다.

1940년 10월 23일, 프랑코와 히틀러는 프랑스 남쪽 끝 안다이의 기 차 정거장에서 만나기로 했다. 역사적인 마지막 담판을 내리기 위해서 였다. 운명의 그 날 프랑코의 열차는 1시간이나 늦게 안다이에 도착했 다. 그렇게 그가 명한 것이었다. 그 이유를 프랑코는 측근에게 다음과 같이 말했다고 한다. 『이것은 내 생애에 있어서 가장 중요한 회견이다. 나는 어떤 트릭이라도 쓸 작정이다. 내가 히틀러를 기다리게 하면 그는 처음부터 심리적으로 불리한 상태에 놓여질 것이다.』

플랫홈에서 두 지도자가 포옹을 나누고 양국 국가가 울려 퍼졌다. 프 랑코는 준비한 연설을 통해 히틀러에게 산더미 같은 찬사를 보내었다. 그리고 스페인은 흔연(欣然)히 독일의 친구로 싸울 것이라고 말했다.

객차에 들어간 히틀러는 전국(戰局)을 설명하고 영국은 이미 패배했 는데도 이를 인정하지 않고 있어 지브롤터를 공격할 수 밖에 없다고 했 다. 그리고 스페인을 남하할 독일의 작전계획을 말하고 즉각 조약을 체결할 것을 요구했다. 이 조약에 의하면 스페인은 1941년 1월 영국에 선전포고하는 것으로 되어 있었다.

히틀러의 이야기를 묵묵히 듣고 있던 프랑코는 한동안이 지난 뒤에야 입을 열었다. 그는 스페인의 절망적인 식량사정을 얘기하고 지금은 연합국측이 식량을 공급하고 있지만 그래도 모자람을 말한 뒤 독일은 스페인이 필요로 하는 식량 및 석유를 공급할 수 있을 것인가를 물었다.

우여곡절 끝에 두 사람은 다음과 같은 합의를 보았다. 첫째 독일은 스페인이 필요로 하는 무기와 식량을 제공할 것. 둘째로 참전시기는 스페인에게 맡길 것. 그리고 구체적인 조약문의 작성은 외상(外相)들에게 맡겼다. 그 내용은 독일은 스페인에 물자를 공급할 용의가 있다. 스페인은 어느 땐가 참전할 것이다. 독일은 스페인에게 아프리카의 어느 지역을 줄 것이다. 모든 것은 회견전과 마찬가지로 애매하고 구속력이 없는 것이었다. 히틀러는 말했다.『저따위 사내와 두 번 만나느니 이를 서너개 빼는 것이 오히려 편하겠다.』

프랑코는 그 강력한 국내 체제 때문에 국제적인 미움을 사 2차 대전이 끝나고 오랜 세월이 흐를 때까지 UN가입이 거부되었다. 그러나 국제적 비난과 비판에도 불구하고 스페인 국내에서는 절대의 권위와 상당한 인기를 누리고 있었다. 역사가 그 이유를 설명하고 있다 할 것이다.

프랑코 총통은 죽기 전에 현 카를로스 국왕을 그 후계자로 헌법에 못박았다. 스스로 왕정(王政)을 넘어뜨린 그는 평민 국가원수의 후계자로 왕가의 후예를 후계 국왕으로 정해놓은 사상초유의 특례를 남겼다.

카를로스 국왕은 집권 후 과감한 스페인의 민주화를 단행했다. 지난날의 체제에 향수를 느낀 장교들이 쿠데타를 기도했을 때 국왕은 비장한 결의로 이를 불허함으로써 스페인의 민주주의를 지켰다.

V. 전사에 기록됨 직한 통수권자 소묘

1. 푸틴과 러시아

푸틴의 행운은 옐친의 말기에 수상으로 발탁된 것에서 시작되었다. 그가 수상으로 기용될때까지 그 이름은 국내에서 조차 생소했다. 옐친의 2차 임기가 시작된 이후 많은 정치인이 후계자로 거명되었다. 체첸 분쟁을 해결하여 일약 국민적 영웅이 된 알렉산더 레베드 장군은 지방 지사에 당선된 뒤 내정문제 처리에 실패하여 일찌감치 탈락했다.

옐친이 입원과 퇴원을 거듭함으로써 그 밑에서 수상을 역임한 사람은 모두 후계자로 거명되었다. 프리마코프는 그 중에서도 가장 유력한 후계자로 내외의 주목을 받았다. 만약 옐친이 좀더 일찍 퇴진했다면 푸틴에게 기회는 돌아가지 않았을 것이다. 그러나 옐친이 임기를 7개월 앞두고 푸틴을 기용한 덕분에 푸틴은 기회를 잡았다. 더욱이 옐친이 임기 석달을 남기고 조기 퇴진, 푸틴은 대통령 권한 대행의 유리한 고지를 차지함으로써 무난하게 크렘린에 입성했다.

푸틴의 정책 강령은 「법의 독재하에서의 평등」이다. 경제의 자유화는 추진하지만 권위주의적 국가 체제는 유지하겠다는 것이다. 지금 러시아의 가장 절실한 과제는 중앙정부의 통제력을 확보하는 것에 있다. 그것은 미국과 서방의 강력한 희망이기도 하다. 만약 크렘린이 핵 통제력을 상실하면 세계는 걷잡을 수 없는 혼란에 빠진다. 강력한 러시아 정부야말로 세계평화의 안전핀인 것이다.

문제는 러시아의 국민 총소득이 한국보다 1,000억불이나 떨어지는 3,600억불 선에 지나지 않는 것에 있다. 「핵무기를 가진 후진국」으로 일컬어지는 이유이다. 구소련 시대에 노태우 대통령과 고르바초프는 세번 만났다. 그러나 격식을 갖춘 정상회담은 아니었다. 푸틴의 국빈방문은 달라진 위상을 되새기게 한다. 푸틴의 내한은 경원선 복원 등으로 경제적 실리를 추구하고 한반도에 대한 발언권 또한 확보하려는 것에 있을 듯하다. 지난날 한국의 가장 위협적인 적성국가였던 러시아와 중국이 바야흐로 한국과 더불어 동북아 경제의 파트너가 되어가고 있음을 확인하게 된다.

2. 등소평(鄧小平)과 드골

등소평과 드골은 매우 흡사한 일면이 있다. 天命을 다했을 때 드골은 일체의 국가적 추도 행사를 사양하고 고향 콜롱베에서 육군준장의 정장으로 열아홉에 먼저 간 딸 안느의 옆에 묻혔다. 그러나 퐁피두 대통령은 국장아닌 추도 미사를 노틀담 사원에서 거행했다. 미국을 비롯한 전세계의 정상들이 구름떼처럼 파리로 달려와 巨木의 위대한 일생을 기렸다.

등소평 역시 일체의 국가적 추모 의식을 사양했다. 그러나 장쩌민(江

澤民) 주석을 비롯한 黨과 정부의 요인이 장례위원이 되어 국장에 준한 추모행사를 인민 대회당에서 거행했다. 외국의 조문 사절을 일체 받지 않는 점이 다를 뿐이다.

은퇴의 배경 또한 비슷한 점이 있다. 드골은 지방 행정조직에 대한 국민투표가 부결되자 돌연 엘리제궁을 떠났다. 드골의 퇴장은 프랑스가 이미 그를 필요로 하지 않았기 때문으로 해석되었다. 그러나 이것은 「드골주의」가 퇴색했기 때문이 아니라 「드골체제」가 완성되었기 때문에, 그가 없이도 「第5共和政」은 순항할 수 있기 때문으로 평가되었다. 등소평은 천안문사태 이후 모든 공직에서 물러났다. 그러나 드골이 완전한 私人으로 돌아간 것과는 달리 등소평은 여전히 최고지도자의 권위와 영향력을 지니고 중국에 군림했다.

드골은 후계자를 전혀 지목하지 않았다. 그러나 그의 충실한 추종자이며 유언집행자인 퐁피두가 뒤를 이은 것은 은연 중 시사하는 바가 있다. 시라크 대통령이 충실한 「골리스트」인 것에서 보는 것처럼 「드골이즘」은 지금도 프랑스의 지배적인 정치 노선이 되고 있다.

등소평은 死後의 혼란을 극히 염려했다. 요직을 맡고 있을때도 黨이나 정부의 최고위직에는 심복을 앉히고 스스로는 부주석, 군사위 주석 등의 지위에 머문 것은 후계체제의 구축을 겨냥한 것으로 풀이된다. 드골은 2차 대전과 알제리아 독립을 둘러싼 내란 위기에서 프랑스를 구출하고 「위대한 프랑스」의 재건에 진일보했다. 등소평은 중국 근대화의 기초를 닦았고 시장경제의 도입으로 공산주의와 자본주의를 접목시켰다. 두 사람 모두 최소한 그의 나라에서는 20세기 최고의 지도자로 기록될 것이 틀림없다.

3. 김정일과 장쩌민

북한의 김정일(金正日) 국방위원장은 1990년 3월, 김일성(金日成)과 함께 평양에서 장쩌민(江澤民)중국 공산당 총서기와 회견했다. 2000년 도에 베이징에서 만난 것은 말하자면 10년만의 재회이다. 그러나 권력 승계 이후 최초의 해외 나들이라는 것에서 특별한 의미를 찾게된다. 김 위원장은 「황태자」 시절에도 해외를 방문한 일이 없다. 안드로포프 소련 공산당 서기장과 체르넨코 소련 공산당 서기장이 사망했을 때 평양의 소련 대사관으로 조문을 간 것이 기록에 남을 정도로 북한안에서도 좀 체 대외 출입을 하지 않는다.

그동안 장쩌민 주석은 여러차례 김국방위원장과의 만남을 희망했다. 경제 원조를 시사하면서까지 회동을 희망했으나 움직이지 않았다. 일본 의 NHK 방송등이 상세하게 김국방위원장의 베이징 방문을 해설, 분석 하고 있는 이유라 할 것이다.

노동당 총서기에 취임한 이후에도 김정일 위원장은 공식 석상에서 한 번도 연설을 한일이 없다. 부친의 추도대회때도 장의위원장이면서 김영 남(金永南)외상에게 조사를 대독시켰다. 1월 1일의 신년사 마저 노동신 문등의 사설로 대체하고 있다. 인민군 최고사령관에 취임한 다음해인 1992년의 인민군 퍼레이드에서 『영웅적인 조선인민군 장병들에게 영광 있으라』라고 한마디 외친 것이 유일한 공식 발언이다. 그이후 아무도 그 의 육성을 들은 사람은 없다.

김위원장의 무언과 해외 방문의 절제는 카리스마성을 쌓기 위한 것으로 보는 견해가 있다. 고 김일성 주석은 신격화되어 있었다. 그래서 국민은 무조건 복종했다. 부친이 「살아있는 하느님」이었다면 그 아들은 당연히 「신과 같은 존재」여야 한다. 이를 위해서는 대중 앞에서 입을 열지 않는 것이 좋다. 6·15 남북 정상회담에서 김정일 국방장관은 오랜 침묵을 하루 아침에 깨트리고 달변가임을 유감없이 과시했다. 그 동안의 무언(無言)은 스스로의 신격화를 위한 계산된 행위였음이 드러났다. 지도자의 신격화는 통치의 가장 강력한 수단이 된다. 독재 성향의 국가에서 특히 그러하다. 무솔리니는 밤에 즐겨 지방 순시를 잘 나갔다. 모든 전등을 끄고 스포트라이트를 한 몸에 집중케 하여 신비롭게 스스로를 부각시켰다. 베이징 방문으로 다시 한번 모습을 내외에 드러낸 것은 적어도 북한 내에서는 신격화 작업이 마무리 된 것을 말해주고 있다.

Ⅵ. 전투와 전쟁, 그 주변의 사건과 인물

1. 히틀러의 일기

히틀러의 일기가 계속 화제를 모으고 있다. 화제의 초점은 서독 슈테른지가 발굴한 세기적 특종에 대한 진위논쟁에 쏠려 있다. 작금의 흐름은 동독의 작품이라는 쪽으로 기울고 있다. 그야말로 진품여하는 알바 없으나 슈테른지가 결정적 반증을 제시하지 못하는 한 위조 쪽으로 기

울 것은 자명하다. 유럽의 그 쟁쟁한 신문이나 잡지들로선 세기의 특종
을 남에게 뺏기기 싫을 것이기 때문이다. 한국이나 아시아사람들에겐
히틀러가 역사적 악령이지만 유럽 사람들에겐 아직도 살아있는 망령이
다. 슈테른지의 특종이 진품이라면 직접 · 간접의 경쟁지들에겐 뼈아픈
일격이 아닐 수 없다.

독재자들의 일기나 회고록은 흔히 진위가 문제된다. 독재자들은 일기
나 회고록 따위를 남기지 않는 것이 특성이다. 러시아 혁명의 祖宗 레닌
을 비롯해 스탈린, 티토, 모택동등 공산권의 거물들은 일절 회고록류를
집필하지 않았다. 공산혁명에 대한 이론과 주장을 헤일 수 없이 출판한
것과는 대조적이다. 그러나 공산권에서도 예외적으로 과거를 증언하는
경우가 있다. 권력투쟁에서 패한 지난날의 요인들이 그러하다. 스탈린
에게 패한 토로츠키, 티토에 좇겨난 밀로반 질라스, 휴양 중에 브레즈네
프등 수하(手下)의 손에 밀려난 흐루시초프등이 그 예이다. 권력의 핵에
서 밀려나지 않는 한 공산권의 집권자들은 그들의 족적을 역사의 베일
속에 숨겨 두려한다.

흐루시초프의 회고록이 진위의 논쟁에 휘말린 것도 히틀러의 일기와
사정을 비슷하게 한다. 히틀러나 흐루시초프는 독재자라는 점에서 성격
을 같이하고 있을 뿐만 아니라 그들의 생활이나 정치행각은 선전용을
빼면 비밀에 붙여져 있었기 때문이다. 그들의 일기나 회고록 같은 것이
발견되었다해도 과거의 철저한 비밀주의와 폐쇄성 때문에 진위를 가리
기가 어려운 것이다.

카터나 닉슨의 경우를 비롯해서 힐러리에 이어 선풍적인 인기를 얻고

있는 클린턴의 「나의 인생」에서 보는 것처럼 자유진영의 지도자들은 퇴진하기 무섭게 회고록류를 집필한다. 드골은 하야후의 은둔생활을 향리 콜롱베에서의 회고록 집필로 보냈고 처칠의 2차 대전 회고록은 노벨 문학상을 타는 영광까지 누렸다. 숨길 것 없는 개방사회의 영도자들은 즐겨 회고록을 남기고 일기를 공개하지만 숨겨야 할 것이 너무나 많은 독재자들은 죽은 후에까지 그들의 기록을 남기려하지 않는다.

히틀러는 그의 제3제국이 천년을 가리라 호언했고 「나의 투쟁」을 집필한 솜씨로 보아 어쩌면 나름대로의 증언을 남기려 했을지 모른다. 그러나 그의 사생활을 비롯한 생전의 철저한 비밀주의와 신비주의 때문에 진품판정의 길은 쉽지 않게 되어있다. 집권자가 하야와 더불어 회고록을 쓸 수 있는 것은 민주주의 국가에서나 가능한 일임을 히틀러의 일기 소동을 통해 깨닫게 된다.

2. 육군장

1983년 육본강당에서는 뜻 깊은 육군의 의식이 거행되었다. 육군참모총장이 상주가 되고 역대 육참총장과 주요 지휘관이 배석한 가운데 거행된 이 날의 영결식에서 육군은 창공의 별처럼 빛나는 생애의 한 장군을 추모했다. 드골이 그의 조국을 구한 것처럼 한국 육군의 시련을 두 번이나 수습한 고 이종찬(李鍾贊)장군이 바로 이 식전의 대상이었다.

건군 35년을 算하는 동안 군의 이름으로 그 장례가 치러진 것은 육참총장 이종찬 장군이 처음이다. 전시에 전쟁 영웅이 혹은 나라의 이름으로, 혹은 군의 이름으로 죽음이 예우되는 일은 드물지 않다. 롬멜은 사실상의 처형이었지만 그는 히틀러에 의해 국장의 의전으로 예우되었고 연합군이 긍정한 일본 유일의 전쟁 영웅 山本五十六도 국장으로 추모되었다. 그러나 퇴역한 지 20년이 넘는 노병이 군의 이름으로 죽음이 예우된 일은 별로 없다. 이장군의 빛나는 생애와 두터운 신망을 뒷받침하는 사실이라 않을 수 없다.

6 · 25동란이 持久戰의 양상을 띠기 시작한 1952년, 李장군은 육군의 지휘봉을 잡았다. 참전제국의 이견(異見)을 조정하고 군의 대오를 정비하여 한국 동란의 새로운 국면에 대처해간 그는 군이 정치에 휘말리는 혼란을 막기 위해 결연히 참모총장 자리를 박차고 나왔다. 이후 진해의 육군대학총장으로 군간부교육에 전념하던 李장군은 4 · 19의 소용돌이 속에서 다시 한번 역사의 소명에 응한다. 許政過渡政府의 국방장관에 취임한 것이다. 3개월 남짓한 시한이 예정된 이 내각에 선뜻 입각하려는 이는 드물었다. 군복을 벗어야하는 국방장관 자리는 더더욱 앉으려는 사람이 없었다. 드골이 대권을 잡은 뒤에도 육군준장의 정복을 즐겨 착용한 것에서 보는 것처럼 군복에 대한 장군들의 애착은 남다른 바 있다. 그러나 그는 이 나라의 정치위기를 수습하고 군을 다시 한번 정비하기 위해 주저 없이 군복을 벗었다. 그리고 훌륭히 그 책무를 다했다. 군의 지켜야할 바, 군인의 자세를 李장군은 훌륭히 시범했다.

퇴역후 李장군은 혹은 외교관으로, 혹은 국회의원으로 나라에 봉사했다. 그러나 그는 영원한 이 나라의 군인이었다. 드골이 항상 프랑스의 한 장군이고 싶었던 것처럼 그 또한 이 나라의 영원한 군인이고자 했다. 李장군처럼 후배 장병의 존경을 모은 군인은 드문 것으로 전해진다. 李장군의 육군葬은 사회의 조용한 관심 속에 조촐히 치러졌다. 그러나 그가 남긴 빛나는 군인정신은 한국 육군의 찬연한 표상이 될 것이다. 우리 곁을 조용히 사라져간 노병의 죽음에 삼가 조의를 표한다.

3. 외교관의 망명

망명에는 여러 유형이 있다. 政變으로 권좌를 쫓긴 끝에 모국을 떠난 경우가 가장 일반적이다. 이란 회교혁명으로 왕위를 버리고 출국한 팔레비와 낫셀에 쫓겨 보석 트렁크 2백개를 들고 出埃及한 파르크, 하와이에서 망향의 시름에 젖어야했던 마르코스 등이 그러한 예에 속한다. 군사쿠데타가 잦은 남미에서는 새로운 집권자가 전임자의 망명을 눈감아 주는 전통(?)이 확립되어 있다.

고 딘엔 디엠을 비롯한 월남의 지도자나 크메르의 론놀처럼 이념전쟁의 패배 끝에 나라를 등진 이들도 있다. 2차 대전중 자유프랑스를 비롯한 유럽 각국의 亡命政權要人, 上海臨政의 지도자들은 光復 또는 失地 회복의 꿈을 불태울 수 있었지만 印支半島의 비극적 주인공들은 다시 고국의 땅을 밟는다는 기약을 품지 못한채 영원한 나그네가 되어야 했다. 그래도 지난날의 지위와 재산 덕분에 망명객으로 불리우는 것은 다행이라 할 수 있다. 난민으로 호칭되면서 流離轉轉하는 그들의 백성들과는 달리 제왕처럼 호사를 極한 생활을 망명지에서 누리고 있기 때문이다.

모국이 소련에 합병되자 귀국명령을 거부하고 지도에서 사라진 리투아니아공화국의 영사 업무를 그들의 유민상대로 지금껏 계속하고 있는 뉴욕주재 총영사는 가장 특이한 지위의 망명객이다. 토로츠키는 권력투쟁 끝에 쫓겨난 망명객의 케이스이다. 콘스탄틴 전 그리스 국왕은 군사 쿠데타로 쫓겨났다가 민주화후의 국민투표로 군주제가 폐지되어 망명이 고착된 비운의 군주이다. 망명인지, 투항인지 성격조차 애매한 해스의 돌연변이 같은 런던飛行도 기억할만한 奇行중의 하나이다.

그러나 오늘날 가장 흔한 망명은 공산국에서 자유진영으로 넘어오는 사람들이라 할 수 있다. 닉슨이 지적한 것처럼 통계로 잡을 수 밖에 없는 끝없는 붉은 제국의 탈출객에게 일일이 망명의 이름을 붙일 수는 없다. 그러나 지난날 서울에 도착한 북한 외교관 金정민씨는 그 직업이나 직위로 보아 망명의 이름을 붙이기에 손상이 없다. 흔들리는 북한의 왕조체제가 金정민씨의 망명을 통해 확인되는 느낌이다.

4. 불가침 조약의 함정

독소 불가침 조약처럼 세계를 놀라게 한 일은 많지 않다. 나치스와 볼셰비키는 빙탄불상용의 사이였기 때문이다. 그러나 프랑스가 항복하고 서부 전선이 대충 마무리 되자 히틀러는 소련과의 불가침 조약을 파기하고 소련을 침공 했다. 나치스의 소련 공격은 군사적으로도 위험한 도박이었다. 양정면작전은 비스마르크가 정치적 유언으로 금지한 것이었다.

불가침 조약을 파기함에 있어서는 스탈린이 히틀러의 대선배였다. 소련은 1925년에서 1941년의 17년사이에 15개의 불가침 또는 중립 조약을 체결했다. 이중 11개는 소련 정부가 깨트리고 2개는 히틀러가 파기했다. 나머지 2개는 동종의 다른 협정으로 대체되었다. 또 소련은 1935

년에서 1950년에 걸쳐 18개의 군사협정을 맺었으나 그중 15개를 폐기했다. 예를 들면 1932년, 소련은 핀란드와 불가침 조약을 맺었으나 그 7년 후인 1939년에 핀란드를 공격했다. 또 1932년에 폴란드와 불가침 조약을 체결했으나 1939년에 적군(赤軍)은 폴란드 국경을 넘어 나치스와 폴란드를 분할했다.

6·25동란 직전 북한이 김삼용, 이주하와 조만식 선생을 맞바꾸자고 제의했으나 그 직후 남침을 결행했다. 공산주의를 포함해서 독재자들의 불가침 조약은 스스로는 전혀 구속 받지 않으면서 상대방은 올가미를 씌운 함정이었음을 역사는 증언하고 있다.

지금 북한은 미국과의 불가침조약 체결을 핵 개발 포기의 선행 조건으로 요구하고 있다. 문서상의 보장으로 후퇴하긴 했으나 본질은 크게 다를 것이 없다. 그러나 평화는 조약에 의해서가 아니라 평화추구의 진솔한 의지에 의해서 유지된다. 그에 앞서 강력한 군사적 억지력이 평화의 담보이다. 불가침 조약의 허와 실을 새삼 돌이켜 보게 된다.

그러나 지금 북한이 미국에 대해 체제의 보장과 불가침 조약 내지 선제 공격을 하지 않는다는 보장을 요구하고 있는 것은 지난날 독재국가들의 불가침 조약과는 성격이 다른 것임을 짚고 넘어갈 필요가 있다. 미국은 클린턴 정권때 북한에 대한 선제공격을 구체적으로 검토한 바 있다. 부시 미정권도 그러한 가능성을 배제하지 않고 있다. 미국이 세계 유일의 초강대국으로 부상한 반면 북한은 자칫 체제 존속마저 불안한 상황에 놓여 있음을 생각할 때, 체제 보장 등의 북한측 주장을 한 시대 전의 불가침 조약과 같은 궤(軌)에 두고 논할 수는 없을 듯하다.

5. 애국은 독점물이 아니다

1981년 광복절을 즈음해 KBS 방송국은 「역사의 눈물」이라는 일본 텔레비젼의 극 영화를 화면에 잠시 비추어 준 적이 있다. 그 내용은 태평양 전쟁 말기, 즉 항복 전야의 일본을 다룬 극영화였다. 히틀러가 패망하고 미군이 오끼나와에 상륙하자 일본의 패망은 움직일 수 없는 사실로 굳어졌다. 이때 일본에서는 항복을 은연중에 지지하는 세력과 끝까지 항쟁하여 명예로운 죽음을 택하자는 주전파(主戰派)가 엇갈려 있었다. 주전파는 일본 육군대신 아나미(阿南) 등을 필두로 한 군부 세력이었다. 대량 학살만을 가중시킬 무의미한 전쟁을 더 이상 계속함은 무모하다는 온건파의 주장은 자연히 숨을 죽일 수 밖에 없었다. 항복을 주장하는 자는 비겁자며 반역자로 몰아치는 살벌한 분위기가 일본 집권층을 지배하고 있었다.

그러나 이른바 천황이 참석한 태평양 전쟁 최후의 어전회의(御前會議)에서 일본 천황은 항복을 결정한다. 그리고 항복을 선언하는 천황의 소위 옥음(玉音)이 녹음되어 8월 15일 12시에 방송할 것이 확정된다.

이 같은 사실을 탐지한 일본의 근위 사단에서는 청년장교들이 반란을 일으켜 궁성을 포위하고 방송국을 쳐들어간다. 살기 등등한 청년장교가 방송국을 누빌 때 한 방송국 종사자가 그들에게 내뱉듯이 항변한다. 『애국은 자네들만 하는 줄 아느냐?』

주전파의 장교들은 항복을 택하기보다 끝까지 항전하여 전 국민이 옥쇄(玉碎)하는 편이 옳고 애국적이라 확신했다. 그들은 전쟁이 지면 이로써 나라는 끝장이라고 생각하고, 따라서 비겁한 항복보다 전 국민의 깨끗한 죽음이 아름답고 애국적인 행동이라 생각했던 것이다.

그러나 강화론자는 전쟁에 한번쯤 졌다고 하여 국가가 영원히 멸망하는 것은 아니라 생각했다. 따라서 국토의 무자비한 파괴로 국민의 끝없는 죽음만을 가속시킬 무모한 전쟁을 계속하기 보다 항복을 하여 후일을 기약하는 것이 더 애국적이라 판단했던 것이다.

역사는 후자의 판단이 옳았음을 증언하고 있다. 전후 일본의 히로히토 천황이 많은 국민으로부터 존경받는 가장 큰 이유 중의 하나는 태평양 전쟁의 종결을 앞당긴 그의 항복 결단에 말미암고 있다.

이 비슷한 사실은 우리 역사에서도 찾을 수 있다. 병자호란때 남한산성의 중신들 간에는 화 · 전(和 · 戰)의 의견이 엇갈려 있었다. 이 때 「가노라 삼각산아 다시 보자 한강수야」로 시작되는 단장(斷腸)의 명시조를 남긴 김상헌(金尙憲) 등은 끝까지 항쟁을 주장했고 최명길(崔鳴吉)등은 항복을 주장했다. 이 때의 김상헌이 패전전야의 일본 근위장교와 근본적으로 다른 것은 말할 것이 없다. 그의 대쪽같은 우국의 염(憂國之念)은 길이 칭송됨이 마땅하다. 그러나 오늘날 사가(史家)는 최명길을 비겁자로 단정함을 망설인다. 그의 항복론 또한 항쟁론에 못지 않은 애국적 동기가 있었음을 평가하고 있는 것이다.

애국은 누구의 독점물이 될 수 없다. 민주국가가 상반된 이념의 복수 정당제를 인정하고, 영국의 왕이 야당을 가리켜 「짐의 야당」이라 호칭했던 것은 애국의 구체적 방법론은 달라도 애국이라는 공통 분모는 하나일 수 있음을 말하는 것이라 할 것이다.

그러나 결코 여 · 야의 현실적 문제를 다루기 위해 이 같은 말을 하는 것은 아니다. 어느 나라 어느 시대, 그리고 어느 정파 안에서도 있을 수 있는 강경론(强硬論)과 온건론(穩健論)의 여러 문제에 대해 견해를 밝히기 위해 말머리를 끄집어 낸 것을 말하고자 할 뿐이다.

6. 킴멜 제독의 복권

1944년의 미국 대통령 선거에서 루즈벨트와 맞선 공화당의 듀이후보는 백악관행의 확실한 열쇠를 쥐고 있었다. 3년전 12월 8일, 일본 해군이 진주만의 미태평양 함대를 기습했을 때 루스벨트는 사전에 이를 탐지하고서도 방치한 사실을 듀이는 알고 있었기 때문이다. 나치스의 공격앞에서 절망적인 상황에 놓인 영국을 구출하기 위한 명분을 찾기 위해서였다고 할지라도 루스벨트의 결정은 유럽전쟁 불개입의 선거공약을 어기는 것이었고, 그에 앞서 수많은 미군 장병과 함대를 희생시킨 간접원인을 제공 한 것이기도 했다.

깜짝 놀란 마샬 육군참모총장은 육군 첩보부의 카터 크라크 대령을 듀이후보의 유세예정지인 오클라호마시티에 급파했다. 크라크 대령은 일본이 진주만 기습당시의 암호를 지금도 쓰고 있고, 따라서 선거전에서 미군의 암호해독 사실이 폭로되면 작전수행이 중대한 벽에 부닥칠 것임을 호소했다. 무엇보다 수많은 미군 장병이 희생될 것이라는 사실앞에서 듀이는 백악관행 티켓을 포기했다.

만약 그때 진주만 기습의 트릭이 가려졌다면 패전의 책임을 추궁당한 끝에 파면된 태평양 함대 사령관 킴멜제독의 불명예는 일찌감치 씻겼을 것이다. 킴멜은 군법회의를 통해 자신의 책임 소재가 규명될 것을 요구했으나 거절되었고, 루스벨트를 상대로 한 복권청원도 받아들여지지 않았다. 일본 항공대의 공격이 그의 함대를 무참히 격파했을 때 스스로 계급장을 뗀 킴멜 제독은 끝내 명예를 회복하지 못한채 1968년 사망했다.

태평양 전쟁 발발 53주년인 1994년 12월 8일을 전후하여 킴멜 제독의 「死後 復權」 여부가 미국에서 관심을 모았다. 태평양 전쟁에 대한 미국정부의 비밀 문건이 속속 공개됨에 따라 진주만에서의 참패가 킴멜 제독의 개인적 잘못이 아니라 국가정책의 오판에서 비롯되었다는 사실이 드러났기 때문이다.

역사는 때로 속죄양을 필요로 한다 할 것인가. 미국 정부는 아직 진주만 기습 당시 일본 해군의 암호를 해독하고 있었음을 시인하지 않고 있다. 킴멜 제독의 복권여부는 태평양 전쟁의 해석을 달리 할 수 있는 중대사안임을 읽게 된다.

7. 대포(大砲)와 버터

제2차 세계 대전 때처럼 미국 국민에게 행복한 시기는 없었다. 그것은 비열한 일본의 기만과 기습으로 어쩔수 없이 일어선 정의의 자위 전쟁이었고 파시즘의 야만과 폭압(暴壓)에서 서구문명과 민주주의를 지키기 위한 성전이었다. 진주만 기습 이후 미국의 대학에서 남학생은 찾아보기 어려웠다. 신체 건강한 젊은이가 군에 지원하지 않을 때는 여성들이 거들떠 보지 않았다. 이 젊은 GI들은 그 시기의 미국을 상징하는 지프를 몰고 세계의 산하를 누볐다.

2차 대전 동안 미국은 수백억불의 군비를 투입했다. 주목할 것은 전쟁이 국민의 소비생활에 영향을 미치지 않는 것은 물론 오히려 1인당 실질소비를 11%나 상승시킨 점이다. 전쟁이 보다 많은 대포와 보다 많은 버터를 동시에 증산시켰던 것이다. 그 비밀은 눈부신 생산성 상승률에 있었다. 백인도 흑인도, 남성과 여성이 손을 맞잡고 공장에서 전차와 전투기, 항공모함과 폭격기를 만들었다. 1938년 당시 32만에 지나지 않던 미군은 1,000만명으로 늘어났고 30년대의 대공황으로 쉬고 있던 공장시설은 「민주주의의 병기창」으로 풀가동 했다. 미군장비의 압도적 우세는 장병의 사망률을 평시의 교통사고 사망수준에 그치게 했다.

바야흐로 시계(視界) 제로의 이라크 상태가 부시 미 대통령의 넘기 어려운 정치적 부담으로 남아있다. 대포와 버터를 동시에 만들어 낼 수 있었던 것은 2차 대전이 유일한 전설적 신화로 기록될 듯 하다.

8. 애국주의

파리를 방문하는 방문객이 반드시 찾아가는 곳은 에드왈 광장의 개선문이다. 그 이름처럼 국가의 영광을 기리기 위한 곳임은 누구나 알고 있으나 이 광장에서 방사선처럼 뻗어나는 12개의 도로가 전쟁 영웅의 이름을 딴 것임을 아는 사람은 많지 않다. 포슈날, 제2차 세계 대전에서 독일을 무찌른 영웅이다. 예나는 나폴레옹이 프러시아군을 무찌른 땅 이름이며 마르소는 오스트리아군을 격파한 프랑스의 장군 이름이다. 샤를드골 광장은 설명할 필요조차 없다. 빅토르 위고의 이름을 붙인 도로가 유일한 예외로 되어 있다.

파리의 지하철이나 버스 안에는 좌석의 한 켠이 우선권을 가진 사람들을 위해 유보되어 있다. 한국의 노약자석과 비슷하지만 전쟁에 의한 신체 장애인에게 최우선권을 주고 있는 점이 다르다. 아이들 교육에도 애국주의가 넘쳐있다. 프랑스의 초등학교 역사 교과서에는 로마시대에 시저가 가리아 지방을 정복했을 때 끝까지 저항한 프랑스의 장군을 프랑스 최초의 국민적 영웅으로 기술하고 있다.

프랑스의 애국주의를 가장 단적으로 표현하고 있는 것이 프랑스어에 대한 보호정책이다. 프랑스에서는 법률에 의해 외국 상품의 설명서에 프랑스어를 쓰도록 강제하고 있다. 프랑스 기업에 대해서도 프랑스어로 표현할 수 있는 선전문에 외국어를 사용하는 것을 금지하고 있다. 한국의 화장품이나 의료품의 선전에서 보는것 같은 국적 불명의 선전문은 찾아볼 수 없다.

바야흐로 영어가 국제어로 정착하고 있다. 영어를 못하는 사원은 많은 기업에서 퇴출 대상이 되고있다. 그러나 영어를 모국어로 하는 나라의 사람이나 기업이 다른 나라에서 너무나 당연한 것처럼 영어를 강요 하는 것은 일종의 오만이 아닐 수 없다. 영어는 배워야 한다. 그러나 센키에 비치의 「등대지기」나 알퐁스 도데의 「마지막 수업」에서 보는 것 처럼 모국어의 소중함 또한 일찍부터 일깨울 필요가 있다.

9. 군사 강국 일본의 부활

1975년 5월 8일 동독에서는 나치스로부터의 해방을 기념하는 성대한 式曲이 열렸다. 2차 대전에서 독일이 항복한 이 날을 동독에서는 패전의 날로서가 아니라 해방의 날로 기념했던 것이다. 같은 날 서독에서는 쉘 대통령이 히틀러가 범한 죄에 대해 독일 국민의 책임을 강조하는 연설을 했다.『우리들은 전쟁, 살인, 예속과 만행에서 해방되었다. 그러나 우리들은 이 해방이 밖에서 왔다는 것, 우리들 독일인이 스스로 이 굴레를 물리치지 못한 것을 잊어서는 안된다. 우리들 역사의 가장 어두웠던 시대를 기억하고 잊지 않을 때 우리들은 다시 긍지를 가지고 독일인이라고 부르는 것을 용서 받을 수 있다.』

이 같은 독일인들의 양식은 뉘른베르크의 전범재판을 통해서도 잘 나타났다. 단죄를 받는 나치스 수뇌에 대해 독일인들은 티끌의 동정도 보내지 않았다. 그들이 박해한 유태인에 대해 깊은 죄의식을 느꼈고, 서독 정부는 이스라엘에 대해 배상을 함으로써 속죄했다. 재판이 끝난 뒤에도 나치스 잔당에 대해서는 철저하게 추적, 처벌했다. 역사상 초유의 전범재판에 대해서도 정당성을 인정했다.

그러나 태평양 전쟁의 전범을 다스린 도쿄재판에 대해 일본인들은 승자에 의한 패자의 응징이라는 견해를 가졌다. 일본인들은 미군의 점령과 통치를 현실로 받아들이기는 했으나 군국주의자들에 대해서는 동정적인 시선을 보냈다. 맥아더 사령부에 의해 추방됨으로써 조각 직전에 수상자리를 포기해야 했던 하도야마가 추방해제와 함께 요시다를 누르고 수상이 된 정서적 배경이 이러한 데 있다.

그래도 전후 약 30년까지는 태평양 전쟁의 침략성을 공개적으로 부인하는 사람은 없었다. 그러나 일본이 경제대국의 대열에 끼어 들기 시작하면서 중·일전쟁 이후의 침략사를 합리화하거나 정당화하려는 움직임이 일기 시작했다. 나가노 법상의 망언은 우발적인 발언이라기보다 우파 진영의 시각을 은연중 대변하고 있다. 일본이 아시아 각 국과 진정한 善隣관계가 될 수 없는 원인이 역사에서 도피하려는, 역사적 죄과의 책임을 남에게 덮어씌우려 하고 있는데 있음을 새삼 확인하게 된다. 외신은 이제 (2004년 6월 현재) 일본이 세계 제5위의 군사 대국이 되었음을 전하고 있다. 해군력에 있어서는 미국 다음가는 세계 제2위이다. 우리가 간과해서 안될 것은 일본의 경제력과 군사력이 강해질수록 우파의 목소리가 높아지고 있는 점이다. 한국의 가장 가까운 우방이면서도 마음을 열고 다가설 수 없는 이유가 이러한 데 있다.

10. 더러운 전쟁

고전적인 전략가로 용맹이 높은 크라우스비츠에 의하면 전쟁에는 「깨끗한 전쟁」과 「더러운 전쟁」의 두 가지가 있다. 깨끗한 전쟁은 신사간의 결투나 서부 사나이들의 싸움처럼 대등한 룰로 적의 급소에 일격을 가하여 기절시킨 뒤 상대를 일으켜 세워 웃으며 악수한다. 그리고 이전보다 더욱 사이가 좋아지는 것과 같은 전쟁을 말한다. 노르망디 상륙작전, 러 · 일전쟁 때의 奉天대회전처럼 야전에서 彼我의 주력부대가 조우, 결전을 벌임으로써 승패가 판가름나는 것이 깨끗한 전쟁의 전형이다.

그러나 게릴라전이나 국민 총무장으로 전쟁양상이 바뀌면 깨끗한 전쟁의 꿈은 무너진다. 나폴레옹의 모스크바 원정 때 일어난 러시아 민중의 저항은 전투와 전략의 새로운 개념을 낳았다. 야전에서의 화려한 결전으로 러시아를 굴복시키려던 나폴레옹의 전략 구상은 러시아의 광대한 공간 앞에서 무산되었다. 단 한 차례의 결전도 없이 수도 모스크바를 점령했으나 승리를 얻지는 못했다.

모스크바는 광대한 러시아라는 파워의 중심이 아니었다. 일본군도 중국대륙에 침공, 上海, 南京 등 점과 선을 차지했으나 중국 정부와의 화평 달성에는 실패했다. 나치스의 초기 전격작전은 프랑스와의 조기강화를 달성했으나 영국과 러시아에 대해서는 무효였다. 프랑스군과 미군은 월남에서 통치 불가능 공간에서의 게릴라전에 말려들었다. 乾坤一擲의 대결전이 없는 전쟁이야말로 강대국의 아킬레스건이라 할만하다.

걸프전의 화려한 승리는 미국에 대한 이란의 적대적 도발을 억제하는 효과를 가져오고 있다. 후세인의 이라크에 대한 2003년의 공격은 이란이 세계 석유 자원의 65%를 매장하고 있는 페르시아만 지역의 안전을 위협할 때 언제든지 전면적 공격을 가할 수 있을 가능성을 시사하고 있다. 핵무기 개발의 추진으로 미국을 간접적으로나마 위협할 때 또한 마찬가지이다. 최근 리비아의 가다피는 핵을 포기하고 미국에 다가섰다. 세계는 북한이 가다피와 같은 현실적인 정책을 펼칠 수 있을 것인지에 대해 관심을 갖고 있다.

11. 함포외교

일본의 근대화는 미국의 함포외교를 기점으로 한다. 1853년 페리 제독이 이끄는 미국의 함대는 浦賀항에 진입, 개항을 요구하면서 이를 받아들이지 않을 때는 함포사격을 가할 것을 통고했다. 흑선으로 일본인들이 명명한 미군 군함의 방일이 鎖國일본의 개국을 재촉했으니 일본의 근대화는 함포외교의 산물이 아닐 수 없다. 조선조 말에 열강의 군함이 우리나라에도 밀려왔으나 일본처럼 근대화의 촉매가 되지 못하고 오히려 식민화에의 길을 더듬게 했다. 역사의 역설이 심하다 할 것인가.

영국의 전권사절 엘리옷이 이끄는 군함 16척이 홍콩의 對英割讓을 가져온 것에서 보는 것처럼 영국의 식민지 정책은 함포를 앞세운 것이었다. 함대의 영해 접근은 그래서 전쟁의 예비행위로 인식된다. 그 결과 적의없이 타국의 연안에 항진할 때는 바다쪽을 향해 실탄을 전부 발사해야했다. 포탄이 없는 함대의 입항이니 침공은 아니라는 신호인 것이다. 18세기만해도 함포의 사정거리가 3마일이어서 이에 바탕하여 영해 3마일이 국제법으로 공인되었다. 국가 원수 등의 방문 때 예포를 쏘는 것도 이에 연유하는 것이니 적의없음의 표시, 즉 환영의 의미로 예포를 발사하는 것이다.

그런데 함포의 사정거리가 수백㎞에 달하는 지금은 이를 영해의 기준으로 삼는 것은 무의미하게 되었다. 일체의 배타적 주권이 인정되는 영해는 12마일로 굳어져가고 있으나 이 또한 모든 나라가 인정하는 것은 아니다. 최근 핵을 포기함으로써 미국에 다가선 가다피가 한때 멋대로 선언한 1백20마일 영해 주장 같은 것은 터무니없는 폭언이다. 이렇게 되면 웬만한 해양에는 공해가 없어져 버린다. 일과성의 일방조치에 끝난 것은 너무나 당연하다.

오늘날 함포외교의 주역은 항공모함이다. 중국이 대만을 공략하지 못하는 것은 항공모함을 주축으로 한 미7함대의 견제 때문이다. 분쟁이 있는 곳에 제일 먼저 달려가는 것이 미국의 항공모함이다. 움직이는 거대한 비행기지인 항공모함은 국력의 상징처럼 되어 있다. 고전적인 함포

외교는 자취를 감추었으나, 항모 중심의 함포외교는 더욱 활발해 지고
있음을 알게된다.

12. 렘의 돌격대와 독일 국방군

렘이 지휘하는 돌격대는 나치스의 전위부대였다. 히틀러는 합법적으
로 의회진출을 꾀하는 한편 돌격대를 앞세운 폭력으로 반대세력을 격파
했다. 히틀러가 집권했을 때 돌격대원은 3백50만명에 달했다. 국방군을
압도하고도 남는 준군사 조직이었다. 그러나 집권에 성공한 히틀러는
사조직인 돌격대에 대해 가차없는 숙청을 단행했다.

1934년 6월 30일에서 7월 2일까지의 사흘간 친위대는 렘을 비롯한
돌격대 간부를 살해했다. 합법적 절차를 밟지 않고 감행된 체포와 총살
은 완전한 사형(私刑)이었다. 권력장악에 성공한 히틀러에게 필요한 것
은 불안한 변수인 사조직이 아니라 국방군의 충성이었던 것이다. 렘은
히틀러에 대해 『너』라고 부를 수 있는 유일한 실력자였다. 렘의 돌격대
없이 히틀러의 집권은 불가능한 것이었다. 그러나 히틀러가 렘과 그 추
종세력을 야밤에 기습하여 살해한 것은 2인자의 제거가 아니라, 국방군
위에 돌격대를 두려는 렘의 무모한 주장때문이었다. 히틀러에 대해 회
의적이던 독일 국방부는 렘과 돌격대의 제거 이후 히틀러에 대해 충성
서약을 했다.

1922년의 로마진군(進軍)으로 무솔리니가 정권을 쟁취했을 때 그 전
열(戰列)의 앞장에 선 것은 흑(黑)셔츠대(隊)였다. 그러나 무솔리니 또
한 집권 후에는 군을 장악하는데 보다 무게를 두었다. 렘의 돌격대처럼

흑셔츠대도 무솔리니의 집권을 위한 소모세력으로 전락하고 말았다.

  정보기관이나 사조직이 막강한 세력을 휘두르는 것은 독재국가 특유의 현상이다. 민주국가에서는 정치가의 사조직 같은 것은 상상조차 할 수 없다. 정보기관이 권력의 중추기능을 다하는 것도 법질서가 확립된 나라에서는 있을 수 없다. 그러나 나치스의 친위대나 게슈타포는 무소불능(無所不能)의 권력을 휘둘렀고 스탈린 치하의 KGB는 소련인민의 공포의 적이었다. 흐루시초프의 회고록에 의하면 정치국원이라 할지라도 크렘린에 호출되면 살아서 다시 나오는 것을 확신하지 못했다고 한다. 독재자가 춤을 추라고 하면 늙은 정치국원이나 각료들이 불안과 전율을 감추고 즐거운 듯 춤을 추어야 했다.

  한국 정치사에서도 일종의 사조직같은 것을 발견할 수 있다. 군내의 「하나회」가 그 단적인 예이다. 「하나회」는 김영삼 전대통령에 의해 해체되었다. 김영삼 전대통령의 「민주 산악회」도 말하자면 일종의 사조직이었다. 그러나 공식적인 정치 활동이 원천 봉쇄된 상황에서의 어쩔 수 없는 편법으로 발족한 동지적 모임이었다. 독재 체제하의 사조직과는 성격을 달리한다. 그러나 「민주 산악회」는 김영삼씨의 대통령 당선으로 그 존재 의미가 없어졌다. 노무현 대통령 취임이후 코드가 맞는 인사의 중용이 왕왕 논란을 빚고 있다. 정치적 성향이나 감각이 맞는 인사의 기용이 사조직과는 성격이 근본적으로 다른 것은 말할 것이 없다. 케네디가 당선되자 하버드 출신이 백악관을 점령하다시피 했다. 카터가 취임하자 「조지아 마피아」들이 백악관 주변에 포진했다. 다만 정치가 이른바 측근에 너무 의존할 때 거시적 정책의 전개가 어려울 것은 틀림없다.

13. 러시아의 핵(核) 통제권

1984년 8월, 워싱턴DC의 여름은 견디기 어렵게 무더웠다. 불길한 예감도 있었다. 조지 오웰의 미래소설 「1984년」의 해를 맞이한 때이기도 했다. 이미 오웰의 예측이 현실로 나타날 움직임이 싹트고 있었다. 안드로포프 소련 서기장의 병사로 권좌(權座)에 오른 체르넨코 서기장이 쿠바에 순항미사일 배치를 결정했기 때문이다. 케네디 때의 「쿠바 봉쇄」를 연상케 하는 급박한 상황이 벌어지고 있었다.

백악관과 크렘린에서는 핵전쟁 발발시의 상황이 구체적으로 검토되었다. 경제적으로 파탄 직전의 소련이 「절망과 공포의 선제공격」을 감행할 가능성을 배제하기는 어려웠다. 만약 핵전쟁이 벌어지면 약 3천5백만의 미국 시민과 2천5백만의 러시아 시민이 사망할 것으로 분석되었다. 핫라인을 통한 정상간의 대화로 1984년 여름의 악몽은 일과성(一過性)의 해프닝으로 끝났다. 그러나 미국이 유일한 초강대국이 된 지금도 와인버거 전 미국방 장관이 말한 「핵에 의한 기습」의 가능성을 완전히 배제할 수는 없다. 한때, 아니 지금도 북한은 미국이 지정한 테러 국가군에 포함되어 있다. 그러나 최근 북한은 적극적인 화해의 움직임을 보이고 있다. 북한의 핵이 아직은 태풍의 눈처럼 한반도 평화에 불안한 변수이기는 하나, 북한이 절망적인 상황에 몰리지 않는 한 결코 쓸 수 없는 병기라 할 것이다.

심장수술로 총리에게 권한을 넘길 것을 밝힌 옐친 대통령은 핵 통제권만은 계속 가질 것을 말한 바 있다. 집권자의 권한 중 가장 중요한 것은 군통수권이며 핵보유 국가에서는 핵통제권으로 압축된다. 레이건과 부시가 함께 권한행사가 잠시 어려워졌을 때 당시의 헤이그 미국무장관은 군 통수권이 잠정적으로 자신에게 귀속되었음을 천명했다. 그러나 이것은 4성 장군 출신이 범해선 안될 과오였다. 대통령 유고시 그 권한은 부통령, 다음이 국무장관, 국방장관 순으로 되어 있으나 군 통수권은 국방장관이 국무장관을 앞서고 있다. 핵통제권을 비롯한 군통수권의 중요성을 일깨워 주는 대목이 아닐 수 없다.

엘친의 건강이 나빠지면서 그 이후를 둘러싼 권력투쟁이 한동안 조정되었다. 엘친이 핵 통제권을 누구에게 넘겨줄 것인가는 러시아만이 아니라 전세계에 영향을 미칠 미묘하고 중대한 결정이 될 것을 읽게하고 있다. 엘친정권의 마지막 총리로 푸틴이 기용됨으로써 푸틴은 후계자의 위치를 굳혔다. 푸틴 러시아 대통령은 러시아 정국을 강력히 장악함으로써 미국을 비롯한 세계의 불안을 덜어주고 있다. 만약 러시아의 집권자가 핵 통제권을 확실하게 장악하지 못하면, 세계 평화는 뿌리채 흔들리게 된다.

제2장 작전과 용병

1. 용병의 妙

전사상(戰史上) 18세기는 전술의 시대, 용병의 시대로 일컬어진다. 이 시대에 장군들이 가장 겁낸 것은 병사의 탈주와 도망이었다. 탈주병을 내지 않기 위해서는 대열을 항상 정연히 유지하고 생활수준이 떨어지지 않게 배려해야 했다. 도로 사정이 나빴던 그 시절 군대의 기동성은 극히 떨어졌다. 전투를 벌일 수 있는 지형은 한정되어 있어 삼림지대, 늪지대, 산악지대는 전장이 될 수 없었다. 넓은 평야와 일기가 고른 계절이 전투전개의 원칙적 조건이었다. 지휘관에게는 「용병의 妙」가 강하게 기대되었는데 그것은 싸우지 않고 이기는 것을 최고로 쳤다. 전진과 배진을 교묘히 하여 적장을 기만, 그 보급로를 끊으면 부전승을 얻을 수 있었던 것이다.

나폴레옹은 이 시대의 가장 위대한 전략가였다. 그는 병사의 애국심, 행군속도, 화포의 집중적 이용 등으로 적을 무찔렀다. 그는 현대적인 사단제도를 창안함으로써 가히 전략에 혁명을 일으켰다. 그러나 나폴레옹의 천재성은 동시에 그의 약점이기도 했다. 그는 모든 정보를 한 손에 쥐었고 작전을 상의할 참모도 거느리지 않았다. 모든 명령을 직접 내렸으며 스태프는 있다해도 명령문서를 처리하는 기술적인 장교에 지나지 않았다. 따라서 최고사령관이 한번 판단을 그르치거나 현장에 없으면 패전이 불가피했다.

현대적인 참모본부제를 최초로 조직한 이는 모르토케였다. 普·佛 전쟁때 그는 군단 중심의 조직을 참모본부 중심으로 전환하여 승리를 쟁취했다. 미국의 합참본부는 현대적인 입체전략 수립의 산실이다. 우리가 그 이름에 익숙해진 것은 6·25동란 때였다. 레이건이 대통령에 취임했을 때 원수의 정장으로 경의를 표한 오마 브레들리 장군이 지휘하는 미 합참본부는 북한침략을 분쇄하는 두뇌역할을 했다.

한국의 군 지휘체계는 이원화(二元化)되어 있다. 군령권은 합참의장이, 인사권은 각군 참모총장이 행사하게 되어있다. 달리 예를 찾아보기 어려운 체계이다. 미국의 두 차례에 걸친 이라크 공격을 보면, 국방장관이 군정은 물론 군령권의 중심에 서 있음을 알 수 있다. 합참의장이나 각군 참모총장은 국방장관의 완전한 막료(幕僚)에 지나지 않는다. 그러나 구체적인 작전 용병은 합참의장이 행사한다. 각군 참모총장은 합참의장과 상하관계에 있다. 작전권에는 어쩔 수 없이 인사권이 따르게 마련이다. 군 지휘체계의 이원화가 반드시 한국의 실정에 맞는 것인지 검토해 봄 직하다.

2. 참모의 무명성

普·佛 전쟁은 프로이센의 참모총장 모르토케를 세계의 슈퍼스타로 각광받게 했다. 그러나 이것은 위험한 징조였다. 참모본부나 참모총장은 상대에게 마크되지 않는 것이 가장 좋은 것인데도 「참모의 무명성」이 상실되기 시작한 것이다. 1943년 4월 18일, 일본 연합함대 사령관 야마모토 제독이 미 공군에 의해 정확히 요격된 것은 「참모의 무명성」이 어떤 의미를 갖는 것인가를 말해주고 있다. 야마모토가 부겐빌로 비행하고 있을 때, 일본 기지의 반대편에 있던 미공군 기지에서 야마모토 일행의 비행대를 요격하기 위해서는 정확한 시간에 마주쳐야 했다. 양국의 비행기가 조우할 수 있는 시간은 10분정도에 지나지 않았다. 야마모토가 출발시간을 앞당기거나 늦추면 미군은 요격할 기회를 잃게 된다. 꼭 격추하기 위해서는 요격 비행대를 여러 개로 나누어 대비시켜야 했다. 그러나 주미 일본 대사관 무관으로서 근무했던 야마모토의 행적을 더듬어 본 결과, 시간에 극히 정확함을 알았다. 암호 해독으로 파악한 시간에 정확히 비행하여 일본 해군 최고의 명장을 제거할 수 있었던 것이다.

1880년 모르토케의 90세 탄생일은 거국적으로 축하되었다. 베를린 시민과 베를린대 학생 등의 횃불 행렬이 벌어지고 황제를 비롯한 諸公諸將軍이 列席하여 시가는 인산인해를 이루었다. 모르토케의 국가적 공적에 비추어 당연하다 할 것이다. 普·墺 전쟁때만해도 사단장조차 그의 이름을 모르는 이가 있었는데 이제 그는 비스마르크와 나란히 프로이센 제1의 명사가 된 것이다. 그러나 상대국의 의표를 찌를 작전을 세워야 할 사람이 가장 밝은 각광을 입게된 것은 위험한 징후가 아닐 수 없었다.

물론 이것은 모르토케의 죄가 아니었다. 그는 애써 남의 눈에 띄려 한 바가 없었다. 그러나 그를 이처럼 끌어올린 독일인의 심리 속에 위기는 배태해 있었던 것이다. 무적 독일 참모본부, 이 관념이야말로 위험한 것이었다. 옛부터 스페인의 무적함대를 비롯하여 무적을 자랑하고 패하지 않는 예는 없다. 마치 연일 급승한 주식이 반드시 추락하는 것처럼 이 무적 참모본부의 자신이 독일을 1차 대전에 끌어들였던 것이다.

합참의장과 3군 참모총장을 제외하면 군인사가 밝혀지지 않는 것은 「참모의 무명성」이 중요하기 때문이다. 좀 각도는 다르지만 국가 시책도 때로는 엄중한 비밀을 요할 때가 있다. 영국의 수에즈운하 매입 같은 것이 그러한 예이다. 아무도 수에즈운하의 효용성을 몰랐던 그 시대에 이를 공개논의 했다면 수에즈운하 매입은 좌절되고 말았을 것이다. 그리하여 디즈레일리 수상은 비밀리에 독단으로 사들였다. 로스 차일드가(家)에서 빌린 급전으로 매매 대금을 치루었다. 그는 빗발치는 의회의 비난을 받았으나 대영제국의 기초를 이로써 탄탄하게 닦았던 것이다.

3. 맥아더와 리지웨이

1944년 루즈벨트 미 대통령은 아이젠하워, 맥아더, 니미츠의 세대장을 원수로 승진시켰다. 유럽전선과 태평양 전선의 두 야전군 사령관과 미 태평양함대를 지휘하여 일찌감치 제해권을 확보한 제독에 대한 논공행상이었다. 2차대전중 연합국을 총지휘한 사령탑은 美·英 합동참모본부의장을 역임한 마샬장군이었다. 무명의 육군준장 아이젠하워를 발탁하여 유럽전선의 연합국 총사령관에 기용한 것도 마샬장군이었다. 그러나 역사는 군인으로서의 최고 영예를 마샬 아닌 아이젠하워와 맥아더에게 내리고 있다.

일본의 흥망을 건 러·일 전쟁에서 일본 해군을 총지휘한 것은 야마모 토 곤배에였다. 무능의 낙인이 찍혀 예편직전에 있던 도고대좌를 발탁 하여 청·일 전쟁때 주요 임무를 맡기고 러·일 전쟁에 즈음해서는 연 합함대 사령관에 임명하여 유명한 동해대회전에서 발틱함대를 무찔러 전쟁 영웅을 만든 것도 야마모토 해군대신이었다. 그러나 전후 국민적 영웅으로 추앙된 것은 야마모토가 아니라 그가 키운 도고였다.

맥아더는 일찌감치 육군 참모총장을 역임했고 아이젠하워도 전후에 육참총장직을 맡았다. 참모총장은 군의 제1서열자이다. 그러나 사람들 은 참모총장시대의 맥아더나 아이젠하워보다 야전군 사령관으로서의 그들을 보다 선명하게 인식하고 있다.

리지웨이 대장이 1993년 7월 27일 작고했다. 미국 군인 중 유엔 군사 령관과 나토군 사령관, 참모총장을 역임한 장군은 리지웨이 뿐이다. 8군 사령관으로서 한국전선에서 유엔군을 지휘하던 리지웨이 중장은 트루 먼 대통령의 분노를 사 해임된 맥아더의 뒤를 이어 유엔군 사령관이 되 었다. 아이젠하워가 대통령에 출마하기 위해 사임하자 그 뒤를 이어 나 토군을 지휘한 그는 미국 군인으로서 최고의 영예를 지녔다 할 것이다.

일찍부터 정치적 야심을 불태워 온 맥아더와는 달리 리지웨이는 순수 한 무장이었다. 공교롭게도 한국 전쟁 휴전 40주년에 즈음하여 그는 1 세기에 가까운 생애의 막을 내렸다. 맥아더가 가고 벤프리트가 타개한 지금 리지웨이 장군의 운명으로 한국 동란은 역사의 장에 잠기게 된 것 을 확인하게 된다.

4. 라인과 스텝

나폴레옹군 3만이 그 배나 되는 오스트리아군의 집중 포위 공격을 받았을때의 일이다. 나폴레옹은 삼면의 적중 가장 쉬운 2만의 적을 먼저 격파했다. 이어 적의 주력 2만5천을 집중 공격하여 완승했다. 동쪽에 있었던 제3의 오스트리아군은 결국 전장에 모습조차 나타내지 못했다. 유명한 이탈리아 가루다 湖畔의 각계 격파작전이다. 천재 나폴레옹은 참모조직을 도입, 활용한 최초의 장수였다. 나폴레옹 이전의 장군은 가루다 호반에서의 프랑스군처럼 우세한 적에 의해 3방면에서 포위되면 패배를 자인하고 퇴각했다. 이러할 때 무리하게 대항하여 병력을 소모하는 것은 장수의 매너에 반하는 것으로 지목되었다.

그러나 나폴레옹은 이것을 오히려 유리한 조건으로 생각했다. 적은 세 갈래로 나누어져 있으나 아군은 한쪽에 집결해 있어 전체로서는 열세이지만 적의 어느 한쪽과 결전할 때는 오히려 우세하다. 그리고 한 전장에서 다음 전장으로 전진하는데는 프랑스군이 유리했다. 이같은 새로운 전략은 라인(실행하는 세포·부대장)과 스텝(생각하는 세포·참모)을 효과적으로 활용한 새로운 전법이었다.

나폴레옹의 전법을 더욱 개발한 것이 프러시아의 참모조직이다. 모르트케를 참모총장으로 한 프러시아군은 현대적인 참모체계를 확립함으로써 오스트리아와 프랑스를 무찌르고 독일 통일을 달성했다. 역전의 베테랑인 장수들은 젊은 모르트케의 혁신전법을 받아들이고자 하지 않았다. 빌헬름왕의 권위를 배경으로 한 모르토케의 참모통수, 즉 참모총장이 직접 각 군의 참모를 지도하여 뜻대로 전 군을 움직임으로써 독일

통일의 길을 닦았던 것이다.

라인과 스텝의 관계는 기업과 정치의 장에서도 援用될 수 있다. 나폴레옹의 참모조직은 나폴레옹을 보좌하는 비서진과 같은 성격이 강했으나 모르트케의 참모조직은 체계를 갖춘 두뇌조직이었다. 김영삼(金泳三) 전대통령의 측근은 家臣이라는 말이 상징하는 것처럼 비서진적 성격이 강하다. 김대중 대통령 시대에도 가신이란 말이 사람들의 입에 오르내렸다. 민주화 투쟁 과정에서의 동지애, 탁월한 정치적 지도자에 대한 존경이 그러한 말을 낳게 했을 법하다. 그러나 집권단계를 넘어 치국의 단계에 이르면 모르트케 시대에 확립된 것과 같은 라인과 스텝의 관계가 보다 이상적일 듯하다.

5. 평시 작전통제권

노르망디 상륙작전을 전후하여 아이젠하워 연합군 총사령관이 부닥친 난관의 하나가 몽고메리 영국군 총사령관과의 갈등이었다. 1차 대전때 용명을 떨쳤고 北阿전선에서 롬멜을 격파한 몽고메리에게 있어 아이젠하워는 까맣게 아래로 보였다. 그러나 미국의 지원으로 간신히 버티어 온 영국으로서는 미국에게 작전통제권을 부여하지 않을 수 없었다. 어쩔 수 없이 몽고메리는 연합군 부사령관직을 맡았으나 아이크의 권위를 결코 인정하지 않았다. 노골적으로 반감을 표시하는 몽고메리를 포용한 것에 凡庸한 듯 하면서도 非凡했던 아이크의 진면목이 있다.

열강이 본격적으로 연합작전을 편 것은 워터루 대회전이 처음이다. 엘바섬에서 탈출한 나폴레옹을 무찌르기 위해 브뤼셀에 집결한 벨기에,

네덜란드, 하노바 영국군 등은 웰링턴 장군 휘하에 연합군을 형성했다. 그 서쪽에서 부룻휄이 지휘하는 프러시아군 12만명이 협력하여 나폴레옹의 백일천하에 막을 내리게 했다. 워터루에서는 영국군이 주도적 역할을 다했을 뿐만 아니라 웰링턴의 명성 또한 높아 지휘권을 둘러싼 마찰은 없었다.

작전통제권을 둘러싼 마찰은 전시의 한 나라 안에서도 벌어진다. 태평양 전쟁때 일본 육, 해군의 대립이 좋은 예이다. 일본 해군 최대의 적은 일본 육군이었다고 흔히 일컬어지거니와, 작전상의 견해차도 원인이었으나 육군주도하의 전쟁에 대한 불만 또한 만만치 않은 것이었다. 미국도 육, 해군의 알력은 있었으나 명실공히 최고사령관이었던 루스벨트에 의해 통제되었다. 마샬(육군참모총장)은 해군을 모르고 킹(해참총장)은 육군을 모른다고 말하면서 루스벨트 대통령은 통수권을 유감없이 행사했다.

6 · 25동란 때 미군에게 넘어간 한반도의 평시 작전통제권이 지금껏 그대로 있는 것은 작전상의 동기 외에 정치적 이유도 있어서였다. 남북의 긴장상태가 고려된 측면이 그것이다. 한 · 미간의 작전통제권 문제는 주권국가의 자주만을 내세울 수 없는 측면이 있다. 미군은 한국군과는 비교할 수 없는 탁월한 정보 수집 체계를 갖추고 있다. 미군의 주력부대가 한국에 남아 있는 한 북한의 기습은 사실상 불가능하다. 만약의 경우 한 · 미간이 입체적인 전략을 펼치려면, 2차 대전때 미국과 영국이 연합군을 형성한 것처럼 작전 체계의 일원화가 불가피하다. 한반도에서의 작전통제권은 단순 논리만으로 풀 수 없는 현실적인 문제가 있음을 직시할 필요가 있다.

6. 전력평가의 과소 과대

戰史를 살펴보면 독일의 러시아 침공, 일본의 진주만 기습, 미드웨이 해전 등 적을 과소평가 한 자만과 방심에 의한 실패가 헤아릴 수 없이 많다. 그러나 적의 능력을 과대평가한데 따른 위험성도 이에 못지 않게 크다. 예를 들면 1935년 프랑스군 첩보부에 의한 독일군의 과대평가(실병력 35만에 대해 두배 가까운 70만으로 평가)가 36년 독일군의 라인란트 무혈진주를 비롯한 히틀러의 소위「사라미」작전의 성공을 이끌어 내는 큰 요인이 되었다. 히틀러는 그 군사력의 위협만으로 외교적 승리를 쟁취했다. 라인란트 진주 당시 독일의 진주군은 실제 3만에 지나지 않았는데도 프랑스 첩보부는 독일군을 19만5천으로 7배 가까이 과대평가하여 히틀러의 세력대두를 막을 절호의 기회를 놓쳤다.

구 소련도 군사력의 과장으로 냉전시대를 요리해 왔다. 쿠바위기가 말해주는 것처럼 미국이 결연한 태도를 보이면 물러서야 하는 것이 소련의 실정이었다. 그러나「고무제잠수함대」를 비롯한 위장 군사시설에서 보듯이 고무 등으로 만든 가짜 함대와 시설을 미국의 인공위성에 포착되게 함으로써 미국에 심리적 압박을 가했다. 흥미로운 것은 어느날의 대폭풍으로 종이처럼 구겨진 군사시설을 판독, 미국이 소련의 허세를 알게된 뒤에도 침묵을 지켰던점 일이다. 국방 예산확보를 위한 궁여의 일책이었다.

지금 자유진영은 공산권 붕괴로 인한 새로운 문제에 부닥쳐 있다. 미국을 비롯한 각국 의회의 국방예산 삭감 움직임이 그것이다. 소련침공의 위협이 없어짐으로써 일본 자민당이 지지기반을 잠식당하고 있는 것도 짚고 넘어가야 할 대목의 하나이다. 따지고 보면 6·25동란은 당시의 군 수뇌부가 북한의 군사력이나 침공의도를 가볍게 생각한데서 촉발된 일면이 있다. 또 너무 큰 초전의 희생을 가져온 원인이었다.

가상 적군의 군사력 평가는 지나쳐도, 너무 낮게 평가해도 문제이다. 다만 같은 잘못을 벌할 바엔 적의 능력을 과대평가하는 편이 무난하다는 것이 전략상의 상식임을 말하게 된다.

7. 전면전과 제한전

6·25동란이 스탈린의 지시에 의해 일어난 것임이 러시아의 기밀문서에서 밝혀져 관심을 모으고 있다. 북한이 남북을 무력통일 하려고 시작한 「혁명전쟁」인 6·25남침은 북한의 입장에서는 전면전이었으나 UN군에 있어서는 제한전이었다. 인민군은 남한의 적화를 위해 완전하고도 최종적인 승리에 전쟁의 목적을 설정했다. 그러나 UN군은 침략군의 격퇴에 작전의 한계를 그었다. 북한처럼 38선 이북의 전지역을 점령할 계획은 처음부터 없었다. 맥아더 장군이 해임된 것은 백악관이나 펜타곤의 이 같은 전략에 반기를 들었기 때문이다. 문민통제의 대원칙을 잠깐 잊은 것이 맥아더원수가 비운을 맞게된 동기였다.

普·墺 전쟁도 비스마르크에게 있어서는 일찌감치 목적이 한정된 제한전쟁이었다. 통일의 장애를 제거하고 머지않아 있을 普·佛 전쟁에서 오스트리아의 호의적 중립을 유도하는 것에 목표가 있었다. 비엔나 점령의 결정적 순간에 진군중지령을 내리고 오스티리아에 극히 유리한 강화조약을 체결한 이유가 이에 있었다. 장군들로서는 敵都석권의 결정적 순간에 공격을 멎게 하는 명령을 승복하기 어려웠다. 그러나 普·佛 전쟁때 오스트리아군의 호의적 중립을 보고서야 프러시아의 장군들은 제한전쟁의 뜻을 알았다.

미국이 월남 전쟁을 전면전쟁으로 작정했다면 결과는 양상을 달리했을지 모른다. 처음부터 하노이 공략을 감행할 수 있었을 것이고 해안봉쇄 등의 기동작전을 전개했을 법하다. 베트콩의 준동에서 사이공 정권을 보호한다는 소극적인 작전 끝에 한발 한발 끌려 들어가 기약없는 지구전이 되어 버렸던 것이다. 명분이 뚜렷하지 않은 소모전에 대한 국내의 반론에 부닥쳐 미국은 불명예스럽게 베트남에서 물러나야 했다.

걸프 전쟁 또한 쿠웨이트에서 이라크군을 철수시키는 것에 목적을 둔 제한전이었다. 결정적 순간에 공격을 중단시킨 요인이다. 만약 전쟁을 사흘만 더 끌었다면 쿠웨이트에서 철수하는 이라크군은 가히 전멸되었을 것이고 후세인은 재기불능의 상황에 몰렸을 것이다. 전쟁에 앞서 표방한 목적과 범위를 지키고자 한 도덕성이 미국의 발을 묶은 굴레였음을 새삼 확인하게 된다.

8. 작전 통제권 환수의 원론과 현실

1940년 11월 12일 아침, 게링의 독일 공군사령부에서 서유럽의 각 항공기지에 다량의 무선통신이 발신되었다. 암호해독반에 의해 영국 주요 3도시에 대한 독일공군의 무차별 폭격명령임이 판독되었다. 작전이름은 「월광소나타」. 공업도시 버밍엄까지 포함된 폭격계획을 보고 받은 처칠은 충분한 대피시간이 있었음에도 불구하고 이 특급정보를 그냥 썩혔다. 암호해독의 기밀을 지키기 위해서였다. 만약 방위조치를 강구하면 많은 시민의 생명과 재산을 구할 수 있었다. 그러나 대반격(유럽상륙 반공작전)의 날까지 어떤 희생을 치르더라도 암호해독의 기밀을 지킬 책임이 그에게 있었다.

이 처칠 수상이 암호해독 탄로의 위험을 범하면서까지 내린 작전명령이 있다. 그것은 北阿전선의 롬멜부대를 구원하기 위해 지중해를 향해 중인 독일 수송선단의 정보를 입수했을 때이다. 그 때 처칠은 엘·알라맨의 몽고메리 장군의 승리에 모든 것을 걸고 있었다. 「사막의 여우」로 일컬어진 롬멜을 무찌름으로써 전세를 반전시킬 필요가 있었던 것이다. 정확한 영국 공군의 공격을 보고 독일 방첩기관은 암호누설의 의심을 가졌으나 결론은 암호의 안전성에 대한 자신이었다. 독일 패전의 한 원인이다.

1943년 4월 14일 미태평양함대 무선전신 부대는 일본 연합함대 사령관 야마모토 대장이 6기의 전투기에 호위되어 전선 시찰을 떠나는 정보를 캐치했다. 『일본해군 최고의 사령관이며 어떤 위험을 무릅쓰고라도 격추하라』는 회신을 받은 니미츠 제독은 암호해독 기밀누설의 위험에도 불구하고 야마모토 공격의 명령을 내렸다.

현대전은 정보전이다. 지상병력의 배치, 이동은 물론 잠수함의 항로까지 공중정찰로 포착할 수 있다. U-2기로 상징되는 미군의 첩보 비행기는 지상을 달리는 자동차안의 대화는 물론 지하 군사시설의 현황까지 판독할 수 있다. 주한 미군이 한반도에 주둔하고 있는 한 북한의 기습은 불가능이라는 판단의 배경이다. 최근 주한 미군사령관의 한국군에 대한 작전 통제권의 환수시기를 둘러싸고 청와대 등 정치권과 합참등 군작전 계통의 견해가 맞서고 있는 것으로 전해진다. 대통령의 선거공약을 지켜야하는 입장과 독자정보능력 부족이라는 군사적 판단의 차이에서 오는 결과이다. 「월광소나타」의 기밀을 접했을 때의 처칠만큼이나 어려운 선택에 盧대통령이 처해 있는 듯하다.

9. 윈-윈전략

비스마르크는 세 개의 정치적 유언을 남겼다. 러시아와 싸우지 말것, 양정면 작전을 펼치지 말 것, 문민우위의 원칙을 지켜갈 것 등이었다. 러시아 주재 프러시아 대사를 역임한 비스마르크는 슬라브 민족의 강인함과 러시아의 황량한 국토를 깊이 가슴에 새겼다. 두 개의 전선을 동시에 펼치는 것은 힘에 벅찬 것임을 일찌감치 꿰뚫어 보았다. 명장 모르토케의 협력으로 확립된 문민통제가 국가경영, 특히 전쟁지도의 대원칙이 되어야 하는 것을 오스트리아, 프랑스와의 전쟁이 입증하고 있다.

그러나 카이제르는 비스마르크의 교훈을 무시했다. 1차 대전으로 러시아와의 전쟁을 벌였고 동부와 서부에서 동시에 전선을 형성했다. 더욱이 독일의 최고통수부는 1916년 가을, 점령지 폴란드의 처리방침을 둘러싸고 수상의 의견을 무시한 채 조급하게 폴란드 독립의 지지를 선언했다. 이러한 조치는 러시아와의 단독 강화를 불가능하게 하는 「뜨거운 감자」였다. 군사적 판단을 정치적 판단에 앞세운 참모본부의 독선으로 수상의 의견은 묵살되었던 것이다. 1917년 1월에는 참모총장 힌덴부르크가 수상의 경질을 요구하여 관철시켰다. 태평양 전쟁 때의 일본 육군을 떠올리게 하는 군부의 독주였다.

히틀러는 서부전선이 마무리되기 전에 소련과 개전하고, 일본 해군의 진주만 기습 직후 대미 선전포고마저 무릎씀으로써 또 다시 비스마르크의 유훈을 무시했다. 현대 사상 양정면작전을 전개한 나라는 2차 대전때의 미국 뿐이다. 그러나 유럽전선은 영국 및 소련이 함께 싸웠고 태평양전선 또한 영국과 공동전선을 폈다. 이에 앞서 중국이 일본군의 주력 부대를 묶어 두고 있었다. 「세계의 병기창」으로 일컬어진 미국으로서도 전선의 세계적 확대는 그 만한 배경이 있음으로써 가능했다.

미국은 주한 미군의 계속 주둔을 강조하면서 윈-윈 전략의 유지를 해왔다. 부시와 럴스펠드도 이 전략 구상을 배제하지 않고 있다. 한반도와 중동에서 동시에 전쟁이 일어나도 이를 물리칠 태세를 갖추겠다는 미국의 전략구상은 북한의 오판을 막을 안전판이 아닐 수 없다. 유일 초강국인 미국만이 가능한 전략구상이 아닐 수 없다.

미국은 주한 미군의 감축을 밝히고 있다. 병력 18만의 일본 자위대가 세계 5위의 군사 강국으로 떠오르고 있는 것에서 보는 것처럼, 현대전에서는 병력의 수가 한 시대 전처럼 큰 의미를 갖지 못한다. 병력보다 무기 체계의 우열이 승패의 관건이 된다. 미국의 말처럼, 미군 감축 후에 주한 미군의 정예화가 추진된다면 전쟁 억제력은 결코 약화되지 않는다. 문제는 한국 방어에 대한 미국의 의지에 있다. 감정적이며 근시안적인 반미 감정 등이 한·미 양국의 군사적 협력 체계에 부정적 요인으로 작용해서는 안될 것임을 말하게 된다.

10. 침략자와 기습

독재국가와 침략자는 기습에 능하다. 기습작전의 명수는 뭐니해도 나치스 독일이다. 2차 대전의 도화선이 된 폴란드 전쟁때 독일은 사흘만에 승기를 잡았다. 사전예고 없이 공격을 개시한 독일군은 게링휘하의 공군으로 폴란드 각지의 군사시설을 파괴하고 주요 생산시설을 폭파하여 폴란드를 궤멸상태에 몰아넣은 후 지상부대를 동프로이센, 본메룬, 슬로바키니아 등 각 방면에서 진격케했다. 개전 20일만에 주요 작전을 완료한 독일군은 후일 덴마크 공략때는 하루만에 항복을 받아내는데 성공한다. 전격 작전의 이름 그대로 전광석화의 진격이었다.

중·일 전쟁이나 태평양 전쟁때의 일본군도 나치스에 못지 않은 솜씨를 발휘했다. 1937년 7월, 중·일 전쟁을 벌인 일본군은 순식간에 북중국을 석권하고 10월에는 수도 南京을 점령한다. 그러나 이후 전쟁은 일본군의 표현을 빌린다면 「진흙속에」 빠져 버린다. 장개석(蔣介石) 총통의 말처럼 일본군은 점과 선은 점령했으나 한치의 국토도 뺏지 못한 상태에서 패전을 맞이했다. 진주만 기습의 화려한 성공을 기점으로 승승장구를 거듭하던 일본군이 개전 6개월만인 1942년 중반부터 패퇴를 거듭하여 결국 패전한 것은 우리의 기억에 새롭다. 임진왜란 때의 왜병도 초전에는 파죽의 세였으나 끝내는 패주했다.

침략자의 기습이 서전(緒戰)에 강하되 전쟁 후기에 약한 것은 6·25 동란때도 경험한 바이다. 그러나 민주국가는 그 정반대의 상황을 빚을 때가 많다. 2차 대전이 그 좋은 교본이거니와, 이유는 초기의 방심과 후일의 국민적 단결에 말미암는다. 비겁한 기습, 전쟁도발에 대한 분노와 자유수호에의 열의가 전쟁초기와는 비교가 안될 국민적 응집력을 몰고 오는 것이다.

북한이 수도권을 기습하는데 8분밖에 걸리지 않을 뿐만 아니라 전력의 65%를 전방에 배치하고 있다 한다. 오늘의 남북 관계나 북·미 관계를 미루어 볼 때, 북한의 기습이나 선제공격은 생각하기 어렵다. 만약 한반도에서 또 다시 전쟁이 벌어지면, 미국은 6·25때와 같은 제한전쟁으로 전력을 묶지 않을 것이 명백하다. 경우에 따라 핵 보복의 가능성도 배제하기 어렵다. 또 주한 미군의 정보 수집 능력때문에 기습같은 것은 원천적으로 불가능하다.

그럼에도 불구하고 전쟁 가능성이 결코 없다고 할 수는 없다. 북한이 한계상황에 몰렸다고 생각하거나, 히틀러가 그랬던 것처럼 오판을 할 우려는 여전히 남아있기 때문이다. 거듭 말한 것처럼 만약 한반도에서 또 다시 전쟁이 벌어진다면 그 승패는 아무런 의미가 없다. 거의 재기불능의 궤멸적 상황에서 침략자를 물리친들 무슨 의미가 있겠는가. 북한을 절망적 상황에 몰아쳐서도, 오판의 빌미를 제공해서도 안되는 것이 안전보장의 대원칙이라 할 것이다.

11. 항복과 저항

1943년 1월 14일에서 약 열흘간, 모로코의 카사블랑카에서 연합국 수뇌 회의가 열렸다. 아이젠하워 등이 북아프리카에 있었기 때문에 이곳이 개최지로 선정되었다. 당초 회담은 미·영·소 정상의 대좌가 될 예정이었으나, 스탈린그라드 공방전이 최종 단계에 이르고 있어 스탈린은 참석하지 못했다.

스탈린의 발을 묶은 스탈린그라드의 혈투는 2차 대전 최대의 고비였다. 1942년 여름에 시작된 스탈린그라드 공방전은 한때 도시의 9/10이 독일군에 점령되었다. 그러나 초토화된 시가지에 숨은 러시아 장병과 시민들은 처절하게 저항했다. 겨울에 접어들어 소련군의 반격이 시작되면서 형세는 역전하여 독일군 약 33만명이 포위되었다. 추위와 기아로 시체의 산이 쌓여갔다.

1943년 1월 8일, 소련군은 독일군 총사령관 프리드리히 파월스에게 항복을 권고했다. 히틀러의 명령에 의해 이를 거부한 파월스도 1월 말에 이르자 더 이상의 저항이 무의미한 것으로 보고 총통에게 항복의 허가를 요청했다. 최후의 일병(一兵)까지 사수하라고 명한 히틀러는 파월스를 원수에 승진시켰다. 독일군 원수는 역사상 어느 누구도 항복하지 않았음을 일깨워 파월스의 스탈린그라드 사수를 명했던 것이다. 그러나 2월 2일, 모든 것은 끝났다. 파월스는 적군에게 항복한 독일군 최초의 원수가 되었다.

스탈린그라드의 패배 이후 히틀러의 연설은 줄어들고, 즐겨듣는 바그너의 레코드도 트는 일이 줄어들었다.

러·일 전쟁의 최대 격전지 여순(旅順) 공방전에서 일본의 노기 장군에게 항복한 러시아의 스텐셀 장군은 본국 귀환 이후 전 급료 몰수와 파면 처분을 받았다. 일본에 이르러서는 항복은 상상조차 할 수 없는 비겁한 일로 단죄되었다. 심지어 중상으로 움직일 수 없어 포로가 됐을 경우에도 처형했다. 그러나 연합국에서는 무익한 저항, 특히 인명의 손실이 많이 예상되는 전투에서는 항복을 서슴치 않았다. 포로가 되는 것을 전투의 연장선상에서 파악했다. 포로가 되면 적에게 상당한 부담을 줄 뿐만 아니라 끊임없는 탈출 시도로 적의 병력을 피폐하게 할 수 있다는 합리적인 판단을 했다. 항복과 저항에 대한 감각의 차이에서 독재국가와 민주국가의 차이를 확인하게 된다.

제3장 제해권과 제공권

Ⅰ. 바다를 지배하는 자, 세계를 지배

1. 거함 거포 시대의 종언

일본 해군의 진주만 기습은 항공기에 의한 함대 공격이라는 새로운 해전 양상을 전개한 것이었다. 진주만 기습 이전의 해전은 북대서양을 종횡으로 누빈 독일 전함, 비스마르크호의 맹활약에서 보는 것처럼 함대와 함대간의 정면 대결이 주류를 이루었다. 당연히 거함, 거포가 해군의 편성 원칙이 되었다. 전함은 바다의 요새로 군림했다.

그러나 진주만 기습은 일본 해군 항공대에 의한 미함대의 공격이었다. 이 역사적인 해전을 통해 함대는 비행기의 폭격 앞에 극히 무력한 존재인 것이 입증되었다. 항공기는 「인간이라는 조정 장치를 갖는 중거리 미사일」이었다. 사정 거리는 500km에 이르고 탄도는 500kg에서 1t에 이르는 파괴력을 갖는다. 이에 비해 전함의 주포는 1.5t이상의 탄도이긴 했으나, 약 30km의 사정 거리에 그쳤다. 더욱이 포탄은 자기 유도가 되지 않는다. 이에 비해 함재기(艦載機)는 반복해서 사용할 수 있는 미사일 같은 것이었다. 전함이 해전의 주역 자리에서 밀려나는 것은 당연했다.

일본 해군 항공대는 1941년 12월 10일의 말레이 해역 해전에서 영국의 주력함 프린스 오브 웨일즈와 레파루스를 격파함으로써, 항공전의 위력을 다시 한번 입증한다. 그럼에도 불구하고 일본 해군 수뇌부는 해전에 있어서 항공기가 함포보다 주역이 된 것을 인정하지 않았다. 이에 반해 일본 해군 항공기의 공격 앞에 어이없이 무너진 미해군은 재빨리 항공 모함이 주역이라는 판단을 내리고, 항공 모함을 중핵으로 한 함대 편성으로 전환했다. 미드웨이 해전을 고비로 미해군이 태평양의 제해권을 장악하게 되는 중요한 요인이라 할 것이다.

일본 해군이 항공전에서 점차 미국에 뒤지기 시작한 것은 국력의 차이에 결정적으로 말미암았다. 항공전은 일종의 소모전이다. 따라서 얼마나 빨리 항공모함과 비행기, 탑승원을 빨리 대량으로 보충할 수 있는가가 관건이었다. 또 이를 기술 혁신과 함께 목표를 달성해야 했다. 미국은 이를 충족할 만한 충분한 국력과 개발 능력이 있었다. 일본은 그것이 되지 않았다. 국민의 식생활마저 어려운 상황에서 전쟁을 일으킨 일본과 국민 소득을 증대시키면서 이를 실행한 미국과의 차이는 너무나 결정적이었다. 미국은 2차 세계 대전 중 국민 소득이 증가한 유일한 국가였다. 일본은 항공전을 처음으로 실전에 적용했으면서도 항공전에서 그 우위를 미국에 넘겨주게 됨으로써 제해권은 물론 제공권도 점차 상실하게 된다.

2. 황해와 북양함대

미 군함 3척이 중국 북양함대의 모항인 靑島에 입항한 사실이 황해의 전략적 가치를 새삼 되새기게하고 있다. 1차 대전까지는 지중해에, 2차 대전을 전후해서는 대서양에, 그리고 최근에는 태평양과 동해에 밀려 황해는 어느덧 잊혀진 대양이 된 듯한 일면이 없지 않았다. 그러나 미 군함의 靑島입항은 미(美)·중국(中國) 해군의 군사적 제휴 가능성을 시사하고 있어 새삼 황해에 관심을 모으게 하고 있다.

淸·日 전쟁과 露·日 전쟁때까지만해도 황해의 제해권이 아시아의 판도를 좌우했다. 1940년 8월 1일 청·일 전쟁이 벌어지자 일본의 연합 함대는 재빨리 황해로 진격하여 청국의 북양함대를 격파한다. 다섯시간 의 해전 끝에 승리를 거둔 일본 해군은 다음해 2월 산동 반도에 상륙하 여 해·육양면에서 威海衛를 공략하는 한편 북양함대의 주력함 3척을 격침한다. 그리하여 전쟁의 승기를 잡는다.

露·日 전쟁때도 일본은 황해에서 기선을 제압함으로써 고지를 점한 다. 일본 해군은 여순항에 정박중인 러시아 함대를 봉쇄하는 절묘한 작 전을 펼친다. 출구가 좁고 깊이가 얕은 여순항의 입구에 낡은 기선을 폭 파하여 러시아함대의 황해진격을 막았던 것이다. 열세의 일본 해군이 이로써 황해의 제해권을 장악했다. 여순항에 러시아 함대가 갇히지 않 았으면 발틱함대가 동해에서 일본 해군에 전멸당하는 일이 벌어지지 않 았을 것이다.

淸國의 자랑이며 李鴻章의 긍지였던 북양함대는 일찍부터 중국의 주력함대였다. 비록 淸 · 日전쟁이후 패전의 시련을 거듭했으나 북양함대에 대한 중국인의 애착은 사라지지 않고 있다. 중국이 지금도 북양함대의 이름을 그대로 이어받고 있는 것에서 이를 짐작할 수 있다. 이 유서 깊은 북양함대가 靑島기항의 미 군함을 21발의 예포로 환영했다.

靑島에의 미국함대 입항은 북한의 황해진출을 은연중 견제하는 것이 아닐 수 없다. 또한 중국이 일찍부터 그들의 바다로 생각해 온 황해의 제해권을 결코 소련에 넘기지 않겠다는 중국 당국의 결의 표명으로 해석되기도 한다. 황해의 전략적 의미를 새삼 되새기게 된다.

3. 봉쇄작전

영국의 영광은 봉쇄정책과 묘한 인연을 갖고 있다. 트라팔가르 해전에서 진 나폴레옹이 대륙봉쇄령을 발하자 영국의회는 스스로를 로마의 원로원에 비기면서 절대 타협하지 않고 국민을 독려했다. 거국일치의 대륙봉쇄 극복이 나폴레옹의 러시아 원정과 이에 이은 패주로 그의 시대를 종식시킨 것은 유명한 얘기이다. 1차대전에서 영국이 이긴 것도 우세한 해군력으로 일찌감치 독일해군을 격파하여 봉쇄작전에 성공한데 있다. 바다가 막힌 독일은 무역이 마비되고 해외 식민지도 상실했다. 견디다 못해 잠수함으로 군함과 상선을 공격했으나 중립국 미국의 상선을 잘못 건드려 미국마저 연합군에 가담케 함으로써 자멸로 치달았다.

일본해상 자위대는 그 전력이 자유진영 제2위로 알려져 있는데 그 최대의 전략목적이 대한해협에서 말래카해협으로 이어지는 석유수송로의 확보에 있음은 널리 알려진 사실이다. 6 · 25동란때의 맥아더 라인도 전시봉쇄의 일종이다. 이것은 휴전협정 후 이승만(李承晚)라인으로 대체되어 우리의 주권을 선양했고 한·일 협정 때 일본에 대항하는 유일한 외교적 담보역할을 했다. 이것은 국제법상 약간의 논란을 불러 일으켰으나 36년의 압제에대한 저항권으로 일본 일각에서도 이해되었다.

이라크 저항세력은 걸프만 유역을 드나드는 한국 선박에 대해 공격을 할 것이라는 시사를 한 적이 있다. 이라크 추가파병의 안전문제, 이라크와 인접한 국가에 대한 한국의 교역활동이 상당한 어려움에 놓여있다. 문제의 심각성은 테러집단이 국가가 아닌 소속 불명, 정체 불명의 집단에 속해 있다는 점이다. 항변할 대상조차 나올 수 없다는 것에 문제의 어려움이 있다.

봉쇄작전의 압권은 케네디의 쿠바 봉쇄였다. 3차 대전의 위험을 무릅쓰고 감행된 쿠바 봉쇄야말로 소련의 전쟁 일보전 전술의 허상을 세계에 일깨워 준 것이기도 했다. 쿠바에 미사일 기지를 건설한다는 것은 미국 턱 밑에 비수를 들이대는 것이었다. 미사일 기지 건설의 자재를 싣고 쿠바 해역에 다가서는 소련 함대에 대해 케네디는 해양 봉쇄의 마지막 카드를 썼다. 흐르시초프의 소련 함대 회함 조치가 없었다면, 그 때 3차 대전은 일어나는 것이었다. 소련 또한 벼랑끝 전술로 미국에 대적(對敵)해온 것임을 세계에 드러낸 사건이기도 했다.

미국의 강점은 끝없이 긴 해안선 때문에 해안 봉쇄의 위험이 원천적으로 있을 수 없는 것에 있다. 이에 반해, 영국, 일본, 한국 그리고 걸프만 유역의 모든 나라들은 해안 봉쇄의 결정타를 언제든지 입을 수 있는 조건에 있다. 영국은 세계 최강의 해군력으로 「태양이 서(西)에 지지않는 제국」을 건설했다. 오늘날 제해권은 한 시대전과 같은 결정적 의미는 갖지 못하고 있다. 그러나 최소한 타(他)에 의한 영해의 봉쇄는 막을 수 있는 해군력은 여전히 안전보장의 전제조건이 되어 있다.

4. 군령권과 서해교전 사건

트루먼 대통령의 맥아더 원수 해임은 2차 대전이후 최대의 군사적 충격이라 할 만했다. 전쟁이 절정에 달한 숨가쁜 순간에 야전군 사령관을 해임하는 것은 전사상 그 예가 드문 일이다. 한국 조야가 놀랐고, 일본 정국이 감당하기 어렵다고 말할 수 있을만치 충격을 받았다. AP통신과 UP통신을 비롯한, 전 세계 언론이 긴급 뉴스로 전 세계에 타전했다. 한국과, 특히 일본이 받은 충격은 상상을 넘어서는 것이었다.

그러나 맥아더 원수의 파면은 너무나 당연한 것이었다. 야전군 사령관이 대통령의 정책에 공공연하게 반대 의사를 표명했기 때문이다. 맥아더 원수는 중공(현재의 중국)에 대한 전면 전쟁을 주장했다. 그의 이러한 강경론은 당시 한국 조야에 심정적 공감을 불러 일으켰다. 그러나 여기에서 짚고 넘어가야 할 것은, 맥아더 원수의 주장이 과연 적절한 것인가의 문제가 아니다. 야전군 사령관은 통수권자의 명령에 따라 작전을 전개하는 것 이상의 권능이 없는 점이다. 또 감히 그러한 엄두를 내서도 안된다. 야전군 사령관이 앞장서 정치적 판단을 내리게 되면, 국가 정책은 심각한 혼란에 빠질 수 밖에 없다.

한국에서도 그러했지만, 맥아더 원수는 일본에서 인기가 높았다. 점령군 사령관이 피점령국가의 국민으로부터 진심으로 사랑과 존경을 받은 것은 극히 이례적인 현상이었다. 맥아더 원수는 절대의 권위로 일본에 군림했으되, 일본 민주화의 터를 닦았고, 성공적으로 점령 정책을 수행했다. 한국에 이르러서는 만약 맥아더 원수의 결단이 없었으면, 6·25 동란때 망국의 통한을 기록했을지 모른다. 미군의 한국 철수 여부에 대한 재량이 맥아더 원수에게 일임되어 있었고, 이에 따라 당시의 워커 미 8군사령관은 체계적인 철수 계획을 세우고 있었다. 맥아더가 격노하여 이 기획안을 집어 던지고, 인천상륙작전이 말해주는 반격작전을 펼침으로써, 북한의 적화계획을 좌절시켰다.

그러나 백악관에서 보면, 전쟁과 연관된 국가 최고정책에 대해 야전군 사령관이 멋대로 떠드는 것은 용납할 수 없는 일이었다. 아무리 인기있는 전쟁 영웅이라 할 지라도 통수권에 대한 도전으로 비칠 수 있는 언동을 그냥 넘길 수는 없는 일이었다. 해임된 야전군 사령관에게 미 양원 합동회의가 고별 연설의 기회를 준 것에서, 전쟁 영웅 맥아더에 대한 미국 조야의 사랑과 존경을 알 수 있다. 그가 뉴욕 중심가를 자동차로 달릴 때, 뉴욕 시민은 가히 열광적으로 그를 환영했다.

맥아더 원수에 대한 트루먼 대통령의 감정은 원래 좋지 않았다. 6·25 동란 직후 트루먼 대통령은 맥아더 원수를 웨이크 섬으로 불렀다. 작전 수행 중의 야전군 사령관에 대한 배려였다. 트루먼 대통령이 웨이크 섬 상공에 다다랐을 때, 한걸음 먼저 도착한 맥아더 원수는 막사에 앉아 있었다. 트루먼 대통령은 맥아더 원수가 비행장에 나올 때까지 상공을 몇 차례나 선회했다. 그제서야 맥아더 원수는 비행장에 나왔다. 『자네가 나, 트루먼이라는 사나이를 어떻게 보건 그건 상관이 없네. 그러나 다시는 군 최고사령관에 대해 이 같은 행위는 없어야 하네.』 대충 이러한 말로 불편한 심기를 표출했다.

군 지휘관은 전투적 시각에서 작전을 수행한다. 그러나 군 통수권자는 전후를 꿰뚫어 본 거시적 각도에서 전쟁을 치루어야 한다. 각 전선의 군 지휘관이 나름대로의 정치적 판단으로 전투를 수행하거나, 전쟁에 대한 입장을 표명하면 군 통수권에 중대한 혼선을 빚을 수 있다. 문민 우위의 원칙이 민주국가의 보편적인 원리로 확립된 이유가 아닐 수 없다. 일본 군부는 제멋대로 군령권을 행사함으로써 패망했다.

서해의 북방한계선은 남북간의 가장 민감한 지역이라 할 수 있다. 북방한계선이 무너지면, 백령도와 용종도, 이들 섬과 인천의 뱃길이 끊어진다. 해군이 지켜야 할 절대선이 아닐 수 없다. 북한이 주기적으로 북방한계선을 침범하는 것은 6·25 동란때 획정(劃定)된 북방한계선을 인정하지 않겠다는 저의의 표출일 법도하다. 끊임없는 긴장 조성으로 군과 국민을 통제하는 수단으로 쓰이고 있을 법도 하다.

2004년 7월에 일어난 북한 해군의 북방한계선 침범과 연관하여 국방 장관이 바뀌었다. 북한 군함과의 교신을 보고하지 않은 것이 논란의 적(的)이었다. 바다를 지키는 해군 장병의 기상을 누가 모른다 하겠는가! 그러나 현장의 지휘관은 군령 체계상의 상관에게 즉각 모든 상황을 보고해야 한다. 보고여부와 연관하여 스스로 어떤 판단을 해서는 안된다. 그것은 통수권자의 몫이고, 군령상의 상급 지휘자가 내려야 할 판단이기 때문이다. 민주국가에서 군령권이 어떠한 것인가를 되새기게 하는 사건이 아닐 수 없다.

5. 러시아 태평양함대

피터大帝이후 러시아의 한결같은 꿈은 南進이었다.『그대여 아는가, 남쪽나라를─』이라는 가곡에서 보는 것처럼 북녘 사람들의 따뜻한 고장에 대한 동경은 가히 환상적이다. 따뜻한 나라를 향해 무조건 배를 탄 金만철씨 가족의 북한 탈출에서도 그러한 단면을 읽을 수 있다. 블라디보스토크와 태평양함대는 帝政 러시아 때부터 남진 집념의 표상이었다.

그러나 러시아 태평양함대는 영광보다 痛恨의 戰績으로 더 얼룩져 있다. 블라디보스토크를 거점으로 한 태평양함대는 일본과 乾坤一擲의 싸움을 벌인 러·일 전쟁에서 거듭 고배를 마신다. 전쟁 개시와 함께 일본 해군은 러시아함대가 집결해있는 旅順항을 봉쇄했다. 입구가 좁고 바다 밑이 얕은 여순항에 古船등을 가라앉혀 러시아 함대의 출격을 원천봉쇄 했던 것이다. 일본이 러·일 전쟁을 처음부터 유리하게 전개할 수 있었던 큰원동력 이었다.

러시아 태평양함대는 2차 대전이후 비로소 그 위세를 세계에 떨치게 된다. 핵잠수함을 주축으로 한 소련함대는 미태평양 함대에 맞서 아시아의 안전과 평화를 위협했다. 따지고 보면 블라디보스토크의 러시아 함대는 언제나 한반도 평화의 불안한 변수였다. 제정러시아는 남진정책의 기지로 이 不凍港을 이용했고 공산 소련은 팽창정책의 거점으로 요쇄화했다. 얼마전까지 블라디보스토크는 외국인에게는 굳게 닫혀진 비개방도시였다.

金泳三 대통령이 블라디보스토크를 방문하고 러시아 태평양함대를 사열한 것은 정녕 隔世의 느낌을 갖게 하는 변화가 아닐 수 없다. 沿海州에는 한국독립운동사의 한 시대가 기록되어 있어 金대통령의 방문을 지켜보는 감회가 더욱 새롭다. 소련이 북한의 배후 군사세력이었을 때는 생각하기 어려운 변화라 할 것이다. 동북아의 달라진 군사 환경을 실감케 하고 있다.

6. 호르무즈해협

호르무즈해협의 파도가 높다. 50만대군이 집결, 대회전이 임박하고 이란-이라크전의 戰況 여하에 다라 서방 석유수송의 생명선이라 할 호르무즈해협은 봉쇄될 위기에 처해있다. 미국은 군사개입의 위험을 무릅쓰고라도 이 해협의 봉쇄를 저지시킬 결의를 밝히고 있다. 도버해협의 파고가 유럽의 안위를 좌우한 것처럼 호르무즈해협의 파도가 바야흐로 세계의 시선을 집중시키고 있다.

해협은 언제나 전략상 중요한 의미를 갖는다. 독일은 군항 지브롤터를 점령하지 못함으로써 지중해의 제해권을 잡지 못했다. 히틀러는 스페인으로 하여금 배후에서 지브롤터를 공략시키려 하였으나 프랑코는 유명한 안다이 회담에서 국운을 걸고 이를 교묘히 회피했다. 그것은 프랑코의 역사적 승리였고 히틀러의 千慮의 一失이었다. 나폴레옹과 히틀러에게 있어 도버해협이 운명의 해협이었던 것을 역사는 또한 가르치고 있다.

20세기의 序章까지 열강의 이해가 가장 날카롭게 엇갈린 해협은 다다넬즈와 보스포러스해협이었다. 유럽과 중동을 연결하는 이 두 해협은 그것을 영유한 터키제국의 쇠퇴, 지중해에의 출구를 구하는 러시아의 남하정책, 본국과 식민지를 연결하는 엠파이어루트의 안전유지를 노리는 영국의 전통정책, 그리고 帝政독일의 극동진출 등의 복잡한 요소가 교차해서 소위 동방문제, 발칸문제의 핵심적 요소가 되어왔다.

그러나 오일쇼크 이후 석유 수송로로써 중요성이 인식된 호르무즈해협과 말래카해협이 뉴스의 각광을 받고 있다. 일본이 한국의 안보에 각별한 관심을 갖는 원인중의 하나는 대한해협이 말래카해협과 호르무즈해협에 연결되기 때문이라고 지적되리만큼 이들 해협의 경제적, 전략적 중요성은 높다. 일본이 무모하게 미·영에 一戰을 건 것도 1941년초의 석유공급 중단에 있었던 만큼 호르무즈해협이 봉쇄되는 날 세계는 예측할 수 없는 국면에 부딪치게 된다. 또 한차례의 석유파동으로 유가가 3배쯤 뛸 것은 물론 세계평화 자체가 크게 흔들리게 된다. 명분도 실리도 없는 두 회교국간의 감정적 전쟁이 어쩌면 역사의 지침을 그르칠지 모를 상황을 만들고 있다.

후세인은 페르시아만의 패자(覇者)가 되기 위해 이란을 침공했다. 팔레비 이란 국왕의 축출과 호메이니 체제하의 혼란을 틈탄 침공이었다. 그러나 승패없는 국력의 낭비 끝에 전쟁을 그만두어야 했다. 그러나 끝내 쿠웨이트 침공의 악수를 둠으로써 걸프 전쟁의 패자가 되고, 또다시 이라크를 전쟁 속에 몰아넣어 지금 이라크 법정에 서게 되었다. 호르무즈 해협의 파고(波高)만큼이나 기복이 심한 인생 역정이 아닐 수 없다.

7. 쿠바 봉쇄

미국이 쿠바 해상 봉쇄를 示唆하고 있다. 끝없이 밀려드는 쿠바난민을 억제하기 위해서이다. 카스트로 정권은 60년대 중반부터 노인, 생계수단이 없는 계층을 미국으로 반출해왔다. 카스트로가 자유화 이름아래 의도적으로 방출하고 있는 쿠바難民은 미국의 만만치않은 점이다.

쿠바 혁명이후 카스트로는 미국에 있어 「목의 가시」였다. 카스트로는 미국이 後見했던 바디스타 정권을 타도하고 反美노선으로 일관했다. 1959년의 혁명때까지 수도 하바나에는 번영과 빈곤이 동거하고 있었다. 카리브해 최대의 환락 도시 하바나의 번영은 미국 자본의 진출을 상징하는 것이기도 했다. 카스트로는 하바나에서 도박장과 나이트클럽 그리고 매춘부를 추방했다.

그러나 이 사회주의적 개혁은 하바나의 번영에 弔鐘을 울리고 빈곤만 남겼다. 1950년대 전반까지 1인당 소득, 전화, 텔레비전, 자동차의 소유대수로 보아 쿠바는 라틴 아메리카에서 가장 풍요한 나라였다. 그러나 이제 미국을 향해 필사의 탈출을 결행하려는 난민들의 대열로 하바나의 거리가 메워져 있다.

카스트로가 소련의 미사일 기지를 쿠바에 설치하려 했을 때 케네디는 쿠바 해상 봉쇄를 단행했다. 2차 대전이후 최대의 위기였다. 흐루시초프가 러시아 함대를 回航시킴으로써 미국턱 밑에서 비수를 겨누려던 카스트로의 모험은 무산되었다. 그러나 케네디 또한 카리브해의 붉은 독재자로 인해 苦杯를 들어야 했다. 쿠바 침공이 실패함으로써 뼈아픈 좌절을 겪어야 했다.

일찍이 케네디를 동경한 클린턴은 케네디처럼 쿠바 난민들로하여 만만치않은 시련에 부닥쳤다. 미국 시민권을 획득한 쿠바 난민들이 클린턴의 난민 정책에 항의하여 1996년의 선거에서의 반란을 시도했기 때문이다. 그러나 난민을 허용할 경우 더욱 감당하기 힘든 난제(難題)가 꼬리를 잇게 되어 있다.

쿠바의 보트피플들이 바야흐로 미국대통령들의 발을 끌어당기고 있다. 혁명의 열기는 사라지고 빈곤과 기아만이 남은 공산 쿠바가 전면 붕괴할 때 미국은 해상봉쇄로도 감당하기 어려운 난민의 대공세에 직면할 듯하다. 남의 일로만 생각할 수 없는 심각한 국면이 아닐 수 없다.

8. 이순신 장군에 대한 일본 조야의 역사적 평가

일본 최고의 시사 종합잡지인 「문예춘추」는 약 20여년전 「세계사를 움직인 100명」이라는 특집을 꾸민 바 있다. 인상적인 것은 이순신 장군을 세계를 움직인 100명중의 한 사람으로 선정하고 있으면서, 일본에는 100명속에 넣을 만한 인물이 없음을 밝히고 있는 점이다.

러·일 전쟁의 분수령이 된 이른바 「일본해 대회전」에서 화려한 승리를 거둔 도고 제독이 귀환했을 때, 일본 조야는 가히 거국적인 환영을 했다. 이 석상에서 일본의 한 정부 요인이 『도고 사령관은 영국의 넬슨, 한국의 이순신 제독에 비길만한 명장』이라고 칭송했다. 이 때 도고는 『나를 넬슨과 비교하는 것은 모르겠으나, 이순신과 비교하는 것은 과찬』이라 답했다.

육전(陸戰)은 지형 지물을 이용하거나 우세한 화력을 사용하면 소대 병력이 중대 병력을 압도할 수 있다. 김좌진 장군의 청산리 싸움이 그 좋은 예라 할 수 있다. 그러나 해전에서는 그러한 기적이 일어날 수 없다. 군함은 모두 바다위에 떠있어 지형 지물을 이용한 일방적 기습이 불가능하기 때문이다. 전사가들은 3 : 5가 그 분개선임을 말하고 있다. 즉, 3이 5를 격파할 순 있어도, 그 이상은 불가능한 것이 해전임을 설파하고 있다.

그러나 이순신 장군은 임진왜란때 그 몇 십배가 되는 일본 수군을 종횡무진으로 격파했다. 역사상 이순신 장군같은 기적적인 전승을 거둔 해전은 달리 예를 찾을 수 없다는 것이 일본 전사가들의 일치된 견해이다. 여담을 적자면, 「세계사를 움직인 100명」의 편집자들이 왜 일본에는 이에 낄만한 인물이 없는가를 설명하고 있다. 그러면서 만약 이순신 장군이 없었다면, 풍신수길의 일본은 당초 목표한 중국의 북경까지 진격하여 아시아의 맹주가 되었을 것을 가상하고 있다. 그래서 이순신 장군을 세계사를 바꾼 100명 중의 1명, 넬슨 등과 더불어 세계 10대 명장 중의 1명으로 꼽고 있는 것이다.

9. 미드웨이 해전에서 왜 일본은 패했는가?

진주만 기습 이후 일본 해군은 태평양의 제해권을 거의 완전히 장악하고 있었다. 유일한 저항세력은 진주만 기습을 피한 미항공함대였다. 이것만 부수면 일본 해군은 문자 그대로 무적의 제왕이 되는 것이었다. 당연히 일본 해군의 작전은 미항공 함대의 격파에 모두어 졌다.

일본 해군의 첩보에 의하면 미항공 함대는 미드웨이 해역에 집결하고 있었다. 진주만 기습의 사령관이었던, 나구모 중장의 제1항공 함대는 미드웨이를 향해 항진했다. 문제는 정찰기를 띄워 미드웨이 해역 주변을 아무리 살펴도 함대의 그림자조차 발견할 수 없었다는 것에 있었다. 해군 대위인 정찰대장은 나구모에게 지상 공격의 필요가 있음을 타전했다. 지상 기지를 공격하면, 이를 엄호하기 위해 미항공 함대의 전투기가 날아올 것이라는 판단에서였다. 최고사령관은 일개 대위의 판단에 따라, 지상 기지 공격을 결심했다. 나구모는 비행단의 어뢰(魚雷)를 폭탄으로 바꿀 것을 명했다. 30분이 걸렸다. 그 순간 급전이 날아들었다. 「적함 발견」의 긴급 타전이었다. 이 때 나구모는 다시 한번 결정적 실수를 범한다. 폭탄을 다시 어뢰로 바꾸게 한 것이다. 그 결과 폭탄을 미처 어뢰로 바꾸기도 전에 미 폭격기가 일본 해군을 공격했다. 일본의 비행기들은 갑판 위에서 모두 격파되었다. 비행기의 엄호가 없는 일본 함대는 미 폭격기의 공격 앞에서 무력했다. 압도적 우세의 일본 함대는 제대로 싸워 보지도 않고 궤멸했던 것이다.

미드웨이 해전을 기점으로 일본이 공세에서 수세로 바뀐 것은 널리 알려진 사실이다.

그러면 왜 일본 정찰대는 미항공함대를 제때 발견하지 못했는가. 일본 해군 항공대는 전투기 9, 정찰기 1의 비율로 편성되어 있었다. 미국은 7 : 3이었다. 상대적으로 수가 적었던 일본 정찰기는 그 넓은 해양의 전역을 커버할 수 없었다. 정찰 비행을 나가도 사각지대가 당연히 많을 수밖에 없었다. 현대전의 승패를 좌우할 정보전에 미처 대응하지 못한 결과였다.

미드웨이 해전을 앞두고, 야마모토, 이소로쿠 연합함대 사령관이 탑승

한 전함 야마토는 미함대의 위치를 알고 있었다. 최신의 레이더로 적의 위치를 파악하고 있었던 것이다. 그럼에도 불구하고 왜 전방의 일본 함대에 타전하지 않았던가. 잘못하면 미 함대에 의해 야마토의 위치가 포착될 것을 우려했기 때문이다. 정찰대가 적 함대의 위치를 발견할 것으로 기대했다. 여기에서 일본의 전략적 실패를 또 하나 읽게 된다.

전함 야마토는 독일의 무적함, 비스마르크 호의 격파에서 보는 것처럼 일본 내해(內海) 깊숙이 자리하고 있거나, 최전방의 함대와 함께 있어야 했다. 러시아의 발틱 함대를 무찌른 「일본해 대회전」에서 기함의 갑판위에서 진두 지휘한 도고는 일본 해군장교의 우상이었다. 진두 지휘가 최고의 매력있는 작전 체계로 인식되었다. 야마모토는 최전방에서 함께 싸우기에는 위험이 있고, 본토에서 작전을 지휘하기에는 아쉬움이 있어, 본토와 미드웨이 해역의 중간, 즉 어중간한 위치에서 역사적인 해전을 지휘했던 것이다. 런던의 지하 잠호에서 대서양의 전 해역을 한 손에 파악하고, 비스마르크 호를 침몰시킨 영국 해군의 작전과는 대조적인 사실이 아닐 수 없다.

II. 현대전의 결정적 변수, 제공권

1. 항공기의 성능이 자우한 영(英)·독(獨)전

「……프랑스에서의 전쟁은 끝났다. 이제 영국의 전쟁이 시작하려 한다. 이 전쟁에는 기독교 문명의 존망이 걸려 있다. 또 우리 영국의 생명도, 우리들의 체제와 제국의 존속도 이에 걸려 있다……」 1940년 6월 18일, 위터루의 전승 기념일 그리고 맹방(盟邦) 프랑스가 항복한 다음 날 밤, 하원에서 처칠은 이렇게 부르짖었다. 유럽을 석권한 독일군이 일단 영국에 상륙하면, 영국의 붕괴는 시간 문제였다. 독일 육군의 진격을 가로막고 있는 것은 불과 20km의 영·불 해협이었다. 만약 이 해협을 전차로 건널 수가 있다면, 독일의 무적 장갑 사단은 그 돌파에 1시간도 걸리지 않았을 것이다. 그러나 앞도적인 전력을 보유한 영국 해군이 영·불 해협을 제압하고 있었다. 이에 대항할 수 있는 해군력이 독일에는 없었다.

여기에서 해군에 대신하여 영·불 해협을 제압하려 했던 것이 독일 공군이었다. 히틀러 다음의 2인자인 헤르만 게링은 공군력에 의한 제패(制覇)를 주장했다. 영국과의 화평 교섭이 끝내 무산되자, 히틀러는 영국에 대한 항공 공격을 명했다. 그것은 영국에 있어서 가장 긴 여름의 시작이었다.

게링의 독일 공군은 런던을 향해 줄기차게 날아갔다. 그러나 전투기를 위주로 한 영국 공군은 게링의 의도를 좌절시켰다. 장개석 정부의 중국 공군이 참으로 용감하게 일본 폭격기에 맞섰던 것처럼, 영국의 전투기 군단은 독일이 자랑하는 Bf109기에 앞설망정 뒤떨어지지 않는 전투기 성능을 유감없이 살려 런던과 영국의 하늘을 지켰다. 단켈크에서 영국 육군의 주력 부대를 전멸할 기회를 스스로 놓친 독일은 제공권의 확보에서마저 실패함으로써 영국을 제압할 기회를 놓쳤다.

일본이 무모하기 그지없는 태평양 전쟁을 결행하게 된 배경에 당시 세계 최고의 성능을 자랑하는 제로 전투기가 있었다. 제로 전투기는 진주만 공격에서 그 진가를 발휘했다. 그러나 태평양 전쟁 발발 얼마 후에 제로 전투기가 아루샨 열도에 불시착하는 사고가 발생했다. 전투기는 거의 손상되지 않고 불시착했다. 미군은 이를 철저히 분석하여 새로운 전투기를 개발했다. 일본 해군 전투기의 신화는 일찌감치 무너졌다. 특히 하늘의 요새로 불린 B-29의 개발은 미군의 제공권 확보를 확고히 지키게 했다. 본토까지 날아오는 B-29를 일본 전투기는 근접조차 못했다. 미국의 중폭격기는 일본 전투기가 날아오지 못하는 고공에서 여유있게 폭탄을 떨어뜨려 일본의 주요도시를 초토화시켰다. 무기의 성능이 전쟁의 양상을 결정하는 또 하나의 예라 할 것이다.

2. 인류 최후의 시대

1944년, 연합군은 유럽의 제공권을 완전히 손에 넣었다. 나치스의 마지막이 눈앞에 닥친 것으로 여겨진 9월 8일, 轟音과 함께 한발의 폭탄이 런던에 떨어졌다. V2호의 런던행 제1편이었다. 音速의 5배로 날아가는 이신형 폭탄이 좀더 일찍 개발되었으면 유럽 전쟁은 양상을 달리 했을지도 모른다. 그러나 히틀러의 「마지막 병기」가 대세를 만회하기에는 때가 이미 늦었다.

독일이 항복하자 미군은 베를린 남서 200km의 깊숙한 산중에 있는 V2호 공장으로 달려 갔다. 미군은 화차 3백대에 V2호 1백발의 部品을 실어 날랐다. 뒤늦게 도착한 소련군은 미군이 남겨 두고 간 약 1천발의 폭탄과 2백명의 기술자를 찾아내어 관련자료와 함께 소련으로 데려갔다. 소련은 이들 독일인 기사를 시켜 사정거리 600km의 T1미사일을 개발했다. 소련은 다시 이를 개량하여 射程 1,600km의 T4 A를 만들었다. 1957년 10월, 인류 최초의 인공위성 스푸트니크1호의 발사는 소련 우주과학의 凱歌였다.

2차 대전 이후 과학과 기술은 눈부신 발전을 거듭했다. 인간의 위성비행에 성공한 인류는 달에 인간을 보내는데도 성공했다. 배를 이용한 해외여행은 하늘의 여행으로 바뀌고 프로펠러機는 제트機가 되었다. 머지 않아 로킷機가 출현할듯 하고, 지구는 더욱 축소 될 것이다. 산업의 오토메이션화 또한 진전, 생산능률은 나날이 상승하고 있다. 석유화학의 급격한 발달로 플라스틱 시대가 到來, 우리들의 衣食住는 혁명적인 변화를 거듭했다. 醫學의 발달 또한 눈부신 바 있다.

그럼에도 불구하고 과학의 진보는 인류의 새로운 부담이 되고 있다. 과학을 사용할 인간의 두뇌보다 과학이 너무 앞지른 데서 오는 위험한 불씨인 것이다. 영국의 철학자 버트런드 러셀이 말한 것처럼 우리들은 희망과 절망이 교차하는 인류 최후의 시대에 살고 있는지 모른다. 만약 그렇게 되면 인류의 絶滅은 과학의 탓이 아닐 수 없다. 북한의 核 서커스는 이러한 우려를 증폭시키고 있다.
核확산 방지, 현대과학의 평화적 이용이 유예할 수 없는 절박한 과제임을 확인하게 된다.

3. 미그 31기

여섯 차례에 걸친 중동 전쟁에서 이스라엘이 언제나 기선을 잡아 유리한 고지를 점할 수 있었던 것 또한 우수한 전투기에 의존한바 컸다.

환상의 전투기로 알려진 소련의 미그 31이 극동에 배치되었다고 한다. 아직 서방에 그 정체가 포착되지 않는 미그 31은 소련의 최신예 전투기로 알려진다. 이 비행기의 배치가 특히 주목을 끄는 것은 지금껏 신종 병기는 유럽에 투입한 지 10년쯤 지나야 극동에 보냈던 것인데 미그 31은 유럽과 거의 동시에 배치했다는 점이다. 소련이 극동을 점차 중시하는 조짐을 이에서 읽을 수 있다. 군사 전문가들에 의하면 소련은 지난 10년간 극동의 군비증강에 혈안이 되어왔다. 육군은 40개 사단 37만명으로 2배이상, 해군은 1백62만t 8백20척, 공군은 총기수 2천1백50기로 이 또한 10년전에 비해 현저히 증강되었다. 더욱이 스호이24, 미그 23등 신예기로 점점 대체되어 질적 증강이 두드러지고 있다. 오늘의 군사정세를 지칭하여 「전자전의 시대」라고 부르는 사람이 적지않다. 소련은 전자전의 첨단적 표현이라 할 레이다 사이드를 극동에 무려 1천개소 이상 가지고 있다.

일본 항공 자위대의 그것이 28개소인 것과 비교할 때 그 규모를 짐작할 수 있다. 이 방대한 레이다 기지와 항공기에서의 전파 방해로 소련은 때로 일본의 레이다를 교란시키기까지 한다. KAL기의 의문의 항로는 이 같은 각도에서 충분히 음미될 수 있음직하다. 각설하고 소련이 갑자기 극동지역에 신경을 쓰고 있는 것은 결코 달가운 일이 못된다. 이 지역에 공포분위기를 조성하여 일본의 핵 알레르기를 자극하고 반전론을 고조시키는 한편 중국을 비롯한 가상 적대 세력을 위압하려는 것이리라. 만약의 경우 기선을 잡은 복선이 깔려 있음은 말할 것이 없다. 극동에 배치된 미그31기는 4-5대에 지나지 않아 수적으로는 상징적인 것에 지나지 않을지 모른다. 그러나 소련의 군사전략이 점차 극동에 예민해

지기 시작하고 있다는 표현이라는 점에서 범상히 보아 넘겨 안될 듯하다.

소련방의 붕괴와 러시아의 탈공산주의로 극동지역에 대한 러시아의 위협은 사실상 없어졌다. 그러나 여전히 러시아는 군사적으로 한국보다는 북한측에 기울고 있다. 미그31이 표상하는 잠재적 위협을 지난 시대에 비추어 간단히 평가해서는 안될 이유가 이러한 데에 있다.

4. F-16 전투기

「수술은 성공했으나 환자가 죽었다.」 1982년 여름 레바논 상공에서 벌어진 공중전에서 시리아 공군의 소련제 미그전투기 85기가 이스라엘 공군에 의해 불과 10여분만에 격추된 뒤 소련 당국은 이러한 표현을 썼다. 말하자면 환자를 죽게 한 것은 초근대적 설비를 자랑하는 의료 기계가 아니라 의사나 간호사의 미숙함에 돌린 것이다. 소련 파일럿이 조정하고 있었더라면 그처럼 참담한 패배는 하지 않았을 것이라는 말이다.

그러나 이 사건이후 미항공기의 소련제 미그-23등에 대한 우수성은 신화로 굳어졌다. 걸프 전쟁때 소련제 최신형 기종으로 편성된 이라크 공군이 미공군의 융단폭격을 받고도 이륙조차 못한 것은 교전을 벌이기 전에 격추될 수밖에 없는 미군기의 압도적인 성능을 이라크 조종사들이 너무나 잘 알고 있었기 때문이다. 현대전은 무기 체계의 우열이 승패의 결정적 변수가 된다.

게링의 독일 전폭기가 영국을 굴복시키지 못한 것은 영국이 일찌감치 전투기 개발에 역점을 둔 것에 말미암았다. 나치스의 폭격기는 런던 상공에 접근하기 전에 대부분 격추되었던 것이다. 하늘의 요새로 불린 미군의 B-29기가 등장한 이후 하늘은 미군기의 독점 무대로 변한 것을 우리는 기억하고 있다.

F-16기가 생산 중단되었다. 미 국방성이 1994년부터 구매를 취소함에 따른 결과이다. 국방부는 한국에 영향이 없음을 밝히고 있으나 F-16기의 성능을 단적으로 말해주는 사실인 듯하여 씁쓸하기 그지없다. F-16기가 최소한 차세대 전투기의 대명사는 아닌 듯 하다.

5. 2차 대전의 한 주역이 된 공군력

북아프리카를 종횡무진으로 누비는 룸멜 원수는 전차 군단을 이끌고 수에즈 운하로 진격하고 있었다. 이 난관을 돌파하기 위해 영국 공군의 스탈링 소령은 지프로 사막을 횡단하여 리비아의 독일 공군 기지를 습격, 독일 공군기를 파괴할 것을 제안했다. 제공권없는 전차 군단은 하늘에서의 공격에 약하다. 또 공지(空地) 협동의 공격이 아니면 전과를 확대할 수 없다.

스탈링 소령은 작은 인원의 습격 그룹을 인솔하여 독일 공군기지에 침입, 독일 비행기를 파괴했다. 손해는 상당한 수준에 이르러 독일의 항공 작전에 지장을 주었을 뿐만 아니라, 아프리카 전차 군단의 빠른 진격을 저지했다.

한반도에서도 유사시에 공군이 북한의 지상부대에 맹폭격을 가하여 진격을 저지할 것이 기대되고 있다. 그러나 10만명으로 일컬어지는 대병력을 가진 북한의 특수 부대가 스탈링 소령의 특공대와 같은 행동을 하면, 미공군기는 지상에서 파괴되어 전력화 하지 못한다. 이를 방지하기 위해 미군은 한국 공수(空輸) 특전단과 합동하여 공군기지를 지키기 위한 포커스, 이글 연습을 매년 행하고 있다.

공군은 1차 세계 대전 중에 처음 등장했다. 그러나 전쟁의 보조적 수단이었던 공군이 주역의 자리를 차지한 것은 2차 대전에서 였다. 앞서 기술한 것처럼, 거함 거포 시대가 끝남에 따라 제해권의 장악에 있어서도 항공기가 결정적 작용을 했다. 지상전의 꽃인 전차도 항공기 앞에서는 무력했다. 항공기와의 협동이 있을 때, 전차부대는 적진을 종횡무진으로 누빌 수 있었다. 걸프전쟁은 현대전에서의 공군의 위력을 더욱 실감있게 입증했다. 다국적 군에 의한 항공 공격으로 이라크 군은 전쟁 개시 28분만에 거의 완전하게 지휘 통제 기능을 상실하고 말았다. 일찍이 바다를 지배하는 자, 세계를 지배한다고 일컬어졌다.

그러나 바야흐로 제공권의 장악이 현대전의 결정적인 변수가 되고 있다. 현재 미공군은 질과 양적인 면에서 세계 최강이다. 러시아 공군은 재정문제 등으로 미공군을 따라가는 것은 불가능하다. 영국, 프랑스, 일본 등은 항공 및 전자의 첨단 기술력이 미국에 뒤져있다. 무엇보다 미국의 풍부한 재정이 전략 폭격기를 기본으로 하는 제공권의 장악을 가능하게 하고 있다. 주한 미군의 감축에도 불구하고 미군의 전쟁 억제력이 오히려 강화될 수 있다는 것은 미국의 강력한 공군력을 비롯한 첨단 무기의 발달에 근거하고 있다. 제공권을 상실한 지상군은 그 행동반경이 결정적으로 위축될 수밖에 없는 것이 현대전의 한 특징이라 할 수 있다. 한 · 미동맹의 군사적 의미를 거듭 새기지 않을 수 없다.

제4장 보이지 않는 전쟁, 첩보 전쟁

1959년 2월, 미공군의 아틀라스 요격대에 의해 세계 최초의 사진 정찰 위성이 발사되었다. 우주에서의 정찰 활동이 막을 올린 역사적 사건이기도 했다. 1961년 1월에는 최초의 영상(映像) 전송식 정찰 위성, 써머스 2호를 발사했다. 이에 대응하여 소련은 1962년 4월에 최초의 정찰 위성 코스모스 4호를 발사했다. 이러한 정찰 위성에 의한 정보가 세계 평화에 공헌한 경우가 있다. 1980년 여름에 폴란드에서 자주 노동 운동이 활발하게 전개되었을 때, 소련군이 개입할 준비를 시작한 것을 미·영의 정찰 위성이 탐지, 이를 세계에 공표함으로써 모스크바의 발을 묶었다. 1997년 12월에 소련군이 아프가니스탄에 침공했을 때도 미·영은 사전에 이를 포착했다. 중국과 소련간에 무력 충돌이 발발할 것을 우려하여, 미국은 이 정보를 상자 속에 집어넣었다.

이와 같은 사실은 오늘날 첩보 전략이 공중 정찰에 크게 의존하고 있음을 일깨워 주고 있다. 6·25동란 때 인민군은 한국군의 허를 찔러 38선 전역에서 일제히 기습을 감행했다. 그러나 북한이 또다시 한국을 기습하는 것은 불가능하다. 북한군의 움직임을 미군의 공군 정찰기가 24시간 감시하고 있기 때문이다. 지금도 스파이가 직접 가상 적국에 잠입하는 고전적 수단의 첩보 활동은 계속되고 있다. 그러나 과학의 발달로 보다더 공중 정찰에 의한 첩보 활동에 무게가 실리고 있다.

1. 탈냉전 시대의 첩보전

태평양 전쟁 전야, 조르게가 친 한통의 전보는 소련을 구했다. 「일본 군은 북진하지 않는다. 南進으로 결정함」이라는 이 一電은 시베리아의 소련군을 유럽으로 돌리는 것을 가능케 했다. 그리하여 모스크바 스탈 린그라드는 지켜지고 독일군은 쫓기는 입장이 되고 말았다.

소련 스파이이면서도 독일 신문사의 도쿄 특파원으로서 암약한 조르 게는 일본 경찰에 정체가 포착되어 처형될 때까지 9년간에 걸쳐 주일 독 일 대사관을 공적으로 접촉하면서 스파이 활동에 성공했다.

히틀러가 소련공략에 앞서 의심 많은 스탈린을 역이용하여 소련의 나 폴레옹으로 일컬어진 드와체프스키 원수를 비롯한 赤軍의 고급 장교를 숙청하게 한 것은 유명한 얘기이다. 獨蘇戰爭의 緖戰에서 소련군이 패 퇴한 것은 전력의 열세보다 고급 지휘관의 빈곤에 더욱 말미암았다.

아랍 출신의 외국인 교수로 위장하여 정보활동을 벌인 깐수 정수일은 소련의 조르게와 흡사한 점이 많다. 신분의 위장이 그러하고 정세 분석 을 주로한 스파이 활동 또한 그러하다. 군사 스파이전은 평시의 동맹국 간에도 벌어진다. 독일의 동맹국이었던 루마니아가 1944년 국왕의 친 위 쿠데타로 하루아침에 독일에 총부리를 돌린것 같은 變異가 언제든지 있을수 있기 때문이다. 정수일 사건은 탈냉전시대의 환상에 젖을 뻔한 국민들에게 경종을 울리고 있다

2. 공중 정찰 첩보활동의 함정

1962년 2월 10일 미U-2기 조종사 파워즈와 소련 스파이 아벨 대령의 교환은 전후 세계 최대의 스파이 교환이었다. 아벨은 미국에 위장 탈출하여 역정보를 흘림으로써 서방정보망을 교란시킨 거물이었다. 그의 트릭으로 서방의 많은 장군과 정보책임자가 소련의 스파이로 낙인찍혀 파멸되었다. 자살자도 적지 않았다. 조르게이후 최고의 소련 스파이와 바꿀만한 가치를 파워즈는 갖고 있었다. 검은 비행기, 보이지 않는 비행기로 알려진 U-2기는 미국이 안전과 성능을 자랑한 초현대적 첩보 비행기였다. 그러나 어처구니없이 1960년 5월 1일 파워즈의 U-2기는 소련 영내에서 격추되었다. 조종사는 낙하산으로 탈출했다. 흐루시초프는 케네디와의 회담장인 파리에 와서 이 사실을 폭로하고 회담을 유산시켰다. U-2기는 엄청난 상처를 미국에 안겼다.

U-2기의 실패에도 불구하고 인공위성이나 고공 비행기에 의한 사진 촬영은 미국 첩보활동의 주축을 이루고 있다. 사진만 판독하면 병력과 장비의 배치, 이동등을 한눈에 파악할 수 있었기 때문이다. 그러나 이 초현대적 스파이 활동에 큰 허점이 있었음이 이른바 「고무제잠수함사건」을 통해 드러났다. 1970년대 이후 무르만스크 부근의 포르야니항에는 대륙간 탄도미사일을 탑재한 소련 잠수함 함대가 미국 정찰위성의 카메라에 잡혔었는데 어느날 이 함대가 종이처럼 구겨져 있는 것이 발견되었다. 폭풍으로 고무로 만든 잠수함이 일그러진 것임이 판명되었다. 소련의 함대와 미사일 기지의 상당수가 가짜였던 것이다.

사람이 직접 적진에 잠입하는 고전적 스파이 활동의 중요성이 새삼 인식되었다. 1976년 9월, 미그 25기를 몰고 일본에 망명한 베렝코 중위사건은 기계에 의존해온 미 정보활동의 맹점을 다시 입증했다. 땅에 떨어진 적군(赤軍)의 사기, 군기 문란, 소련 사회의 황폐화가 망명장교를 통해 비로소 확인되었던 것이다. U-2기 한 대가 동해에 추락한 것은 파수꾼으로서의 그 존재는 아직도 躍如함을 일깨워주고 있다. 병력이동 같은 것은 U-2기의 눈을 결코 속일 수 없다. 한시대전과 같은 기습공격의 어려움을 확인시켜주는 U-2기의 존재가 아닐 수 없다.

3. U-2기의 추락

미 U-2기는 세 번 세상을 놀라게 하고 있다. 첫 번째는 1960년 5월1일 소련고공에서 추락되었을 때이다. 그때까지 미국의 첩보비행기가 소련영공 깊숙이 날으고 있음을 아무도 몰랐기에 세계의 충격은 컸다. 그러나 가장 놀란 것은 미군사 당국이었다. 초고공의 U-2기를 격추할 능력이 소련에 있으리라고는 생각지 않았기 때문이다.

흐르시초프가 케네디 미대통령과 예정된 파리 정상회담을 애써 파리까지 와 破棄시킴으로서 U-2기 사건은 다시 파문을 불러 일으켰다. 세계에서 가장 많은 정보요원을 외국에 침투시키고 있는 소련이 하나의 꼬투리를 잡고 늘어진 간계였으나 효과는 컸다. 그러나 이 사건이 정녕 세상을 놀라게 한 것은 앞서 기술한 것처럼 U2기 조종사 파워즈를 소련의 거물 간첩 아멜 대령과 교환함으로써 였다. 아멜은 2차 대전 후 최대의 소련 간첩이었다. 미국에 위장 망명한 그는 서방에 역 정보를 제공함으로써 NATO군 산하의 주요 지휘관들을 소련의 끄나풀로 모함하는데 성공했다. 때마침 영국의 정보 부장이 소련 스파이였음이 드러난 때라 아멜의 역 정보는 미국 정보 당국을 크게 혼란시켰다. 미 정보당국이 아멜을 믿었던 것은 그가 10년 가까운 세월에 걸쳐 소련에서 거세되어온 사실을 포착할 수 있었기 때문이었다. 알고 보니 10년 뒤의 위장망명을 위한 치밀한 트릭이었다. 이러한 아멜을 파워즈와 교환함으로써 미국은 세상을 놀라게 했던 것이다.

鳥山에서 미U-2기가 추락한 사실은 이 비행기에 대한 관심을 또 다시 불러 일으켰다. 첩보전에 관한 한 구 소련은 항상 유리한 고지에 서 있다. 신문, 방송만으로도 필요한 정보의 95%를 빼낼 수 있기 때문이다. 그러나 공산권이나 러시아처럼 구공산권의 신문에서 서방이 얻을 수 있는 정보는 거의 없다. 초정밀기기로 최소한 적대적 세력 등의 기습 책략만은 파악할 필요가 있다 할 것이다. 유감스런 사고가 아닐 수 없다.

4. 밀사

2차 대전때 독일에서는 두 차례의 불발 밀사사건이 있었다. 히틀러의 전쟁계획에 반대해 온 참모본부는 서전의 화려한 성공을 배경으로 연합국 측과 화평교섭을 벌이려 했다. 그러나 유대인에 대한 만행으로 독일 군부의 이러한 희망은 수포로 돌아갔다. 롬멜 원수가 가담한 전쟁 말기의 히틀러 암살계획은 대서방 화평공작을 위한 마지막 카드였다. 그러나 암살의 실패로 밀사파견의 시도는 실행단계에서 주저앉고 말았다. 혼자 비행기를 몰고 런던으로 날아가 전범으로 체포된 헤스 부총통의 기행도 일종의 불발 밀사사건이라 할 수 있다.

5 · 16직후의 황태성(黃泰成)사건은 해스의 영국행과 비슷한 일면이 있다. 해스가 평화교섭을 표방했던 것처럼 황태성도 정치협상을 내세웠다. 다른 것은 해스가 히틀러에 의해 반역자로 단죄된 데 반해 황은 간첩인지, 밀사인지 북한에서 아무런 공식언명이 없다는 점이다. 우여곡절 끝에 처형된 것으로 보아 밀사운운은 북한측의 일방적 공작이었음을 알게 된다. 5 · 16직후 남북군사 당국의 장교들이 서로 오간 사실이 TV 기획물에서 밝혀진바 있다. 7.4공동성명 직전 서울과 평양의 고위관리가 교환 방문한 것은 널리 알려진 사실이다. 전두환(全斗煥)대통령시대에도 정보책임자의 평양방문과 북한최고위급 요인의 서울방문 사실이 밝혀져 충격을 안겨주었다. 동기나 목적과는 별개로 국민은 상상조차 하지 못한 사건이 극비리에 전개된 것에 놀라움을 금할 수 없다.

현대의 가장 극적인 밀사는 북경을 방문한 키신저의 외교행각이다. 그의 막후교섭으로 氷炭不相容의 미국과 중국은 역사적인 외교관계 수립에 성공한다. 키신저의 밀행과는 달리 남북간 이면접촉이 거듭 실패한 것은 이유가 어디에 있다고 볼 것인가. 북한측의 배타적 자세와 공작적 성격에 1차적 책임을 돌려야 할 듯 하다. 캄보디아의 평화가 프놈펜과 북경을 오간 수십 차례의 공식 · 비공식 접촉의 결과인 것을 생각할 때 적대적 관계라 할지라도 이면접촉의 필요성을 배제할 수는 없다. 다만 彼我가 진솔한 자세로 대좌하는 것이 선행조건임을 말하게 된다.

5. 스파이 천국

뉴욕 출신의 공산당원이었던 로젠버그 부처는 미국 로스앨라모스의 원자탄 공장에서 원자폭탄 기밀을 훔쳤다. 그들은 원자폭탄의 기밀을 소련에 넘겼다. 로젠버그 부처는 발각되어 1953년에 사형되었지만 그들이 팔아 넘긴 원자폭탄 기밀로 소련은 미국보다 4년 후에 원자폭탄을 만들었다. 로젠버그 부처의 스파이 행위가 없었더라면 소련의 원자폭탄 자체개발이 훨씬 늦었을 것은 뻔한 일이었다.

마타 하리. 여명의 눈동자라는 뜻이다. 그녀는 세계 제1차대전때 독일의 스파이였다. 프랑스의 군사기밀을 탐지하다가 프랑스에서 체포되어 처형되었다. 그러나 그녀는 지금까지도 국적 불명으로 알려져 있고 세계 스파이 사상 가장 유명했던 스파이 활극을 벌였던 여인으로 통한다. 본명은 마거리트 젤레. 그후부터 여자 스파이를 마타 하리라 부르는 것이 하나의 관례처럼 되기도 했다.

스파이는 크게 세종류로 나누어진다. 군사스파이, 산업스파이, 정치스파이 등으로 분류한다. 그러나 이런 것들을 복합적으로 수행하는 것이 보통이다. 오늘날 정치 스파이는 정보수집외에도 요인암살, 폭력, 선동, 선전, 파괴행위를 병행한다. 아예 요인암살이나 시설파괴 항공기 폭파 등의 테러행위로 국한하는 경우도 없지 않다. KAL기 폭파범으로 발각된 김현희 등 2명도 테러범이지만 엄밀하게는 간첩 첩자 밀정 등으로 부를 수 있는 자들이다. 테러범 또는 간첩이 들끓는 곳은 두 곳이다. 하나는 국제기구가 많은 도시이거나 국제적인 거대도시이고, 다른 하나는 간첩이나 첩자 또는 테러범을 양성하는 아지트이다. 전자가 뉴욕, 파리, 동경 등지라면 후자는 이라크, 평양, 하바나 등지이다.

냉전시대에는 대체로 공산주의 국가에서 스파이를 내보내고 그들이 국제도시에서 암약했다. 국제도시의 하나인 동경은 자연히 스파이 천국처럼 되어 버렸다. 북한은 조총련을 통해서 스파이가 암약할 수 있는 기지를 만들었다. 북한은 심지어 일본인을 납치하여 그들의 이름을 가장해서 스파이 행위를 자행하기도 했다.

오늘의 일본은 한 시대전에 비해 국가 안보태세를 강화하고 있다. 특히, 북한의 일본인 납치 사실이 확인되면서 일본 조야의 대북감정은 거의 극한 상황에 이르고 있다. 조총련계 여학생들은 고유의 의상이라 할 검은 치마와 흰 옷의 상의를 입고 등교하는 것이 위험해 지고 있다. 상대적으로 일본이 한국행의 북한 스파이 기지가 될 틈도 좁아졌다. 이에 앞서, 이미 남북의 대결이 사실상 끝난 상황에서 북한의 대남 첩보활동은 현저히 그 의미가 퇴색되고 있다. 북한은 이제 적대관계나 경쟁의 상대이기보다 포용해야 할 대상으로 바뀌어가고 있음을 직시할 필요가 있다.

6. 경멸받는 스파이

흔히 대사는 「존경받는 스파이」로 일컬어진다. 대사는 본국의 단순한 사절이 아니라 주재국의 정치 경제 문화 등에 걸친 동향을 분석, 파악하여 적절한 외교대책을 건의해야 한다. 따라서 다양한 정보는 외교활동의 불가결한 수단이다. 그래서 대사를 「존경받느 스파이」라 일컫는다.

그러나 외교관의 정보활동과 스파이의 스파이 행위는 엄연히 다르다. 외교관은 공공연하고 합법적으로 임무를 수행하지만 스파이는 은밀하고 불법하게 기밀에 접근한다. 합법을 가장할지라도 본질은 주재국의 법령에 위배되는 범죄적 수법을 애용하는 것이 일반적이다. 이러한 수

법에 가장 능한 나라가 구소련이었다. 외교사절의 이름으로 면책특권(免責特權)을 얻은 뒤 스파이 활동을 벌이는 것이다.

2백75명이나 되는 주(駐)유엔 소(蘇)외교관을 1백명으로 줄일 것을 미국이 요구한 바 있다. 이유는 스파이 활동의 규제에 있었다. 정상적인 외교활동에 그토록 많은 인원이 필요없을 것이고 보면 한 시대전의 소련 외교공관은 스파이의 소굴이었음을 쉽게 알 수 있다.

외교관을 가장한 스파이 행위는 가장 경멸받는 첩보활동이라고 할 수 있다. 북한은 외교관을 이용하여 밀수(密輸)를 일상화하고 있으니 한술 더 뜬다 할 것인가? 북한의 속성, 파탄 상태의 경제, 국제 윤리 부재의 감각을 알려주는 사실이 아닐 수 없다

7. 잠수정의 비극

잠수함 승무원의 인내력은 구소련이 첫째인 것으로 알려지고 있다. 미국의 원자력 잠수함은 3개월 교대로 부상하여 승무원을 위안여행에 보내고 있는 것에 반해 구소련의 원자력 잠수함은 약 1년간 바다 밑에서 끄덕없이 잠수한다. 더욱이 잠수함내의 1인당 공간을 비교하면 미국보다 구소련측이 훨씬 좁다. 미국 잠수함에는 반드시 있는 스텐드바나 영사실도 없다. 일찍이 러시아주재 프러시아 대사를 역임한 비스마르크는 슬라브민족의 이 강인함을 꿰뚫어 보고 러시아와는 전쟁하지 말 것을 정치 유언으로 남겼다.

동해에 예인 중 침몰한 북한 잠수정 승무원은 생존가능성이 거의 없는

것으로 판단되고 있다. 그러나 러시아인과 같은 강도 높은 훈련을 받았다면 기적적인 생존이 적어도 동해 예인 당시까지는 가능했을 법도 하다. 당국은 탈출했을 가능성도 배제하지 않고 있다. 그러나 자유세계의 상식으로는 이해되지 않는 대목이 있다. 구조를 요청하지 않는 것이 바로 그것이다. 조난(遭難)이건 침투이건 배가 표류상태가 되면 구조를 요청하는 것이 상식이다. 2차 대전때 연합국은 교전 중 침몰한 일본이나 독일의 승무원에 대해 적극적인 구조활동을 벌였고, 제네바 협정에 의한 포로로서 처우했다. 그러나 많은 일본 수병은 미군의 구조를 외면하고 익사하는 길을 택했다.

6 · 25동란 때 학도병들의 우상적 존재인 김석원 장군은 그 용맹성으로 이름을 떨쳤다. 일본군 대좌(대령) 출신인 김장군은 중 · 일 전쟁에서 이름을 날렸다. 그러나 미군은 김석원 장군을 달가운 시선으로 보지 않았다. 병력의 소모를 개의치 않는 듯한 김장군의 지휘에 부정적 판단을 보인 것으로 알려진다. 6 · 25때 중공군은 유명한 인해전술로 UN군과 한국군을 힘들게 했다. 그러나 인해전술같은 것은 민주국가에서는 결코 용납되지 않는 작전 개념이다. 영화 「라이언 일병 구하기」에서 보는 것처럼, 전우를 구출하기 위해서는 희생을 사양하지 않으나 그 외에는 어떤 경우에도 장병의 희생을 최소한에 줄이는 것이 미군의 절대적인 작전 개념이다. 전쟁이라고 하여 목숨을 가벼이 여기는 것은 결코 용납되지 않는 것이 민주국가의 기본적 작전 개념이 되어 있다.

8. 이(李)대위의 정보가치

1976년 9월, 일본 하코다테 공항에 소련공군의 벨렝코 중위가 미그-

25를 몰고 날아왔다. 미국 전문가의 손에 의해 미그-25의 정체가 백일하에 드러났다. 한마디로 미국과의 기술격차가 현저한 것이 판명되었다. 그러나 벨랭코 중위의 망명사건은 소련군의 하드웨어가 갖는 취약성보다 적군(赤軍)의 내막이 적나라하게 드러났다는 점에서 획기적인 사건이었다. 벨랭코 중위의 놀랄만한 진술을 통해 적군의 군기, 사기, 숙련도, 일상생활의 전모가 여지없이 폭로되었다. 시베리아 공군기지는 텔레비전세트를 제외하면 아무런 오락시설이 없고, 남성이 구하는 즐거움은 전무(全無)에 가깝다. 그 태반은 금지되고 있다. 라디오 청취도 금지되고, 여자의 그림을 그리는 것조차, 레코드를 듣는 것도, 소설을 읽는 것도, 근무생활에 대해 편지를 쓰는 것도, 자유시간 중에 침상에 누워 있는 것도 금지되었다. 황폐하기 그지없는 소련의 조종사 생활은 서방세계에 충격을 안겨주었다.

U-2기 사건에서 보는 것처럼 1950년대 후반이후 미국의 스파이 활동은 정찰위성 등의 과학적 방법에 의존해 왔다. 그 결과 정보수집면에서 많은 맹점이 발생했다. 앞서 언급한 「고무제잠수함사건」이 그 단적인 예이다. 카터정권 때의 번즈 국무장관은 뉴욕시 맨해튼에서 택시를 타고 러시아에서 건너온 택시운전사로부터 적국 내부에 관한 생생한 정보를 듣고 경악했다. 번즈는 그 경력의 태반을 정보기관에서 보냈으나 3달러의 택시요금을 지불하고 택시기사로부터 귀중한 정보를 얻을 수 있었다.

이철수 대위의 귀순은 미그-29를 비롯한 북한의 군사정보를 생생하게 전했다. 북한군의 동향을 나름대로 파악하고 있는 점도 소중한 정보가치를 지니고 있다. 그러나 보다 중요한 것은 북한군과 주민생활의 생생한 단면을 들을 수 있었다는 점이다. 공식석상에서 밝히지 않은 내무반

생활의 상세한 단면이나 주민의 일상생활 등은 방대한 예산을 투입한 정찰위성 활동 같은 것으로는 얻을 수 없는 귀중한 정보성을 가지고 있을 법하다. 벨렝코 중위의 망명을 새삼 떠올리게 하는 신선한 충격이 아닐 수 없다.

9. 2차 대전의 가장 극적인 기만 작전

연합군은 노르망디 상륙의 D데이를 앞두고 空前의 대 기만작전을 세웠다. 히틀러 및 독일 참모본부로 하여금 연합군의 대륙진격이 노르망디에의 견제공격, 도버해협을 건너 카레에의 상륙 진격, 노르웨이에의 측면공격 등 3면에서 대 반격작전이 전개되는 것으로 믿게 할 필요가 있었다. 도버, 캠브리지, 킹스 링을 연결하는 삼각지대에 가공의 패턴 군단이 집결하기 시작했다. 강 입구, 항만, 하구(河口)에 상륙용 주정 (舟艇) 400척이 포진했다. 모두 목재, 종이, 드럼칸 등으로 만든 것이었다. 비행장, 병사(兵舍), 전투기, 온갖 군수물자와 창고가 속속 건설되었다. 그 대부분은 런던 근교의 쉐퍼튼 영화 스튜디오에서 제작되었다.

가짜 전차, 중포, 트럭, 탄약고, 야전 조리장, 화장실 등이 건설되고 차량의 소음, 연기, 요리 냄새까지 모두가 위음(僞音), 위장(僞裝)이었다. 비래(飛來)하는 독일 정찰기는 영 공군 전투기에 의해 고도 3만 3천 피트의 상공까지 추격되었다. 당시의 카메라 기술로서는 3만피트 이상의 상공에서 찍은 것은 정확한 판독이 불가능했다. 독일군은 연합군의 상륙지점이 노르망디가 아니고 파 드 카레로 믿게 되었다.

일찍이 처칠은 『죽이기 보다 훔치는 것이 좋고, 훔치는 것보다 속이는 것이 좋다.』고 말한바 있다. 독일군은 연합군의 기만작전에 보기 좋게 걸려들었던 것이다.

1944년 5월, 몽고메리의 제21군단은 소리없이 영국의 삼각지역에 집결하기 시작했다. 그와 동시에 架空의 패턴군단이 또 다른 삼각지대에 집결했다. 항만과 河口에는 상륙용 艦船 4백척이 줄지어 포진했다. 모두 목재 종이 드럼캔 등으로 만들어진 가짜였다. 위장용의 비행장과 전투기, 군수물자의 저장창고가 속속 건설되었다. 차량의 소음, 연기, 요리의 냄새마저 모두 가짜였다.

독일 참모본부는 연합국의 전략목표가 카레임을 확신했다. 히틀러만은 노르망디상륙의 가능성을 예견했으나 믿어마지 않는 영국 본토의 스파이망이 보내는 정보와 정찰기의 사진에 근거한 참모본부의 판단에 기울수 밖에 없었다.

1994년 6월 6일의 노르망디 상륙작전 50주년을 앞두고 클린턴 미국 대통령을 비롯한 서방의 정상과 군사전문가, 작전에 참가한 노병들이 속속 노르망디에 모여들고 있다. 역사상 최대의 작전이었고 「가장 긴 하루」였던 이 날은 민주주의가 독재주의를 무찌른 기념비적인 날이기도 했다. 북한 벼랑끝 외교의 眞意가 어디에 있는 것인지 냉철하게 분석해야 할 때임을 想起하게 된다.

10. 아프간전과 정보전

1942년 4월, 일본 연합함대 사령관 야마모토 이소로쿠 대장은 해군의 최고의사 결정기관인 군령부의 맹반대를 물리치고 미드웨이 공략을 결행했다. 진주만 기습때 격멸하지 못한 미국 항공모함이 목표였다. 문제는 미항모 기동부대의 소재를 알지 못한 것에 있었다. 이 점 제해권과 제공권편에서 상술한 바있어 중복을 피하거니와, 요컨대 일본 해군의 정찰능력 결핍이 패전의 요인이었다.

이에 비해 니밋츠 대장의 미해군은 암호해독으로 일본 해군의 움직임을 일찌감치 파악하고 있었다. 특히 미해군은 전폭기 7, 정찰기 3으로 비행대를 편성하여 정찰기는 부채꼴로 날아 전 해양을 커버하고 있었다. 사막의 여우 롬멜장군의 독일 북아프리카군이 몽고메리 원수의 영국군에 패퇴한 것도 영국이 독일의 암호를 해독했기 때문이었다.

럼스펠드 미국방장관은 아프간전의 승패는 정보전에 달려 있음을 밝힌바 있다. 빈 라덴의 소재는 물론 그 넓은 사막의 어느 곳에 게릴라 부대가 있는지 미국은 모르고 있다. 그러나 초정밀 정찰 기기(器機)로 빈 라덴같은 특정 인물의 소재는 파악하지 못했어도 작전 전개에 필요한 정찰 활동은 유감없이 전개함으로써 구 소련과는 달리 단기간에 아프간전의 승자가 될 수 있었다.

11. D데이는 없다

아프간 전쟁에서 아프간 게릴라보다 월등하게 강력한 소련군이 패퇴한 것은 정면에서 싸울 적을 찾지 못한것에 있었다. 사단 단위는 물론 중대규모의 아프간군과 일전을 벌일 기회마저 없었다. 험준한 산악과 계곡에서 밤을 틈타 기습 공격을 가한 뒤 달아나는 게릴라군 앞에서 대부대와 현대적 장비는 무력하기 그지없었다.

소련군이 아프간에서 고전한 또 하나의 이유는 보급루트를 차단 당한 것에 있었다. 소련군은 멀고 험준한 산길과 계곡을 넘어 보급작전을 펼쳤다. 아프간 게릴라는 계곡이나 험준한 산길에서 소련전차를 대전차 로켓으로 격파한 다음 뒤이은 소련군 보급차량, 특히 연료 수송차량을 폭파했다. 자동화된 소련군은 연료 부족으로 항공기와 헬리콥터를 제대로 쓰지 못했다.

럼스펠드 미국방장관은 아프간 전쟁에서 D데이(작전개시일)는 없을 것이라 말했다. 쉽게 말해 게릴라전으로 아프간 게릴라와 맞설것이라는 얘기이다. 현대적 장비의 대부대는 게릴라들에게 겁날 것이 없다. 그러나 현대적 장비의 게릴라 부대 앞에서 재래식 무기의 게릴라 부대는 당황할 수 밖에 없다. 미국의 반테러 작전은 정곡을 찔렀다. 아프간전 조기 승리의 원동력이 아닐 수 없다.

12. 情報過多속의 情報결여

미국에서 1966년에 제정된 「정보자유법」의 운영에 대한 공청회가 열렸을 때 민주당의 W S 무아해드 의원은 다음과 같이 논했다. 『관청에 산적한 정부문서에 기밀이라는 도장을 찍기 위해 5만5천의 팔이 있다. 1만8천명이상의 정부직원이 비밀사무를 취급하고 있으며 약3천명의 엘리트검열관이 정부기록에 「극비」의 도장을 찍는 권위를 갖고 있다. 몇만명이라는 비밀을 간직하고 싶은 관료가 정부소관사항을 「적」에 대해서가 아니라 아메리카의 공중에 대해 숨기려하고 있다. 그런 관료들을 우리들은 신뢰하고 있는 것이다.』

정보 공개로 국민이 모든 정보를 얻을 수 있는 것은 아니다. 그것이 공문서 공개수준에 머물때 국민보다 대기업이나 변호사만 이익을 보게된다. 정보의 범람 속에서 정보의 결여라는 역설적인 현상이 빚어지는 이유가 아닐 수 없다.

2차 대전때 미국은 B-29의 설계도까지 공개했다. 처칠은 마지노라인이 무너졌을때 일본대사를 비롯한 외교 사절단과의 만찬석상에서 『방금 마지노라인이 무너졌다』고 얘기했다. 그러나 일본은 철두철미하게 국민을 기만했다. 전투 능력을 갖춘 군함이 전멸한 전쟁말기에도 「무적함대」를 자랑했고 항복직전까지 「최후의 승리」를 장담했다. 최고 전쟁 지도기구인 大本營(대본영)은 거짓말의 양산기관이었다. 그러한 정부를 믿고 수백만의 젊은 목숨이 전장에서 숨졌다.

현대는 정보 범람시대이다. 냉전시대에 소련의 스파이들은 필요로 하는 정보의 90%이상을 신문과 방송에서 얻었다. 그럼에도 불구하고 미국에서조차 국민이 필요로 하는 정보는 적지않이 가려져 있다는 지적이 나오고 있다. 6 · 25동란때 정부가 철저하게 정보를 차단한 것은 부연할 것까지 없다. 그러나 어찌 그때뿐이겠는가. 어느 나라에서나 여당은 야당보다 많은 정보를 얻을 수 있다. 그런데도 외환 위기의 실상에 대해서는 여당 수뇌조차 윤곽마저 몰랐던 듯하다. 아니, 정부 수뇌나 경제 관료까지 그 실상을 정확히 모르고 소득 1만 달러시대만 구가하고 있었던 것 같다. 정부가 사실을 파악하고 그 진상을 공개, 국민의 동참을 요구했다면 파국적인 사태는 피할 수 있었을 것이다. 정보화 시대의 정보음치가 파생한 외환 위기임을 통감한다.

13. 정보기관의 明暗

워터게이트 사건으로 닉슨이 물러나고 아메리카의 양심이 사람들의 관심을 모으고 있을 때 국무장관 키신저, 당시의 CIA장관, 그리고 전국 방장관 등이 「루뭄바 수상 암살계획」의 증인으로 議會에 불려갔다. 조사과정에서CIA가 카스트로(쿠바), 루뭄바(콩고), 트루히요(도미니카), 아옌데(칠레), 고 딘디엠(남베트남)의 암살 계획에 관여했다는 혐의가 포착되었다. 75명의 중요 증인과 8천페이지에 달하는 증언과 증거가 있었으나 결과는 혐의 자체에 그쳤다.

정보기관의 활동은 반드시 합법적인 것에 한하지 않는다. CIA가 최초로 대외문제에 개입한 것은 1948년의 이탈리아 總選으로 일컬어진다. 그 이후 그리스, 이란, 과테말라, 이집트, 쿠바, 콩고, 도미니카, 타이티, 남베트남, 캄보디아, 라오스, 칠레, 앙고라 등에서 수상과 대통령의 추방 암살 정권전복 등을 조종한 것으로 짐작되고 있다. 공산주의의 대두를 억제하고 자유를 지키기 위함이라는 名分에서였다. 이들 사건 중 역대 대통령이 직접 관여한 것도 없지 않다는 얘기가 나돌았다.

CIA는 국내 활동도 활발히 전개했다. 월남 전쟁이 절정에 달했던 1970년대초, 실로 1만명 이상의 사람들에 대해 감시와 편지의 개봉, 가택 불법침입 등이 마치 첩보전처럼 자행된 것으로 전해진다. CIA의 비합법적인 활동은 미국朝野의 거센 공격을 받았다. 그러나 1975년 4월 포드 대통령은 외교연설에서 『CIA 등의 비밀기관은 극히 중요하며 그 유익한 활동에 우리들 아메리카국민은 크게 의존하고 있다』고 결론을 내렸다.

김영삼 대통령의 문민 정부가 출범하면서, 안기부에 대한 대수술이 시도되었다. 이름부터 국가정보원으로 바꾸었다. 정치 사찰 위주의 정보 활동이 정보기관 고유의 영역으로 좁혀졌다. 특히 국제 경제의 흐름에 대한 정보 수집이 주요 임무로 제기되었다. 바람직한 변신이 아닐 수 없다. 오랜 권위주의적 정치 체제아래서 이 나라에는 공작은 있었으나, 정치는 없었다고 구 여권의 한 대표가 토로한 바 있다. 그 중심에 중앙정보부(안기부) 등이 있었다.

구 소련방이 붕괴했을 때, 한국 조야는 크게 놀랐다. '88 서울 올림픽 때 소련팀의 참가 여부가 최대의 관심사로 떠올랐다. 그때 일본에 가서 서점가만 섭렵해도 소련의 붕괴, 해체는 충분히 예견할 수 있었다. 서독이 동독을 흡수, 통일할 것 마저 예측한 서적이 5-6권은 발간되었다. 서울 올림픽은 고르바초프의 소련이 서방세계에 다가설 수 있는 절호의 기회였다. 그런데도 우리나라에서는 소련의 변화를 거의 몰랐다. 말하자면, 정보과다 속의 정보 결여 현상이다. 정보기관이 그 고유의 기능을 벗어나 공작 정치의 주체가 될 때, 정보 음치가 될 수밖에 없는 현상을 일깨위 주었다 할 것이다.

정보기관의 활동과 자금 사용은 영원히 비밀에 부쳐야 할 것이 많다. 安企部法의 개정으로 그 권한이 크게 축소되었다. 과거의 越權이 불러들인 業報일법하다. 문제는 바람직한 정보활동마저 위축되지 않을 것인가에 있다.

14. 정보전쟁

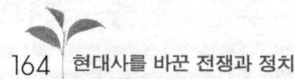

1991년의 걸프 전쟁에서 다국적군에 의한 항공 공격 개시 28분 후에 이라크군은 거의 완전히 지휘통제 기능을 상실하고 말았다. 이후, 전쟁의 전기간을 통하여 이라크군은 두 번 다시 조직적인 전투를 하지못하고 완패했다. 다국적군은 이라크군의 탄도미사일 「스커드」 기지에 대한 공격과 병행하여 이라크의 지휘통제 시스템에 폭격을 가했다. 이라크의 후세인 대통령이 있을 것으로 보이는 최고 지휘사령부에 대한 공격과 바그다드의 공군최고 사령부에 대한 폭탄 세례도 동시에 이루어졌다. 이라크군의 지휘통신 시스템은 물론 바그다드의 전화 교환 시설과 방송국도 공격 목표에 포함 되었다. 그 결과 전쟁 개시 불과 28분만에 이라크군의 지휘통제 시스템은 마비되고 말았다.

　이라크군은 지방의 유선전화나 외국 석유 채굴회사에서 접수한 무선전화를 사용하여 통신을 유지하려 했다. 그러나 이것은 원래 군대 지휘용으로 만들어진 것이 아니어서 통신량도, 통신 속도도 극히 제한되었다. 다국적군 지상부대에 의한 쿠웨이트 해방 작전이 개시된 뒤에도 이라크군은 상급 사령부로부터의 작전지시가 없어 고립되고 말았다. 상황이 어떻게 되어 있는지를 알지도 못해 제대로 싸워보지도 못한 채 각개 격파되었다.

　군사 전문가들은 이라크 군이 소련시대의 근대적인 군대였기 때문에, 미국의 공격 앞에 쉽게 무너진 것으로 분석하고 있다. 소련군은 극히 엄격한 중앙 통제형의 지휘 시스템을 채용하고, 그 전술은 공격 작전을 기본으로 했다. 바꾸어 말하면, 소련의 전시 시스템은 자신의 군대를 신용하지 않고, 중앙의 통제하에 모든 부대를 장악하여 자의적인 판단에 의

한 행동을 용서하지 않는 것이었다. 그러나 이 같은 작전 체계는 지휘 통제 시스템이 파괴되면 순식간에 취약하고 무력해지는 군대였다. 만약 이라크 군이 좀더 원시적인 군대였거나, 지휘 통제 시스템을 각 부대의 지휘관에게 재량권을 주는 유연한 것이었으면 걸프전에서 그토록 쉽게 허물어지지는 않았을 것이다.

제5장 전쟁과 지휘 체계

I. 군정권과 군령권

1. 통수권(統帥權)의 귀속

미국 대통령 곁에는 검은 상자를 들고 그림자처럼 따라 다니는 장교가 있다. 핵공격 명령 장치가 되어있는 이 상자야말로 대통령의 군통수권을 상징하고 있다. 케네디가 암살되었을 때 존슨 부통령은 워싱턴으로 돌아가는 비행기 안에서 한 여판사를 앞에 두고 대통령 취임 선서를 했다. 대통령의 직위가 한시도 공백이 있어서는 안될 것을 시사하는 장면이 아닐 수 없다.

권력이양기나 비상사태가 벌어졌을 때 가장 문제가 되는 것이 군통수권이다. 다른 국정(國政)은 잠시 공백이 생겨도 크게 문제될 것은 없다. 그러나 군통수권은 단 몇분이라도 그 체계에 혼선이 생겨서는 안된다.

1998년 2월 25일의 대통령 이·취임식을 앞두고 25일 0시에서 새대통령 취임까지의 열시간, 군 통수권을 누가 행사하느냐 하는 문제가 거론된 바 있다. 새대통령에게 귀속한다는 것이 법리상의 해석이지만 지금껏 퇴임대통령은 25일 아침에야 청와대를 떠난 바 있어 기술적인 문제가 제기되었다. 모양새가 좋고 합리적인 방법이 모색되어야 할 듯하다.

통수권자가 잠을 잠으로써 국운을 좌우할 전략에 결정적인 차질을 빚은 경우도 있다. 노르망디 상륙작전때 히틀러가 잠을 잠으로써 독일군은 전차사단을 투입하지 못했다. 히틀러는 자신의 명령없이는 어떤 경우에도 전차부대를 움직이지 못하게 했다. 이에 더하여 최고사령관 룸멜 원수는 부인의 생일잔치와 총통알현을 위해 베를린에 있었다. 때문에 연합군이 역사상 최대의 상륙작전을 펼친 순간에도 잠자는 히틀러를 깨울 수 있는 사람은 아무도 없었다. 경직된 체제의 함정이었다.

통수권아닌 작전 지휘체계 또한 매우 중요하다. 미해군은 기함(旗艦)이 침몰하면 차상급 지휘관이 즉각 그 해전이 끝날때까지 전권을 행사했다. 그러나 일본은 함대 사령관이 이함(移艦)할때까지만 잠정적으로 지휘권을 행사했다. 이 차이가 해전의 승패를 좌우한 경우가 적지 않았다. 태평양 전쟁에서 일본이 패한 것은 물량의 차이 내지 기술, 과학의 낙후보다 작전과 용병의 실패에 말미암은 것으로 일본의 군사 전문가들은 한결같이 지적하고 있다.

2. 국방장관과 평복

露·日 전쟁에서 일본이 이긴 것은 외교의 성공에 말미암은 바 크다.

일본군은 奉天에서 크로파트킨의 러시아 주력부대를 격파하고 동해에서 로젠스키의 발틱 함대를 무찌름으로써 전쟁의 주도권을 잡았다. 그러나 이것이 한계였다. 전비는 떨어지고 포탄도 고갈 상태였다. 더 이상 돈을 빌려줄 나라도 없었다. 그러나 러시아군은 그제서야 본국의 최정예 부대가 滿洲에 속속 도착하고 있었다. 전쟁을 더 끌면 일본군은 전면 붕괴될 상황에 놓여 있었다. 이 군사적 위기를 구한 것이 포츠머즈 강화조약을 성공시킨 일본외교의 凱歌였다. 일본은 벼랑 끝에 선 순간 전승국의 지위를 획득했던 것이다.

1890년에 비스마르크가 퇴장한 이래 독일에는 이렇다 할 정치적 지도자가 나오지 않았다. 독일을 국제적 고립에서 벗어나게 할 외교가가 없었던 것이다. 한편 군쪽에는 강력한 참모총장 휴리펜이 있었다. 프로이센-독일의 전성시대에는 빌헬름 1세의 좌우에 정치의 비스마르크와 군사의 모르토케가 자동차의 두 바퀴 처럼 앉아 있음으로써 기적적인 위업을 달성했으나, 이제 정치라는 높은 차원에서 나라를 생각할 리더가 없고 스탭인 참모본부에만 인재가 있게 되었다. 밸런스가 상실된 것이다. 독일이 일으킨 두 차례의 세계 대전때 탁월한 軍政家가 있었다면 동서의 양정면에서 동시에 전선을 확대하는 우를 범하지 않았을 것이다.

태평양 전쟁때의 일본에도 작전장교는 많았으나 전략가는 없었다. 해군에는 井上成美대장 같은 전략가가 있어 전쟁을 반대했으나 육군에는 전쟁기술자 뿐이었다. 무엇보다 군부대신 현역제로 현역 군인만이 군부대신으로 앉게 되어있어 군사적 승리를 정치나 외교로 결실 시킬 안목이 없었다. 일본군이 화려한 승리를 거둔 전쟁초기, 미·영과 강화조약을 맺었다면 중국전선은 승리로 장식할 수 있었다는 것이 전사가들의 분석으로 되어있다.

　미국은 원칙적으로 군 출신은 국방장관이 되지 못한다. 예비역 편입 후 10년이 지나지 않으면 국방장관에 기용할 수 없게 법으로 제약하고 있다. 국무장관을 역임한 마샬이 1950년에서 51년까지 국방장관을 지낸바 있으나 법 개정 이전의 유일한 예이다. 닉슨에 의해 2계급 특진된 헤이그 대장은 국무장관으로 기용되었고, 걸프 전쟁의 영웅 파월은 지금 부시 정권의 국무장관으로 일하고 있다. 4성 장군의 경력때문에 국방장관은 될 수 없는 것이다. 군인은 군사 정책을 자칫 전투의 연장선 상에서 파악하는 위험이 있기 때문인 것으로 설명되고 있다. 이런 맥락에서 군 장성 출신이 국방장관으로 기용되는 것이 원칙처럼 되어 있는 한국의 관행은 민주국가의 일반적인 예와는 다소 거리가 있는 것임을 말하게 된다.

　2차 세계 대전의 경우를 살펴보면, 평복의 국방장관이 군을 지휘한 연합군이 군복의 장군이 군을 지휘한 추축국(樞軸國)을 이겼다. 이러한 단순 논리로 전쟁의 승패를 말하기는 어려우나, 전쟁이 정치의 연장이라고 생각할 때 전쟁을 자칫 전투와 혼동하기 쉬운 장군내지 장군 출신보다는 정치인이 전쟁을 지도하는 것이 소망스러운 것은 말할 것이 없다. 걸프 전쟁과 미국의 이라크 공격에서 국방장관이 전쟁 수행의 주역 역할을 한 것에서 문민 우위의 원칙을 인상적으로 확인할 수 있었다.

　2004년 7월 23일, 정부는 북한 경비정의 북방한계선(NLL) 보고 누락에 대한 경징계 방침을 밝혔다. 주목할 것은 이 사건을 계기로 문민 출신의 국방장관 기용이 조심스레 거론되고 있는 점이다. 아직은 이르다는 군내외의 정서에 따라 해군 참모차장 출신의 예비역 장성이 국방 장관에 기용되었으나 평복의 국방장관 기용은 시간문제로 보아야 할 듯 하다.

3. 처칠의 다다넬즈해협 공격

1차 세계 대전때 처칠은 해군대신이었다. 그때 해군차관이던 루스벨 트와 2차 대전때는 수상과 대통령으로 대 나치 공동전선을 구축하게 되 는데, 1차 대전때 해군을 이끈 공통의 경험을 우의촉진의 매개로 썼다. 처칠은 해군에 터키 다다넬즈해협의 육상포대를 고속 순양함으로 공격 할 것을 명했다. 해군은 반대했다. 영화「나발론」에서 보는 것처럼 지상 포대는 험준한 산악에 둘러싸인 가히 쇳덩어리이다. 그러나 군함은 바 다에 떠있어 백전백패하게 되어 있다. 그래서 연합군의 특공대가 배후로 진입하여 나발론을 폭파했다. 2차 대전때 지중해의 입구를 막고 있는 영 국의 지브롤터를 공략하지 못해 독일은 지중해에 진입하지 못했다. 히 틀러는 프랑코에게 배후에서 공격할 것을 명했으나 스페인의 독재자가 시간을 끌어 중립을 관철함으로써 내란에 지친 스페인을 전화에서 지켰 다.

영국 함대의 다다넬즈포대 공격은 예상했던 대로 실패했다. 처칠은 즉 각 해군대신을 사임하고 육군소령으로 참전했다. 이 사실에서 보는 것 처럼 민주국가의 군부장관은 군정은 물론 군령권도 완벽하게 행사한다. 쿠바 봉쇄때 맥나마라 국방장관은 합참의장을 경유하는 관례를 무시하 고 직접 해군작전 상황실에 들어가 쿠바 봉쇄 함대의 위치를 지시했다. 걸프 전쟁때 부시 대통령은 최고사령권, 체니 국방장관은 막료장, 파월

합참의장은 그 직속 막료임을 CNN뉴스를 통해 생생하게 지켜 볼 수 있었다.

우리나라 국방장관도 군정권과 함께 군령권을 행사하게 되어 있다. 미국과 다른 것은 대통령, 국방장관, 합참의장, 각군 사령관으로 작전체계가 짜여져 있는 점이다. 다만 국방장관의 군령권이 어느 선까지인가 하는 것은 딱 부러지게 얘기하기 어려운 일면이 있었다. 서해교전은 국방장관이 최일선의 돌발사태에도 작전지휘의 권한과 책임이 있음을 일깨워 주고 있다. 서해교전이 국방장관의 군령권 행사에 대한 기준을 세운 측면이 있음을 발견한다.

4. 문민 우위의 원칙

비스마르크는 독일통일의 기초를 닦기 위해 1866년 대(對) 오스트리아 전쟁을 일으킨다.

비스마르크가 대 오스트리아 전쟁을 결행한 것은 독일연방의 종주국(宗主國)인양 거드름을 피우던 오스트리아를 독일연방 밖으로 추방하여 프로이센의 패권(覇權)을 확립하는데 있었다. 일방적인 승전으로 이 목적은 달성되었다. 더 이상 오스트리아를 괴롭히는 것은 백해무익했다. 긍지높은 오스트리아 국민에게 비엔나 점령이라는 굴욕을 안겨 줄 때 씻지 못할 원한을 안겨 줄 것이기 때문이었다. 비스마르크는 이를 겁냈다. 그의 궁극적 목적은 독일제국의 통일에 있었는데 이를 위해서는 나폴레옹 3세와의 국운을 건 전쟁이 피할 수 없는 것임을 비스마르크는 꿰뚫어 보고 있었다. 프랑스는 남부의 독일제국을 마치 속국처럼 생각하고 있었기에 프랑스를 무찌르지 않는 한 오스트리아의 연방추방은 의미가 없는 것이었다. 프로이센군이 라인강을 건너 프랑스군과 사활을 건 결전을 벌이고 있을 때 오스트리아가 배후에서 대거(大擧)하여 복수전을 걸어 온다면 독일제국(獨逸帝國)은 사산(死産)될 수밖에 없다. 그래서 그는 비엔나 진격을 중지시켰던 것이다.

비스마르크의 생각은 적중했다. 대 오스트리아 전쟁이 끝난 4년 후 프로이센은 나폴레옹 3세와 국가존망을 건 전쟁을 벌인다. 구주열강을 중립 내지 호의적 중립으로 손을 써 둔 비스마르크는 정치적으로 유리한 입장에서 나폴레옹 3세와 싸우게 되는데 호의적 중립국 중에는 오스트리아도 포함되어 있었다. 국민적 소망이나 인기를 뛰어 넘어 소신을 관철하려면 이 정도의 비전과 거시적 안목(巨視的眼目)이 필요하다 할 것이다.

천하의 대정치가 비스마르크도 용병작전(用兵作戰)에 관해서는 문외한이었다. 그러나 오만불손한 그는 작전지도에 대해서도 툭하면 간섭하려했다. 근대전략의 원조(元祖)로 일컬어지는 모르토케는 문외한의 발언을 받아들일 때 유효한 작전지도가 안될 것을 우려했다. 그리하여 모르토케는 비스마르크의 작전 관여를 거부하고 용병(用兵)에 대해서는 참모총장이 전단적으로 행사하기로 했다.

여기에서 주의할 일은 참모총장의 전단사항(專斷事項)은 용병 즉 구체적인 작전에 한정되어 있다는 점이다. 전쟁 전체의 지도는 당연히 수상의 권한인 것이다. 참모총장은 수상의 전쟁지도나 결정에 복종하지 않으면 안된다.

프로이센군이 어디까지 진격하느냐, 즉 비엔나를 점령하느냐, 안하느냐를 결정하는 것은 수상의 권한이다. 그러나 비엔나 공격을 명령받았을 때 어떠한 작전으로 이를 수행하느냐는 참모총장의 권한인 것이다.

그런데 군국주의 일본은 이 점을 곡해하고 악용하여 군정은 정부가, 군령은 참모총장이 전단적으로 행사했다. 군령에는 군의 작전반경이나 공격목표를 명령하는 것이 당연히 포함되어 있고 이같은 군령권은 어느 나라에서나 통수권자가 장악한다. 그런데 일본 군부는 이같은 군령사항마저 군의 용병작전권에 포함시켜 멋대로 군을 움직여 망국을 재촉했던 것이다.

반면에 히틀러는 용병작전에까지 깊숙이 간여하여 번번히 작전을 그르쳤다. 오늘날 모든 국가는 군정·군령 할 것 없이 군의 통수권은 국가원수 내지 총리가 장악하고 있다. 대통령 또는 국왕, 내각제하의 총리는 어느 나라에서나 국군 최고사령관이다. 그러나 히틀러처럼 구체적인 작전지도까지 하려는 국가원수 등은 없을 것이다.

5. 야전장교

모르토게가 보불 전쟁(普佛戰爭)에서 화려한 각광을 받을 때까지 유럽 각국에서는 참모본부의 개념이 성립되어 있지 않았다. 1857년, 모르토게가 소장으로 참모총장에 기용되었을 때 참모본부의 총인원은 64명이었고 직급은 사단장에 준했다. 다만 프로이센의 9개 군단 및 18개 사단에 1명씩의 참모 장교를 배속하여 작전을 통괄했다.

그러나 군단장은 참모총장보다 상급자였을 뿐만 아니라 권한 또한 막

강했다. 참모총장은 작전 계획을 세울 수는 있었으나 작전 명령은 군사 대신이 내리게 되어 있었다. 참모본부는 명령권이 없는 일종의 작전 기획 단위에 지나지 않았다.

보불 전쟁이 벌어지자 모르토게는 참모총장이 국왕의 이름으로 명령을 시달할 수 있는 권한을 획득했다. 이 때부터 참모본부는 군의 중추기관이 되었고 유럽 각국에서도 그 중요성을 인식하게 되었다. 일본은 프로이센의 제도를 받아들여 군의 현대화를 촉진했다. 문제는 참모본부가 비대해짐에 따라 야전군 장교들과 갈등이 벌어진데 있었다.

미국에서도 펜타곤의 고참 대령은 장군 승진의 0순위처럼 되어있지만 일본은 특히 그러했다. 육군대학 출신의 엘리트인 참모장교들은 야전부대 근무는 진급에 필요한 최소한에 그치고 육군본부 참모본부 교육총본부 등 작전 기획부서에 배치되어 기밀비를 물쓰듯 쓰면서 침략전쟁을 추진했다. 영관급이 주축이 된 이들은 참모총장이나 천황의 이름을 빌려 중장 대장급의 야전군 사령관을 마음대로 부려 먹었다.

전함 비스마르크의 격침 과정을 살펴보면 참모본부의 중요성을 확인할 수 있다. 그러나 군의 중심은 어디까지나 야전군이다. 병사와 더불어 고락을 같이하면서 명령일하(命令一下), 언제든지 사(死)의 행군에 뛰어드는 야전장교야말로 군의 꽃이라 할 것이다.
육군이 국방부, 합참 등 이른바 정책부서 근무자보다 야전장교를 우대하기로 인사방침을 정한 것은 긍정적인 조치로 평가할 만하다. 3사관학교 출신 장성이 처음 탄생된다는 소식과 더불어 기쁜 소식이 아닐 수 없다.

6. 태평양 전쟁의 유일한 개선장군

패전국 일본에 「태평양 전쟁의 유일한 개선장군」이라 부르는 한 청년 장교가 있다. 화제의 주인공은 패전(敗戰) 29년만에 필리핀의 정글에서 발견된 일본군 육군소위 오노다이다. 일본이 그를 패잔병으로 보지 않고 개선장군처럼 평가하는 것은 다른 패잔병처럼 정글 속에 피신만 하고 있었던 것이 아니라 부여된 임무를 29년간 충실히 이행한 데 있었다.

그는 일본 유일의 스파이 장교 양성학교인 나가노 학교의 졸업생이었다. 그는 일본군이 필리핀의 루방도를 철수했던 1944년 12월, 잔치첩자(殘置諜者)로서의 임무를 부여받고 홀로 섬에 남았다. 그는 전부대가 철수한 뒤에도 그에게 부여된 작전명령, 즉 「미연합 함대(美聯合艦隊) 주력의 움직임을 신속히 보고하는 등」의 임무를 충실히 이행했다. 즉 1945년 1월 4일 그는 가지고 있던 5호선 무선기로 미 해군의 전함이하 143척이 함대와 그 갑절이 되는 수송선 등 합계 450척의 대선단(大船團)이 일제히 북상하고 있음을 군사령부에 타전한 바 있다.

그러나 그의 발견이 일본과 세계 매스컴의 시선을 끈 것은 일본귀환까지의 과정이었다. 그는 한 일본인 청년에 의해 발견되었고 전쟁이 끝났음도 전해들었다. 그러나 그는 29년에 걸친 고독한 전투행위의 종료를 거부했다. 군인인 자기는 직속상관의 전투행위 중지명령 없이는 임무를 포기할 수 없다는 것이었다. 그는 나중에 말하기를 『전쟁이란 것은 한쪽에서는 싸우면서도 다른 한쪽에서는 정전상태인 것이 종종 있기 때문에 루방 섬에 미군이 나타나지 않고 총성이 멎었다 해서 전쟁이 끝났다고 판단할 수 없었다』고 했다. 실예(實例)로 중국에서는 남경(南京), 한구(漢口), 중경(重慶) 등에서는 전쟁이 한창일 때 상해(上海)에서는 교역(交易)이 이루어지고 있었음을 지적했다. 선전삐라 등으로 종전사실을 알았지만 직속상관의 명령이 없다는 이유로 투항(投降)을 거부했다. 필리핀 정부는 일본에 연락하여 옛날의 직속상관인 다니구찌 소좌를 루방섬까지 불러 들였다.

오노다 소위를 재발견했을 때 오노다 소위는 팬티바람이었다. 『오노다 소위!』 절규하다시피 옛부하를 부른 다니구찌씨는 『옷을 갈아 입을 테니 기다리라』하며 옛 군복으로 갈아입은 뒤 명령서를 읽었다. 명령서가 낭독되는 동안 오노다 소위는 직립 부동(直立不動)의 자세로 서 있었다. 다니구찌씨는 야마시다 장군의 명령 전문을 읽은 다음 전투 행위 중지를 명했다. 그제서야 오노다 소위는 총을 놓았다.

오노다 소위가 필리핀의 밀림에서 발견되기 2년 전에 요코이 병장이 발견된 바 있다. 그러나 일본 조야는 오노다 소위를 태평양 전쟁의 유일한 개선 용사로 정의(定義)한 반면, 요코이 병장은 일본의 패전을 상징하는 패잔병으로 간주했다. 오노다 소위는 매일 일지를 적었고 함선의 이동, 비행기의 움직임까지 모든 것을 기록하고 있었다. 그의 총과 군도는 깨끗이 손질되어 있었다. 고독한 전투를 29년간 계속했던 것이다. 그러나 요코이 병장은 맨몸으로 연명을 위해 정글을 도망다니고 있었다. 그래서 일본 국민은 오노다 소위에게서 엘리트 의식이 풍부한 전전(戰前)의 장교를 떠올린 반면, 요코이 병장에게서는 패전 직후의 초췌한 일본 군인을 연상했다.

필리핀의 마카파칼 대통령은 오노다 소위를 대통령궁에 초청하여 성대한 잔치를 베풀었다. 일본에 귀환한 오노다 소위는 일본 조야의 따뜻한 환영을 받았으나, 그는 남미로 이주했다. 29년의 긴 공백이 그로 하여금 일본 사회에 적응할 수 없게끔 만들었다 할 것인가.

7. 항명죄

김창용(金昌龍) 중장 암살사건의 군법회의가 열렸을 때 주범 허태영(許泰榮) 대령의 운전병 이유회(李留會)의 형사책임을 두고 법조계에서 논란이 벌어졌다. 이유회가 출근길의 金중장 지프를 막아 암살에 가담한 것은 사실이지만 직속상관의 명령에 따른 행위에 형사책임을 물을 수 있는 것인가가 문제되었던 것이다. 일본 육군극우세력의 쿠데타였던 소위 2.26사건의 판결이 무죄론의 한 근거로 제기되었다. 육군의 소장장교가 변란을 일으켜 중신을 살해한 이 사건에 대해 장교는 전원 유죄선고를 받았으나 사병은 죄를 묻지 않았다. 직속상관의 명령에 복종한 사병에 대해 형벌을 가한다면 군의 지위체계는 성립될 수 없다는 것이 무죄선고의 판결요지였다. 사병은 상관의 명령에 대해 적법여부를 따질 권능이 없음을 전제한 판결이었다.

이유회에 대한 사형선고는 사병이라 할지라도 명령의 적법성을 판단해야 하는 것을 간접적으로 인정한 판례였다. 그러나 어떤 상황에 부딪쳤을 때 사병이 그 정당성이나 적법성을 따진다는 것은 극히 어렵다. 사실상 상관의 명령에는 무조건 복종해야 하는 분위기가 형성되어 있다. 불법한 명령임을 안다할지라도 이를 거역한다는 것은 극히 어려운 것이 군인사회의 특징이기도 하다. 여기에서 항명죄의 요건이 하나의 문제로 제기된다.

드골은 프랑스군 형법을 개정하여 모든 장병은 상관의 적법하지 아니한 명령에 항의할 수 있는 길을 터 놓았다. 명령에 복종했다는 이유로 책임을 면할 수 없음을 명문화하였던 것이다. 민주국가의 군형법 체계가 어떠한 것이어야 함을 일깨운 입법례라 할만하다.

국방부는 항명죄의 내용을 고치는 군 형법안을 마련했다. 지금까지 「상관의 정당한 명령」에 반항하거나 복종하지 않을 때 처벌토록 한 것을 「직무상 적법한 명령」으로 구체화했다. 오늘날의 국군은 사병이라 할지라도 상당한 교육수준을 유지하고 있다. 사리판단의 능력을 인정하고 있다 할 것이다. 생각건대 프랑스처럼 상관의 불법한 명령에 항의할 수 있는 절차가 구체적으로 마련될 필요가 있을 듯하다. 그래야만 군형법 체제의 탄력성이 실효를 거둘 수 있을 것이기 때문이다.

8. 통합사령부

露·日 전쟁의 일본 遠征군사령관 大山대장은 전송나온 海相山本대장에게 당부했다. 『전투는 내게 맡기게. 중요한 것은 종전의 시기를 놓치지 않는 것이다. 전장에서 뛰다 보면 대국적인 판단의 안목이 없어진다. 후방의 자네가 적기(適期)를 잘 포착하여 강화를 서둘러 주어야 하네.』 旅順을 함락시키고 奉天에서 크로파도킨의 주력부대를 격파하자 大山은 즉시 종전의 뜻을 비추었고 본국 정부는 이를 받아들였다. 그리하여 아시아의 小國 일본이 유럽의 大國 러시아를 이겼던 것이다.

만약 포츠머드 강화조약의 체결이 한달만 늦었어도 일본군은 전면 붕괴될 상황에 있었다. 그때쯤 일본군은 탄약이 떨어지고 병참선의 유지도 어려워 더 이상 전쟁을 계속할 능력이 없었던 것이다. 그러나 러시아군은 앞서 기술한것처럼 그제서야 본국의 정예부대가 속속 만주에 도착하고 있었다. 정부와 군부, 육·해군의 완전한 의견일치가 조기강화를 가능케하여 일본의 위기를 사상최대의 영광으로 장식했던 것이다.

그러나 태평양 전쟁 때는 개전 자체를 두고 육·해군간에 의견이 달랐다. 전쟁말기의 항복논쟁에 있어서도 해군은 항복쪽에 기울어 있었으나 육군은 결사항쟁을 주장했다. 전쟁 과정에서는 건건사사 육·해군이 맞섰다. 해군최대의 적은 미·영이 아니라 육군이었다. 청·일, 러·일 전쟁 당시의 육·해군 협력체제는 상상조차 할 수 없는 분위기였다. 태평양 전쟁때도 러·일 전쟁 때처럼 조기 강화론이 있었으나 육·해군의 대립 속에서 제대로 시도조차 하지 못했다.

미국도 2차 대전 중 육·해군간에 전략을 둘러싼 마찰은 더러 있었다. 독일 기계화부대의 대공세 앞에서 육군의 결사 항쟁만이 유일한 대항 방법이었던 소련에서만 각 군간의 알력이 없었다. 2차 대전후 미국이 합동 참모본부를 서둘러 설립한 배경이다. 2차 대전 전까지는 영국을 제외한 나라는 육군이 주축이었다. 그러나 오늘날 해·공군의 비중은 날로 무거워지고 있다. 국방부는 새해 업무 보고에서 육·해·공군 통합사령부의 창설이 추진을 보고하고 있는데 입체적 전략구상 수립, 군의 지휘체계 일원화를 위한 필연의 과제가 아닐 수 없다.

II. 군의 조직과 인사체계

1. 원수와 대장

원수는 전쟁 영웅에 대한 예우로 수여되는 군 최고계급이다. 따라서 평시에 원수의 영예를 받는 일이 민주국가에서는 없다. 미국의 브래들리는 2차 대전 이후 원수에 집급했으나 2차 대전 때의 공훈을 기려서였다. 용장 패턴과 웨스트 포인트 동기인 브래들리는 항상 패턴의 보좌적 위치에 있었으나 대전말기에 대소(對蘇) 강경발언 등으로 뒤편에 밀린 패턴을 휘하에 거느리고 베를린에 진격했다.

원수와 대장은 엄청난 차이가 있다. 원수는 대부분의 나라에서 종신 현역의 신분을 갖는다. 미국에서는 전속 비행기가 제공되며 전속 부관도 배속된다. 컬럼비아 대학총장 때 나토군 초대 사령관으로의 취임을 요청받은 아이젠하워는 현역군인이 대통령의 명령을 선택할 권리가 없다는 이유로 브뤼셀로 부임했다.

옛 일본에서 원수(元帥)는 더욱 위력이 컸다. 아무리 막강한 군벌의 중심 인물이라 할지라도 퇴역하면 영향력을 완전히 상실했다. 그러나 원수는 낙향하여 유유자적의 야인생활을 즐기고 있어도 군에 대해 은연(隱然)한 영향력을 행사했다. 종신 현역으로서, 군의 원로로서 항상 군부의 대부적 위치에 서 있었다.

나폴레옹과 히틀러는 가장 많이 원수를 만들어 낸 통치자였다. 끊임없

는 팽창 정책과 침략전쟁으로 방대한 군을 유지하기 위해서 일 뿐만 아
니라 사기관리를 위해 원수를 양산(量産)했다. 엘친 러시아 전대통령이
재임 중반에 4명의 장군을 원수로 승격시켜 관심을 모은바 있다. 국회의
원 선거의 참패와 때를 같이한 원수 임명은 매우 흥미로운 일면을 담고
있다. 군을 확고히 장악하겠다는 의도가 엿보이고 있는 것이다. 그러고
보면 평시에도 심심찮게 원수를 탄생시키는 유일한 강대국이 구소련과
오늘의 러시아이다. 군사력만으로 초강대국의 위치에 선 면모와 전통을
읽게 하는 대목이 아닐 수 없다.

2. 군의 위계질서

파리를 불사르라는 히틀러의 명령을 묵살한 파리 주둔 독일군 사령관
실에 미군이 들이닥친다. 총을 겨눈 채 독일군 사령관에게 미군 중위는
거수 경례를 붙인다. 『항복하시겠습니까, 대항하시겠습니다?』 독일군
사령관은 권총을 풀고 투항한다.

유럽에서는 적군의 장교에게도 예의를 지키는 것이 일반적이다. 포로
가 된 대령이 중령인 포로수용소장에게 왜 경례를 하지 않는가고 따지
는 만화같은 장면을 영화에서 더러 볼 수 있다. 러 · 일 전쟁의 동해(東
海) 대해전에서 포로가 된 러시아 발틱 함대 사령관 로젠스키 중장의 병
실에 예방한 도고 대장은 최고의 예의를 다해 적장을 위로했다. 러시아
수병의 용감성을 치하하면서 니콜라이 황제와의 교신을 적극 주선했다.

태평양 전쟁때 일본의 육군 중장은 3단계의 보직을 맡았다. 사단장,
군사령관, 방면군 사령관이 모두 중장인 때가 많았다. 그러나 한 직급간

의 상하 질서는 이름 그대로 산과 같았다. 하급지휘관은 부임 신고 때 같은 계급의 상급 지휘관에게 「각하를 모시고 작전에 참가하게 된 것은 무상의 영광」이라는 인사를 잊지 않았다. 그러나 육군성, 참모 본부의 영관급 장교와 야전군 장성간에는 하극상 현상이 벌어져 패전의 한 요인으로 손꼽히고 있다.

　일본군의 심각한 하극상 현상은 이른바 「통수권의 독립」이라고 하여 참모총장이 사실상 군의 최고 통수권자였던 것에 말미암고 있다. 형식적으로는 천황이 통수권자로 되어 있으나, 그것은 상징성을 면하지 못했다. 참모총장이 천황의 명을 받들어 통수권을 행사하는 것으로 되어 있으나, 천황이 일일이 작전 용병에 관여하는 일은 없어 사실상 참모본부의 독단적 행동이 가능했다. 문제는 러·일 전쟁 이후 고위 지휘관은 참모의 기안을 일일이 따지지 않고 결제를 해야 큰 인물로 추앙되는 분위기가 일본 군부에 조성된 데 있었다. 중령, 대령급의 엘리트 참모가 작성한 작전 명령은 「천황 폐하의 명령에 의하여」라는 단서가 붙어 있었다. 천황의 이름을 빌린 작전명령을 대장이나 원수급의 야전 사령관도 감히 거부할 수 없었다. 그래서 하극상이 벌어졌다.

　러·일 전쟁이 벌어졌을 때, 국운을 좌우할 만주군 총사령관에 누구를 기용할 것인가가 심각하게 논의되었다. 고다마 겐타로 전 육군대신이 일본 최고의 전략가라는 것에 아무도 이론(異論)을 제기하지 않았다. 그러나 총사령관 밑의 군사령관들이 고다마와 수평 관계에 있다는 것이 문제되었다. 군사령관을 확고히 장악할 수 있는 최고의 장성이 필요했다. 야마가다 아리또모와 오오야마 이와오 대장이 그러한 위치에 있었다. 두 사람이 창군 전후에 중장으로 육군대신 자리에 있을 때, 러·일

전쟁 당시의 야전군 사령관은 대위나 소령급에 지나지 않았다. 군 서열 상 야마가다와 오오야마는 아득히 높은 자리에 있었다.

사실상의 총사령관으로서는 고다마 겐타로를 내정했다. 참모장의 직위를 부여하고 작전·용병은 그에게 맡겼다. 그런데 야마가다는 부하에게 일일이 지시하고 챙기는 스타일이었다. 따라서 야마가다가 총사령관이 되면, 고다마가 그 천재성을 살리기가 어려웠다. 그러나 오오야마는 성품이 대범하여 부하에게 일을 맡기는 스타일이었다. 오오야마가 총사령관이 되어야 고다마가 마음껏 전략을 구사할 수 있다는 판단에서 오오야마를 총사령관으로 임명했다. 오오야마는 고다마에게 전권을 위임했다. 다만 전쟁이 패세(敗勢)에 몰리면 직접 나서겠다고 했다. 이때부터 오오야마 스타일의 대범한 참모총장이 큰 인물로 평가되는 경향이 있어 참모본부의 영관급 장교가 사실상 전군을 휘젓는 역리의 현상을 빚었던 것이다. 러·일 전쟁때는 대장급의 총사령관이 군을 장악했으나, 태평양 전쟁때는 영관급 참모 장교의 독주와 전횡이 가능해 짐으로써 군의 기강이 무너진 것은 물론, 승산없는 전쟁의 결행으로 패전을 초래했던 것이다.

군의 위계질서가 어떤 것인가를 일깨워주는 인상적인 사건이 재정 러시아의 한 군단에서 발생한 적이 있다. 군단장이 예하 참모의 부인과 정을 통한 것이 사건의 발단이었다. 군단의 전 참모는 군단장실에 찾아가 강력히 항변했다. 군단장은 해산을 명령했다. 그래도 군단장실에서 물러서지 않자 전원을 항명죄로 즉각 체포했다. 군법회의는 전 참모에게 금고형을 선고했다. 군단장은 별도의 징계위원회에서 해임조치를 받았다.

5·16, 5·18의 역사적 격동을 겪으면서 군의 위계질서가 적지않이 흔들렸다. 정치적 각도에서의 평가는 입장에 따라 다를 수 있다. 그러나 어떠한 경우에도 군의 명령체계나 위계질서가 흔들려서는 안 된다. 법원의 재판은 범죄를 다스리는 것에 목적을 두고 있다. 그러나 군법회의는 군기 유지를 1차적 과제로 삼고 있다. 군령여산(軍令如山)의 군기야말로 군의 철칙임을 말하게 된다.

3. 군 요직 인사이동

미국은 바야흐로 4권이 분립해 있다고 일컬어진다. 대통령과 행정부, 의회·재판소, 또 하나는 국방성이다. 베트남 전쟁이 확대일로를 치달을 때 국방성의 권력이 비대해진 것을 두고 이렇게 비꼬는 여론이 있었다. 지방분권체제하의 미국에서 대통령이나 행정부는 미국 전역에 걸친 기구를 갖고 있지 못하다. 우편국과 검찰만이 전국적인 조직을 가지고 있으나 중앙과의 연락망은 느슨한 일면이 있다. 그러나 국방성만은 전국을 군관구로 쪼개어 조직하고 있을 뿐만 아니라 통신망도 완벽하다. 합참의장이 쿠데타를 일으키는 것을 쓴 가상소설 「5월의 7일간」같은 사태가 일어날 가능성을 배제하기 어려운 측면이다.

1968년 5월, 프랑스에서는 드골 대통령의 행방이 묘연해지는 비상사태가 벌어졌다. 그 때 프랑스에서는 이른바 「5월 위기」가 벌어져 국정이 가히 마비상태에 있었다. 대학 행정에 대한 불만에서 시작된 대학생들의 데모가 순식간에 전국을 휩쓸어 프랑스는 마치 혁명전야의 국면이 빚어지고 있었다. 루마니아를 공식 방문이던 드골 대통령은 급히 돌아와 각의(閣議)를 주제한 다음, 피곤하여 고향 콜롬보에 가서 잠깐 쉬고 오겠다고 말했다. 그런데 레이다로 추적한 결과, 대통령의 전용기는 프랑스 어디에서도 포착되지 않았다. 드골은 독일 바덴바덴의 독일 주둔 프랑스 군 사령부에 가 있었다. 드골대통령은 마슈 대장에게 만약의 경우 명령에 따를 것인가를 물었다. 대통령의 명이 있으면 언제든지 군을 파리로 출동시키겠다는 마슈 장군의 다짐을 받고, 드골은 파리에 돌아왔다.

『프랑스의 남녀 제군, 나, 대통령의 명령을 따르라.』 대통령의 이 한마디 앞에 폭풍같은 데모는 순식간에 멈추었고, 정부 지지의 데모가 전국을 휩쓸었다. 조국을 두 번이나 구한 대통령의 호소앞에 프랑스 국민은 무조건 따랐던 것이다.

미국에서조차 군 수뇌의 인사는 대통령의 가장 민감한 관심사가 되어 있다. 문민시대를 거쳐 참여정부시대에 접어 들었으나, 군의 조직과 인사는 결코 가볍게 다룰 일이 아니다. 문민 우위의 원칙을 살리면서 군의 민주화를 촉진할 수 있는 장성이 군의 지휘탑에 앉아야 할 것을 말하게 된다.

4. 여성 삼성(三星) 장군

클린턴 대통령은 45세의 패트리사 트레이시 해군 소장을 여성 삼성 장군으로 승진시켰다. 굳이 여성이 아니라 할지라도 40대 중반의 중장은 드문 일이다. 아이젠하워는 16년간 만년 소령으로 근무했다. 맥아더의 전속 부관으로 일한 때가 이 무렵이었다.

그러나 대령에서 원수까지 진급하는데는 4년 밖에 걸리지 않았다. 이러한 인사의 진기록은 미국 아닌 나라, 특히 한국, 일본 등 동양권에서는 생각하기 어렵다. 트레이시 중장이 미해군 전체의 교육과 훈련의 책임자로 기용된 것은 미국내 소수파의 지위가 향상되고 있음을 뜻한다.

미국의 소수파는 여성과 흑인, 멕시코, 동양계 등 새로운 이민들이다. 이중에서 단연 두각을 나타내고 있는 것은 흑인(남성)이다. 파월을 비롯한 여러명이 이미 대장에 승진했고, 잭슨은 대통령에까지 입후보했다. 흑인과 여성 중 어느 편이 대통령에 먼저 당선될 것인가 하는 것이 종종 화제에 오르고 있는데, 현재의 진출 분포로 보아 흑인 남성이 앞설 것이라는게 衆論으로 되어있다.

女權의 나라 미국에서도 여성에 대한 차별과 편견은 심하다.힐러리 여사는 법률 구조활동을 펴면서 여성 법학 교수같은 것은 필요없다는 남성 법조인의 폭언에 수없이 시달렸음을 「힐러리 칼럼」에서 술회하고 있다. 상류사회의 사교 클럽에는 여성이 가입할 수 없고, 大權후보의 부인은 뛰어난 능력을 갖기보다 조용히 뒷전에 앉아 있는 전통적인 주부상이 득표에 도움된다는 것이 여성의 현주소를 일깨워 주고 있다.

그러나 한국에 비교하면 미국 여성의 사회적 진출은 눈부시다. 대기업의 중역에서 주지사, 시장, 최고재판소 판사에 이르기까지 여성이 진출하지 않은 영역은 없다. 아직 여성 장군이 겨우 1명의 준장에 그치고 여성지사나 군수가 배출되지 않는 한국과는 엄청난 차이가 있다.

한국이 대망의 선진국에 진입하려면 능력의 活用이 긴절하다. 그러나 많은 여성 고급인력이 사장되고 있는 현실은 2천년대의 장밋빛 꿈이 虛像에 그칠 수도 있음을 일깨워주고 있다. 여성 三星장군의 출현이 한국에서도 가능할 때 정녕 선진권에 자리할 수 있을 것을 말하게 된다.

제6장 무기와 전략

1. 현대전과 병기

걸프전쟁에서 승리를 거둔 것은 미국제 병기였다. 이라크군의 주력장비는 러시아제와 프랑스제였다. 이것들은 모두 세계적 수준에서 볼때 손색이 없는 것이었다. T-72 전차는 물론 미라주F-1 전투기도 세계 제1급을 자랑할만 했다. 그러나 이라크군은 제대로 싸워보지도 못했다. 미라주전투기에 이르러서는 격납고에 숨어 있다가 틈을 노려 이란으로 도망치는 것이 고작이었다.

이유는 이라크군은 훌륭한 장비를 가지고 있었으나 이를 사용할 기량이 없었기 때문이다. 전술은 소련식을 바탕으로, 이란 · 이라크전의 경험을 살렸다. 문제는 그 전술이란 것이 제1차 대전의 잠호전술인 것에 있었다. 훈련의 내용은 NATO와는 비교가 안되었고 방어진지 구축 기술도 NATO의 기준으로는 수준 이하였다. 이라크의 참패는 병사의 질과 지휘의 졸렬에도 원인이 있었으나 무기 사용법을 제대로 몰랐던 것에 가장 큰 이유가 있었다.

걸프 전쟁으로 미국제 무기의 평가는 단연 높아졌다. 미국은 세계의 어떤 환경에서도 확실하게 기능하고 상대 병기를 앞서는 능력, 즉 세계 제1의 성능을 항상 추구한다. 이 때문에 미국 병기는 세계의 어느 나라에서나, 습지대는 물론 사막에서도 뛰어난 성능을 발휘한다. 서해교전에서 세계는 한국 해군의 우수함, 또 다른 각도에서는 미국산 병기의 우수함을 다시 한번 확인했다.

북한 군사력의 취약점은 구식화된 무기에 있는 것으로 지적된다. 공군의 주력전투기만 해도 구세대의 미그19, 미그21등으로 한국 공군과 주한 미군에는 맞서기 어려운 것으로 분석된다. 공군기의 40%가 이미 20년이상 사용한 구형기이다. 더욱 결정적인 것은 조종사의 훈련 비행시간이 적정수준의 10분의 1도 안되는 것에 있다. 석유의 부족이 그 요인이다. 현대전은 병력수가 아니라 병기의 질에서 승부가 나는 것임을 서해의 교전이 다시 일깨우고 있거니와, 북한의 우세한 병력은 큰 의미가 없다. 같은 맥락에서 주한 미군이 감축된다 할 지라도, 최첨단 무기에 의한 반격 수단을 보유하는 한 적어도 전략면에서는 전쟁 억제력에 큰 변수가 될 수는 없다.

문제는 북한의 구식병기 체계가 한반도의 불안한 변수라는 것에 있다. 이를 커버하기 위해, 또 대미 협상 카드로 활용하기 위해, 무기 수출을 통해 외화를 벌기 위해, 북한은 핵과 탄도 미사일 등의 개발에 주력하고 있다. 가장 무서운 것은, 북한의 세균 부대이다. 북한은 일찌감치 탄저균을 주축으로 한 세균 무기의 개발에 힘을 쏟아왔다. 세균 무기는 제조 단가가 싸서 북한에게는 매우 매력적인 무기 체계이다. 북한이 이 반인류적 무기를 쓰는 날, 핵을 포함한 미국의 가공할 반격을 각오해야 한다. 핵무기가 공격용이 아니라 방어용이라는 북한의 해명이 이러한 데 바탕하고 있다. 그러나 가지고 있는 무기는 언제든, 또 뜻하지 않게 쓸 수도 있다. 어떤 경우에도 한반도에서 새로운 전쟁을 막아야 할 이유가 아닐 수 없다.

2. 유럽을 석권한 독일의 기갑사단

2차 대전 초기, 세계의 이목을 끈 것은 독일의 장갑사단이었다. 전차를 주축으로 한 독일의 폴란드 공격에 맞선 것은 기병부대였다. 전차와 말의 대결은 처음부터 승패가 결정된 것이었다. 히틀러의 장갑 사단은 대노르웨이 작전에서도 유감없이 위력을 발휘했다. 사상 최초의 공정 (空挺) 작전과 기갑 사단에 의한 양면 작전은 노르웨이를 순식간에 짓밟았다. 히틀러의 기갑사단이 그 진면목을 발휘한 것은 프랑스 침공 작전에서였다. 프랑스는 마지노 라인을 너무 믿은 나머지, 마지노 라인 정면의 알덴에 약간의 보병과 기병 부대를 배치하는 것에 그쳤다. 이 취약한 방위선에 3천대에 달하는 대전차 부대가 알덴의 삼림(森林)을 뚫고 진격했다. 프랑스군은 어처구니 없이 무너졌다.

1940년 5월 10일, 7개의 독일 장갑사단이 진격을 개시, 영·불 연합군을 격파했다. 프랑스가 돌파 불가능으로 생각했던 알덴의 숲을 순식간에 돌파했다. 구데리안을 비롯한 기갑부대 지휘관은 전선(前線)에 전개하는 프랑스군 부대의 저항에 개의치 않고 서쪽을 향해 질주하여 순식간에 프랑스의 국토 깊숙이 진입했다. 상상을 넘어선 맹진(猛進)앞에 연합군은 반격의 태세를 갖출 틈이 없었다. 레이노 수상을 비롯한 프랑스 수뇌부는 이 시점에서 독일에 대한 패배를 인정하고 말았다. 이 심리적 패배야말로 독일의 전격전이 성공을 거둔 순간이기도 했다.

아이러니컬한 것은 히틀러의 장갑사단이 드골 대령의 기계화 부대론을 차용하여 강화, 정비되었다는 점이다. 개전 당시 육군 준장으로 국방차관직에 있던 드골은 육군 대령때 기계화 부대론을 열심히 제창했다. 강연과 저술을 통해 그는 새로운 시대의 전략을 펼쳤으나, 프랑스군의 수뇌부는 아무런 관심을 보이지 않았다. 그러나 독일에서는 재빨리 이를 합리적 전술론으로 받아들여 장갑 사단 위주의 편제를 서둘렀으니, 역사의 아이러니가 아닐 수 없다.

3. 토마호크 미사일

걸프 전쟁에서 화려하게 선전되었기 때문에 순항(巡航) 미사일을 새로운 병기로 생각하는 사람들이 많다. 그러나 사실은 제2차 대전 말기에 독일군이 사용한 V1(보복병기1호)에 기원을 갖는 역사가 긴 병기이다. 영국 전투기의 뛰어난 성능때문에 게링의 독일 공군은 일찌감치 제공권의 장악에 실패했다. 스탈린그라드의 패배이후 수세에 몰린 독일이 마지막 희망을 건 것이 순항 미사일이었다. 그러나 패전 직전에 발사한 순항 미사일은 별다른 위력을 발휘하지 못했다. 독일에 진주(進駐)한 소련군은 미사일 제조창의 모든 부품과 기술자까지 소련으로 데려갔다. 소련 군사 과학기술의 눈부신 발전의 의문을 풀어주는 한 대목이다.

2차 대전 이후 한동안 순항 미사일의 천하가 계속되었다. 그러나 1950년대 말에 탄도 미사일이 실용화되자 저속으로 요격을 받기 쉬운 순항 미사일은 구시대의 병기로 잊혀지기에 이르렀다. 순항 미사일은 소형 경량의 핵탄두까지 정확히 작동시킨 새로운 기술의 발전과 더불어 토마호크로서 부활되었고, 걸프 전쟁에서 후세인의 전의(戰意)를 꺾었다. 2002년 단행된 미국의 이라크 공격에서 토마호크는 다시 한번 공포의 신병기로 그 성능을 입증하고 있다.

부시 미대통령이 이라크 공격을 단행한 명분은 핵무기 개발과 더불어 화학병기 생산을 저지하는 것에 있었다. 일본에서 일어난 옴진리교의 지하철 살인사건은 세계의 군사 관계자에게 큰 충격을 안겨주었다. 화학병기를 사용한 테러의 가능성을 일깨워 주었기 때문이다. 농약을 제조할 수 있는 화학 공업력이 있는 나라는 화학병기를 만들 수 있는 것으로 알려진다. 그래서 화학병기는 「빈자의 핵폭탄」으로 일컬어진다. 그러나 종교단체가 화학병기를 사용하여 대량학살을 시도할 것으로는 상상조차 못한 일이었다.

그러나 이라크가 대량의 화학병기를 만들고 있다는 미국의 판단은 빗나갔다. 이라크를 점령한 미군과 영국군은 이라크 영내를 샅샅이 뒤졌으나 그 증거를 전혀 찾지 못했다. 여기에서 유념해야 할 것은 미국이나 일본에서 발간된 각종 자료를 보면 이라크가 바그다드 주변을 비롯한 주요 지점에서 화학병기를 제조하고 있음을 확신하고 있었다는 점이다. 확실하지 못한 정보가 미국으로 하여금 다시 이라크전(2002년)을 감행한 구실이 되었으나, 결과적으로 미국의 도덕성을 훼손하는 덫이 되고 있다. 이또한 정찰 위성 등 첨단 기기를 이용한 정보활동의 허점이라 할 수 있을지 모르겠다. 스파이가 직접 적대 국가에 잠입하여 정보활동을 펼치는 고전적 정보활동의 중요성이 새삼스럽게 인식되고 있는 이유라 할 만하다.

4. 탄도(彈道) 미사일

미사일이라면 냉전시대의 신형 병기로 알고 있는 사람이 많다. 그러나 앞서 말한 것처럼 2차 대전 말기에 독일군이 사용한 V-1이 최초의 미사일이다. 미사일이 실전(實戰)에서 위력을 발휘한 것은 포클랜드 전쟁 때이다. 아르헨티나가 사용한 프랑스제 순항(巡航) 미사일은 정교하기 그지없어 항공모함을 비롯한 영국 함대를 위협했다. 영국은 앤드류 왕자 등이 참전한 항공기에 의한 미사일의 유도작전으로 간신히 격침을 면했다.

걸프 전쟁때 미국의 토마호크는 미사일의 위력을 유감없이 발휘했다. 컴퓨터로 조작되는 토마호크는 목표물 공격시의 오차가 10m 안팎의 정확성을 자랑했다. 군함을 공격할 때는 레이더로 바다 위를 수색, 목표 군함을 발견하여 돌입한다. 사정 거리는 무려 2천5백킬로미터에 달하고 구축함 정도의 군함은 1발로 격침할 수 있다. 위력적인 군사 기술을 세계에 과시한 걸프전쟁을 계기로 미국은 세계 초강대국의 위치를 더욱 확고히 구축했다.

이라크의 「알 후세인」 탄도 미사일도 걸프 전쟁에서 사우디아라비아와 이스라엘 국민에게 큰 공포를 불러 일으켰다. 이라크의 미사일 공격으로 이스라엘에서 시민 4명, 사우디아라비아에서 미국 병사 28명이 희생되었다. 만약 미사일에 핵탄두나 화학병기 단두가 답재되어 있었다면 희생은 상상조차 하기 어렵게 확산되었을 것이다. 미국은 걸프 전쟁에서 이라크의 「알 후세인」 탄도 미사일을 격추하는 위력을 보여주었다.

클린턴 정권은 해외 파견의 미군부대 상공에 미사일 방어망을 구축하는 전략을 추진했다. 고공(高空)에서 요격한 탄두를 저공(低空)에서 다시 격파하는 이중의 요격 시스템인 것으로 알려지고 있다.

북한이 대포동 1호로 이름붙인 탄도 미사일을 공해상에 발사하여 충격을 불러 일으켰다. 필요하면 언제든지 아시아권의 여러 나라를 공격할 수 있다는 것을 과시하기 위한 위협용으로 보여진다. 그러나 북한이 이 같은 모험을 감행하는 즉시 궤멸적인 보복을 당하게 되어 있다. 구소련의 무리한 군비확장이 무엇을 가져왔는가를 뒤돌아 보게 된다. 전쟁 일보전 외교의 군사 시위용으로 보는 것이 정확할 듯 하다.

5. 미사일艦

북대서양을 종횡무진으로 누빈 전함 비스마르크 호의 활약에서 보는 것처럼 2차 대전때까지 해전의 주역은 전함이었다. 거함거포(巨砲巨艦) 주의야말로 나폴레옹의 영국 침공을 무산시킨 드라팔가 해전 이후 해전의 기본 전략이었다. 그러나 일본해군의 진주만 기습으로 해전의 주역은 항공모함으로 옮아갔다.

흥미로운 것은 앞에서도 (제해권과 제공권) 말한 것처럼 항공전으로 하와이에서 미 태평양 함대를 격파함으로써 항공모함 시대를 연 일본은 여전히 거포거함의 환상을 떨치지 못한 반면 미국은 재빨리 항모(航母) 중심으로 해군을 개편한 사실이다. 군함과 군함이 바다에서 장렬하게 맞선 시대에서 제공권을 장악한 측이 바다의 승자가 되는 새로운 시대의 도래를 미국은 민감하게 포착했던 것이다.

태평양 전쟁의 분수령이 된 미드웨이 해전은 항공전의 압권이었다. 뼈 아픈 대가를 치르고서도 일본은 동해(東海)에서 러시아의 발틱 함대를 함포로 무찌른 고전적 전략 개념을 떨치지 못했다.

대만해협의 파도가 높을 때마다, 걸프 해역의 긴장이 고조되었을 때, 한반도에 이상 징후가 보일때 미7함대가 출동한 것을 떠올리게 된다. 7 함대의 축은 앤터프라이스를 포함한 항공모함이다. 순양함, 구축함을 비롯한 함대는 항공모함의 호위가 주임무이다. 포클랜드 전쟁에서 영국 이 승리한 것은 아르헨티나가 갖지 못한 항공모함의 보유에 있었음은 비교적 알려진 사실이다. 아르헨티나는 프랑스제 미사일로 영국 항공모 함을 공격했으나 앤드류 왕자를 비롯한 영국 조종사의 절묘한 유도작전 으로 미사일은 번번이 빗나갔다.

그러나 이제 항공 모함시대도 20세기를 마지막으로 막을 내릴듯하다. 2001년에 진수한 미 미사일함 때문이다. 적의 탱크나 주요 군사 시설을 순식간에 무력화시킬 수 있는 자동 미사일함은 건조 비용이나 탑승 인 원에 있어 항공 모함보다 월등히 경제적이다. 그러면서도 전투 능력은 항공모함을 압도할 것으로 알려진다. 해전만이 아니라 현대전의 기본 구상을 변화시킬만한 신형 군함이 아닐 수 없다. 한반도의 더 없는 안전 핀이 될 것이라는 보도가 더욱 우리의 관심을 높이고 있다.

6. 미사일 反擊

클린턴은 대통령 취임 직후 「스타워즈의 終焉(종언)」을 선언하고 새로이「전략 미사일 방위 구상」을 천명했다. 주로 해외에 파견된 미군부대의 상공에 미사일 방어의 우산을 씌우는 것이 새로운 전략의 내용이었다. 미사일 발사를 탐지하고 목표 데이터를 요격시스템에 보내는 경계위성을 우주에 띄워 적의 미사일 공격을 고공(高空)에서 일찌감치 격추하는 것이「전략 미사일방위」의 개념으로 설명된다.

핵무기는 먼저 사용하는 측이 이긴다는 정설(定說)이 있다. 어느날 갑자기 대도시의 중심부에 핵폭탄이 떨어지면 아무리 강력한 핵무기 체제를 갖춘 나라라 할지라도 궤멸적인 손상을 입게 된다. 강대국이 핵무기를 함부로 사용할 가능성은 없다. 그러나 도전적인 후진국가가 핵무기를 갖게 되면 얘기가 달라진다. 미국에 의해 인공위성이 아닌 것으로 가려진 북한의 미사일 발사로 일본 열도가 충격 속에 휘말렸던 이유가 이에 있다. 일본 조야의 충격은 우리와 비교조차 할 수 없게 심각했다. 미국의 핵우산 속에서 평화를 구가해 온 일본이 세계에서 가장 위험한 집단의 사정권 안에 들게 되었다는 사실이 일본 열도를 들끓게 했다.

클린턴의 핵방위 구상은 먼저 선제공격을 하는 일은 없으나 적의 선제 핵공격을 받으면 보복용의 핵전력으로 적에게 재기불능의 타격을 줄 수 있는 태세를 확보함으로써 적의 선제 핵공격을 억제한다는 이론에 바탕하고 있다. 그러나 보다 중요한 것은 날아오는 핵 미사일을 사전에 탐지하여 공중격파 해버리는 것이다. 미사일이건 인공위성이건 북한은 이미 탄도 미사일의 개발에 성공했거나 이에 근접하고 있음을 세계에 시위했다. 핵 방위와 핵 보복등이 일본의 일각에서 논의되고 있는 것도 결코 무리가 아니다.

6 · 25동란 때 일본에 휴가나온 미군 병사는 한국의 피해를 묻는 기자 질문에 그 나라에 손상을 입을 만한 것이 있느냐고 말하여 우리의 자존심을 건드렸다. 핵 공격의 피해는 선진국일수록 크게 되어 있다. 선진권의 핵 공포가 후진권보다 더 클 수 밖에 없다.

7. 노동1호

1993년에 미국방성은 「지역 방위전략」이라는 새로운 안보정책을 수립했다. 소련의 붕괴로 적대적인 초강대국에 의한 전쟁위협은 과거의 것이 되었으나 지역내부에서의 분쟁발생 가능성은 여전하다는 인식하에 마련된 전략이었다. 북한같은 불확실성의 나라가 저지를 수 있는 위기의 가능성, 대량 파괴병기의 확산이나 그 발사수단이 갖는 위험성에 대응함과 함께 지역적 패권을 지향하는 비민주적 국가의 대두를 배제하는 것에 목표를 두고 있다.

미국은 세계 GNP의 3분의 1이상을 차지하고 있는 유럽, 세계에서 가장 경제적 활력이 넘치는 동아시아, 세계 석유자원의 반이상을 생산하고 있는 중동과 걸프지역 및 중남미지역을 국익이 걸린 최중요지역으로 꼽고 있다. 6 · 25동란 때만 해도 동북아는 미국에 있어 변방으로 인식되었다. 당시의 국무장관 딘 에치슨이 한국과 대만은 미국의 방위선 밖에 있음을 언명한 것이 그러한 감각을 말해주고 있다.

그러나 아시아 태평양은 바야흐로 세계에서 가장 경이적인 성장을 거듭하고 있고, 이 지역의 안정은 미국의 경제적 건전성과 세계 안전보장에 있어 중요하다는 판단을 하고 있다. 한반도에서의 전쟁억제가 그 핵심이다. 북한이 「노동1호」의 발사실험을 무릅 쓸 움직임에 대해 미국이 즉각 강력한 경고를 發하고 있는 배경이다. 「노동1호」는 사정거리가 1천km에 달해 한반도는 물론 일본까지 공격할 수 있다. 발사실험 자체가 아시아의 안전 보장에 대한 적대적 행위로 받아 들여지는 이유이다.

미국은 이러한 위험에 대처하기 위해 「戰域 미사일 방위구상」을 세우고 있다. 만약 북한이 미국의 경고를 무시하고 「노동1호」의 발사실험을 강행할 때 북한 핵시설에 대한 미국의 공격 가능성마저 점쳐지고 있다. 걸프전쟁처럼 미국의 이익이 밀접하게 얽힌 지역에 대해서는 가차없는 制裁를 加한 것을 떠올릴 필요가 있다.

한반도는 미국의 이해와 밀접하게 얽혀 있다. 북한이 감히 오판해선 안될 상황이 아닐 수 없다. 김정일 국방위원장은 부시와 함께 춤추고 싶다는 등의 표현으로 대미접근을 강력히 희망하고 있다. 노동1호의 발사는 이러한 맥락에서 공격용이라기 보다는 방어용이라는 해석을 가능하게 하고 있다. 북한이 핵이나 세균으로 한국내지 미국을 먼저 공격할 때, 그와는 비교조차 할 수 없는 미국의 엄청난 반격을 각오해야 한다. 적어도 절망의 한계상황에 이르지 않는 한, 미국의 의지를 오판하지 않는 한, 북한은 이들 무기를 은연중 과시하되 대화에 의한, 그러나 그들의 이익이 최대한 보장되는 선에서의 대화를 추구할 것이 틀림없다.

8. 북한의 마지막 병기

독일은 패전당시 ⅤⅡ로 명명된 무인비행 폭탄을 제조하고 있었다. 런던상공까지 날아와 급강하 작렬하는 신병기에 런던시민은 혼비백산했다. 패전 당시까지 시험단계를 벗어나지 못한 무인비행 폭탄은 전쟁이 몇 달만 더 계속 되었어도 전세를 뒤엎을 수 있는 가공할 무기로 인식되었다. 패색이 짙은 일본군도 마지막 병기의 개발에 사력을 다했다. 영화 「마루타」에 나오는 세균병기가 바로 그것이다. 만약 전쟁을 몇 달만 더 끌었다면 일본군은 斷末魔的인 세균전을 펼쳐 연합군에 뼈아픈 일격을 가했을 것이다.

북한의 마지막 병기는 핵병기이다. 독일과 일본이 그러했듯이 북한 또한 핵 개발에 가히 사활을 걸고 있다. 독일과 일본이 마지막 병기 개발에 성공했다 할지라도 전쟁을 지연시킬 수는 있어도 이길 수는 없었을 것이다. 북한 또한 핵을 개발한다해서 그들이 가상하는 전쟁의 승자가 될 수는 없다. 북한은 지금 미국에 대해 선제공격을 하지 않고 체제 유지만 보장해 준다면, 핵 개발의 동결내지 완전한 폐기를 밝히고 있다. 북한의 선보장, 선보상 요구와 미국의 선폐기 요구가 맞서 있을 뿐이다. 그러나 북한의 한 요인이 시사한 것처럼, 북한은 핵보다 더 무서운 무기를 가지고 있는 것으로 보여진다. 탄저균으로 대표되는 세균 무기가 바로 그것이다. 핵 논쟁에 가려 북한의 세균 병기에 대한 국제 사회의 관심이 흐려지는 것에 한반도 평화의 큰 걸림돌이 있음을 짚고 넘어가야 할 듯하다.

chapter 3

제 3부 탈냉전시대의 새로운 전쟁

제 3부

제1장 국가도 선전포고도 없는 전쟁

세계 경제의 심장부가 파괴되고 세계 전략의 군사 중추가 직격(直擊)된 9·11 테러는 사실상의 전쟁이었다. 무려 5년 간의 준비를 거쳐 실행된 것으로 추정되는 9·11 동시다발 테러는 진주만 기습에 비유할 만한 충격적인 도발임에도 불구하고 국가는 물론 실행의 주체도, 선전포고도 없는 도발이었다. 이것은 국가 대 국가의 대결이었던 20세기까지의 전쟁 개념을 뒤집는 사건이기도 했다. 이라크 전의 승전을 부시 대통령이 선언한 지 1년반이 지났어도 미국은 이라크에서 정체 불명의 테러 집단과 끝이 보이지 않는 전쟁에 휘말리고 있다. 현대전의 새로운 한 양상이라 일컬을 만하다.

1. 정체도, 배후도 밝혀지지 않는 전쟁과 전투

1998년 8월에 케냐와 탄자니아에서 미국 대사관이 잇따라 폭파되었을 때는 빈 라덴이 관여하는 반미 이슬람 조직에서 범행 성명이 나왔다. 미국은 사건 13일 후에 아프가니스탄 동부에 있는 빈 라덴의 활동 거점을 순항 미사일로 공격했다. 그러나 빈 라덴의 반미 테러 활동을 봉쇄할 만한 전과를 올리지 못했다. 빈 라덴은 같은 해 2월에 이슬람 원리주의 과격파의 연합조직으로서 「유태인과 십자군에 대한 성전을 위한 국제 이슬람 전선」을 결성하고, 반미 테러 활동을 위한 체제를 정비했다.

그러나 1998년의 미 대사관에 대한 폭파와는 달리, 9·11 동시다발 테러에는 그 어느 누구도 범행 주체임을 밝힌 곳이 없었다. 범행 성명같은 것을 내면 국제사회에서 고립되는 것을 겁낸 것이라는 시각이 있다. 다른 하나는 예상되는 미국의 보복 공격이 순항 미사일 정도로는 그치지 않는 철저한 보복이 될 것이라는 것에 대한 공포 때문으로 보고 있다. 앞으로의 반미 테러는 성명같은 것은 없이 묵묵히 감행함으로써 미국 측을 불안에 빠트리게 하기 위한 것이라는 견해도 있다.

이스라엘과 팔레스타인과의 싸움에서 미국은 이스라엘을 지원하면서도 중재 역할을 맡기도 했다. 그러나 이라크에서 벌어지고 있는 전쟁아닌 전쟁은 미국이 상대하는 저항 세력이 이라크 내의 반미 세력이라는 것만은 분명하나 그 주체와 배후는 전혀 밝혀지지 않고 있다. 후세인 지지의 잔존 세력으로 단정하기도 어렵다. 문제의 어려움은 격파되어야될 토종 세력이 정부나 국가가 아니라는 점이다. 국제 사회에 아무런 책임을 지지않는 정체 불명의 집단, 더욱이 민중 속에 숨어있는 적과 맞서싸워야 하는 것에 초강대국 미국의 딜레마가 있다. 걸프 전쟁 때처럼 후세인 지배하에 조직된 정부군과의 전쟁에서는 간단히 이겼으나, 그 수나 조직에서 정규군과는 비교조차 되지 않는 게릴라적 성격의 세력과 직면해야 하는 것에 진퇴양난(進退兩難)의 어려움이 있다.

2. 평시, 전시의 구분이 없는 시대

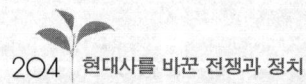

동시다발 테러는 TV시대의 가장 충격적인 사건이라고 누구나 말하고 있다. 이라크에서의 전투를 제외하면, 미국은 평시 체제라고 할 수 있다. 그러나 2004년 11월의 미 대통령 선거가 경우에 따라서는, 즉 테러가 미 본토에서 광범위하게 자행되는 상황이 벌어지면 대통령 선거의 연기가 검토되어야 한다는 주장이 2004년 7월 현재 이미 제기되고 있다. 이것은 미국이 전시 체제하에 놓여 있는 것인지, 평시 체제하에 안주하고 있는 것인지 구분하기 어렵게 만들고 있다.

지난날 미·소 대립의 시대에서는 미국은 소련의 핵 공격에 대한 전략을 국가 안전보장의 중심으로 삼았다. 그러나 소련의 붕괴로 하루 아침에 유일 초강대국이 된 미국은 강대한 군사력으로 이라크 같은 불량 국가나 지역 분쟁을 억제함으로써 세계의 지배자가 될 것을 목표로 했다. 이러할 때에 대상은 국가이므로 교섭이건, 타협이건, 전쟁이건 일정한 규칙에 의해 진행시킬 수 있었다.

그러나 무국적의 국제 테러 조직이 미국의 심장부에 전쟁아닌 전쟁 상황을 연출하여 큰 피해를 입힌다는 것은 상상조차 하지 못했던 일이었다. 앞서 말한 것처럼, 국제 테러 조직은 선전포고도 하지 않을 뿐 아니라 그 소재도 분명하지 않다. 초강대국 대 국제 테러 조직의 전쟁에는 국가 간 전쟁의 경우와 같은 규칙이 없다. 국가 간 전쟁이면 어느 한쪽이 백기를 들면 종결시킬 수 있다. 그러나 테러 집단과의 싸움에서는 교섭의 대상도, 승패의 규칙도 없다.

국제테러는 아테네 올림픽의 평화로운 진행마저 장담할 수 없는 처지에 몰아쳤다. 미국은 초호화 여객선에 선수와 임원을 수용함으로써 테

러를 사전에 막았다. 아테네 올림픽이 무사히 끝난 것은 철저한 사전대
비에 크게 말미암았을 법하다. 한국 선박의 안전한 운행마저 위협받고
있다. 팔레스타인 게릴라의 여객기 납치 사건이 국제 사회를 위협하고,
북한의 KAL기 폭파가 한국 여객기의 안전을 위협했다. 그러나 앞으로
는 정체불명, 소속 불명의 집단에 의해 한국의 선박과 여객기가 공격될
지 모를 상황이 연출되려 하고 있다. 바야흐로 국제 사회가 테러의 공포
에 직면해 있다. 전쟁과 평시의 구분이 반드시 분명치 않은 시대에 세계
가 접어들고 있다.

3. 전쟁인가, 범죄인가

4대의 비행기에 탄 승객과 승무원 260명을 자폭 전술의 동반자로 삼
았을 뿐 아니라 지상의 6000명 이상을 살육한 테러 집단의 잔혹함은 절
대 용서할 수 없는 일이다. 주모자도, 실행범도, 지원자도 함께 단죄되
어야 한다. 그러나 이 반인류적 행위를 「전쟁으로 볼 것인가, 범죄로 볼
것인가」하는 의문이 제기되고 있는 것을 주목할 필요가 있다.

독일은 「월광 소나타」로 이름 붙여진 영국의 공업도시 코펜드리에 대
한 무차별 공격으로 수많은 인명을 살해했다. 처칠 수상은 이를 알면서
도 독일군 암호 해독의 비밀이 탄로날 것을 우려하여 아무런 예방 조치
를 취하지 않았다. 스페인 내란때 프랑코군을 지원하는 나치스 독일 공
군에 의한 게로니카 폭격 또한 현대 사회의 충격적인 사건으로 기록되
고 있다. 이러한 행위는 모두 범죄라는 이름으로 재단(裁斷)할 수 있는
사건이기는 하다. 그러나 전쟁이라는 명분을 앞세울 때, 이러한 행위는
흔히 정당화되고 만다.

전쟁에서는 모든 전쟁 당사국이 이기는 것을 지상 목적으로 하고 있기 때문에, 어떠한 대량 학살도 정당화된다. 미국과 자유주의 진영의 시각에서 볼 때 9·11 동시다발 테러는 용서할 수 없는 범죄임이 틀림없다. 그러나 미국에 대한 공격을 「성전(聖戰)」으로 보는 세력은 이를 결코 범죄로 보지 않는다. 바야흐로 세계를 혼돈 속에 몰아넣고 있는 일련의 테러를 일도양단(一刀兩斷)으로 정의할 수 없는 것에 오늘날 국제 사회의 어려움이 있다.

4. 이슬람과 아랍

이슬람과 아랍은 왕왕 동일시된다. 그러나 약 10억으로 일컬어지는 무슬림 중에서 아랍인이 차지하는 비율은 의외로 적어 약 2할에 지나지 않는다. 무슬림 인구가 가장 많은 나라는 동남아의 인도네시아이다. 약 2억의 국민중 8할 이상이 무슬림으로 추정되고 있다. 파키스탄도 1억을 넘고 방글라데시도 1억에 가깝다. 인도는 힌두교도의 나라이지만 인구의 1할이 조금 넘는 1억 가까이가 마호메트 신자이다. 아랍권에서는 이집트의 5,500만명이 가장 많다. 터키와 이란도 무슬림 수는 5,000만명 정도이다.

그러나 이슬람을 아랍의 종교로 보는 것에는 상당한 이유가 있다. 이슬람은 7세기 아라비아 반도에서 발생했고, 예언자를 비롯하여 그 성립에 관여한 사람들은 아랍인이다. 이슬람의 역사적 전개 과정에서 이 종교는 아랍 이외의 세계에 전파되었다. 이슬람에서는 아랍어가 특권적인 위치에 놓여있다. 기독교의 성경, 불교의 불경등은 어떠한 언어로 쓰여져도 성서로 인정된다. 그러나 이슬람의 성전인 코란은 아랍어 이외의 형식으로는 존재하지 않는다. 영어나 스페인어, 일본어 등의 번역판이 있으나 성서가 아닌 해설서에 지나지 않으며 일종의 속서로 인정되고 있다.

아프가니스탄은 중동의 기점에 위치한 이슬람 국가이다. 아프간의 탈레반군은 미국의 반테러 작전을 이슬람 문명권에 대한 도전으로 규정지으려 했다. 인도네시아, 파키스탄의 무슬림이 반미 시위를 벌인바 있는 것은 이에 대한 정서적 공감대의 표현이라 할 수 있다. 그러나 반테러 작전은 이슬람 문명권이나 아랍권과는 아무런 상관이 없다. 빈 라덴을 중심으로 한 국제 테러 집단이 아프간에 은신해 있고, 탈레반 정권이 이들을 비호하고 있기 때문에 공격 대상이 되었을 뿐이다. 반테러 전쟁을 애써 아랍이나 이슬람에 대한 도전으로 보이게 하려는 것에 테러 집단의 전략이 있다.

5. 빈 라덴의 두 얼굴

오사마 빈 라덴은 개인으로 미국에 전쟁을 선포했다. 국가와 국가간의 전쟁이 아니라 개인과 국가 간의 전쟁은 유사이래 처음 있는 일이다. 더욱 흥미를 더하는 것은 빈 라덴이 비천한 소외계층의 출신이 아니라 부유한 특권층 출신으로서 테러리스트의 지도자가 된 점이다. 그는 또 4명의 아내와 15명이나 되는 어린이들과 함께 살고 있다고 「오사마 빈 라덴」의 저자 요제프 보단스키가 증언하고 있다.

사우디아라비아의 수도 리야드에서 건설업을 하던 무하마드 빈 라덴의 일곱번째 아들로 태어난 그는 1979년 12월말 구 소련이 아프가니스탄을 침공한 때 지하드(성전)를 선언한다. 스승 유수프 아잠의 영향을 받은 그는 개인 부담으로 걸프해역 국가들로부터 수천명의 전사들을 모집했다. 그는 집안 소유의 불도저와 덤프트럭을 몰아 지하 벙커를 파고 험준한 산속에 터널을 뚫었다. 2만명에 달하는 아프가니스탄 무자헤딘을 움직일 지원금도 확보했다.

컴퓨터 공학기술을 전공한 그는 지하 터널의 컴퓨터, 팩스, 위성전화로 전세계를 연결한다. 베네룩스 3국과 인도네시아, 말레이시아 등지에서 테러자금을 세탁하고 체첸 마피아의 도움으로 구소련의 휴대용 핵을 입수했고, 탄저균 샘플은 북한에서 사들인 것으로 추측되고 있다. 러시아 마피아 조직과 연대, 마약과 매춘에도 손을 대고 있는 것으로 알려졌다.

빈 라덴의 국제 테러 조직은 이라크와 연계해 미국의 심장부를 노리고 있다는 것이 요제프 보단스키의 주장이다. 「빈 라덴 전기」에는 또 탄저균 테러의 배후 국가로 이라크를 지목하고 있다. 미국이 이라크를 탄저균 테러 배후국으로 손꼽는 이유라 할 수 있다. 이슬람 근본주의(원리주의)를 내세우는 빈 라덴은 암스테르담과 벨기에, 앙비르와, 룩셈부르크를 연결하는 트라이 앵글 지역에서 자금을 세탁했다. 오사마 빈 라덴이 이슬람에서는 영웅으로, 자유세계에서는 악한으로 양면성을 노정하고 있다.

제2장 세로운 전쟁, 국제 테러

1. 보이지 않는 공포- 국제 테러

테러가 국제 사회의 관심을 끈 것은 이스라엘 건국으로 말미암은 팔레스타인 난민의 테러가 반복되면서였다. 이란 혁명에 의한 이슬람 공화국의 탄생은 이란 주재 미대사관의 점령에서 보는 것처럼, 국제법을 송두리째 무시하는 극단적 행위로 변질했다. 2001년 9월 11일의 동시다발 테러는 세계를 뒤흔들었다. 미국의 아프가니스탄 공격과 대이라크 전쟁은 9·11 테러와 직접적인 연관을 갖고 있다. 뉴욕의 세계 무역센터는 미국 경제의 중추였고, 미국방성은 미군사의 중핵이었다. 부시 대통령의 이라크 공격은 걸프 전쟁처럼 성공적으로 전개되었으나, 이라크 저항 세력의 테러 앞에서 고초를 면치 못하고 있다.

테러는 언제, 어디서든 누구나 그 표적으로 선택할 수 있는 특징이 있다. 테러리스트는 이야기하지 않을 때, 뜻하지 않은 장소와 방법으로, 아무런 예고 없이 공격을 가해온다. 또 공격이 끝나면 실행범은 군중 속에 스며들어가 정체를 감추어 버린다. 테러리스트의 대부분은 일상적으로는 평범한 시민으로서 생활하고 행동한다. 누가 테러리스트인지, 누가 적인지 분간하는 것은 불가능하다. 테러를, 보이지 않는 공포로 일컫는 이유라 할 것이다.

2. 석유가 불러일으킨 중동문제

오늘날 국제 테러의 양상과 전개를 살펴보면, 석유와 묘한 함수 관계가 있음을 발견한다. 세계의 원유 수출국 중에는 이상하게도 이슬람 교도의 나라가 많다. 사우디아라비아나 이라크 등 중동의 여러 나라, 알제리아와 리비아를 비롯한 북아프리카의 나라들, 그리고 인도네시아와 말레이시아같은 동남아의 나라들이 한결같이 이슬람교와 밀접, 불가분의 관계에 있다. 이슬람교가 국교이거나, 이슬람교 신자가 국민의 과반수를 점하고 있다.

이스라엘 건국이나 아프가니스탄 침공, 그리고 걸프 전쟁의 배경에는 석유를 둘러싼 국제 사회의 충돌이 있다. 남아프리카 공화국의 만델라 전 대통령은 미국의 이라크 공격을 석유 자원의 확보를 위한 침공으로 단언하고 있다. 석유야말로 중동 문제를 둘러싼 국제 분규의 요인이고, 바야흐로 국제 사회를 공포 속에 몰아넣고 있는 국제 테러는 석유 자원과 묘한 연관을 갖고 있다.

3. 빈 라덴의 生死

1945년 4월 29일, 히틀러는 애인 에바 브라운과 결혼식을 올렸다. 에바는 비록 하루 동안이었으나 총통 부인의 공적 지위를 얻은 것에 무한히 행복해 했다. 다음날 30일, 히틀러는 총통 관저의 지하호에서 피스톨 자살을 하고 에바는 독약을 마시고 사망했다. 선전상이며 베를린 방위의 책임자였던 겟벨스는 두 사람의 사망을 확인한 뒤 처와 6명의 아이들과 함께 자살했다.

그러나 2차 대전이 끝난뒤 오랫동안 히틀러 생존설이 심심치않게 나돌았다. 잠수함으로 남미에 잠입했다는 설을 비롯하여 온갖 풍문이 그럴듯하게 흘러나왔다. 히틀러 부처의 시체는 소각되었고 유일한 목격자인 겟벨스도 뒤따라 자결했기 때문이었다. 총통관저를 점령한 소련군은 히틀러 부처의 사망을 확인했으나 비밀 좋아하는 습관때문에 히틀러의 사망을 공식 확인하지 않음으로써 온갖 루머를 파생하게 했다.

아프간 전쟁은 끝났다. 탈레반군은 소탕되었고 소수의 패잔병이 도주했을 뿐이다. 그러나 빈 라덴은 생사와 행방이 묘연하다. 히틀러 부처처럼 자결했거나 폭격으로 사망했을 가능성이 없지않으나 해외 도피설도 나오고 있다. 아이히만을 체포하여 이스라엘 법정에 세웠던 것처럼 미국은 빈 라덴을 미 법정에 세울 것을 열망하고 11월의 미대통령 선거전에 빈 라덴이 체포될 것이라는 설이 퍼지고 있다.

그러나 빈 라덴의 정치적 군사적 생명이 퇴색한 것만은 분명하다. 아프간내에 숨어 있다 할지라도 동굴을 전전하며 연명하는 것 이외의 수단이 남아 있지 않다. 설사 외국에 도망쳤다 할지라도 그를 감싸줄 세력은 없다. 마약 밀매와 건설회사 운영등으로 자금을 확보하는 것은 미국의 탈레반 공격직후 불가능해졌다. 미국이 두려워 감히 그를 숨겨줄 나라 또한 없어졌다. 빈 라덴의 이름으로 대미저항을 호소하는 전문이 더러 밝혀지고 있으나, 진위가 분명하지 않다. 혹 대미저항의 상징일 수 있을지 모르나 빈 라덴이 할 수 있는 일은 별로 없다. 사실상의 사형 선고가 일찌감치 내려진 것을 확인하게 된다.

4. 폭탄차 시대

폭탄차가 마드리드 중심가에 있는 이태리 대사관 근처에서 폭발한 일이 있었다. 이밖에도 유럽 곳곳에서 테러가 발생하여 바야흐로 세계가 테러 선풍 시대에 돌입한 느낌이다. 덕분에 유럽과 중동에 대한 미 관광객이 줄어들어 이 지역의 관광 업자가 비명을 올리고 있다. 팔레스타인 게릴라의 비행기 납치에서 본격화된 국제 테러는 이제 그 무대를 확산해가고 있을 뿐만 아니라 광기를 더해가고 있다.

2차 대전 때의 요새 나바론에 대한 특공 작전이나 명장 롬멜에 대한 영국 특공대의 암살 작전처럼 아무리 위험하고 어려운 군사 행동이라 할지라도 임무 수행 후의 탈출 방법만은 반드시 마련한 뒤 실행되었다. 이를 무시하고 자살 공격을 무릅쓴 것이 일본의 神風特攻隊였다. 이때부터 일본은 일종의 광기에 사로잡힌다. 즉위 직후부터 군부의 폭주를 싫어한 천황이 그 절대의 권위로 항복을 결정하지 않았으면 일본 군부의 광기가 수천만의 그들 국민을 죽음에 몰아 넣었을 것이다. 그때의 광기같은 것을 폭탄차 운전의 자살특공대에서 발견한다. 그것이 국가간의 전쟁에서가 아니고 살해대상 또한 특정되어 있지 않다는데 문제가 있다. 델아비브 국제공항에서 벌어진 日赤軍派의 무차별 난사에서 보는 것처럼 언제 어디서 테러의 세례를 입을지 모를 상황에 인류가 직면해 있다.

테러의 심각함은 이들 조직이 중동에만 국한되어있지 않다는데 있다. 서독의 赤軍派, 이태리의 붉은 여단, 벨기에의 전투적 공산주의 세포 등 테러조직은 유럽 각지에서도 횡행하고 있다. 테러요원도 16세 소녀에서 여자 대학생까지 폭을 넓히고 있을 뿐만 아니라 범인의 90%이상이 체포되지 않고 있어 그 심각성을 더해주고 있다.

문제는 테러의 피해자가 서방국가인 반면 그 반사적 이익을 입는 자가 반미세력이라는데 있다. 공포와 미소를 외교의 두 날개로 살고 있는 구 소련은 테러리스트들에게 은연중 미소를 보내면서 테러 응징의 서방측 행동에는 위협을 일삼았다. 구 소련의 붕괴 이후, 2004년 9월의 러시아 초등학생에 대한 인질극과 대학살극으로 러시아는 이제 테러 퇴치의 선봉에 서 있다. 리비아는 핵 개발의 포기와 대미접근으로 변신을 시도하고 있다. 그러나 김선일씨를 살해한 광기의 테러집단은 더욱 기승을 부리고 있다. 불량국가, 테러지원국가는 줄어들고 있으나 테러집단은 오히려 늘어나고 있다.

5. 테러와 인질극

1997년 11월 17일, 이집트의 루크솔에서 사망자가 70명에 이르는 관광객에 대한 무차별 총격사건이 벌어졌다. 1993년 2월, 세계 무역센터 폭파사건을 일으킨 이슬람 원리주의 조직의 이슬람 집단에 의한 것으로 지목되었다. 이 이슬람 집단은 1993년경부터 이집트 정권을 전복시키는 수단으로 관광객에 대한 테러공격 전술을 채택했다. 이집트 최대의 외화수입원이 관광이기 때문이다.이 전술은 상당한 효과를 거두어 1992년에 230억불이었던 관광 수입이 1993년에는 110억불로 격감했다.

전통적인 테러는 정치적 목적을 달성하는 것에 있었다. 여기에는 대중의 지지가 필요했다. 테러 행위로 대중이 테러리스트에게서 떨어져나가면 역효과이기 때문이다. 독재자나 부패정치인, 사법당국자, 경찰, 대기업 간부등이 표적이 되었다. 테러 공격의 반복으로 공격대상이 되고 있는 정부가 치안 활동을 강화하고, 일반시민의 자유를 제한하여 경찰국가화로 치닫게 함으로써 민심이반을 획책했다.

그러나 지금 미국을 공포속에 몰아넣고 있는 무차별 테러는 대중 자체를 대상으로 하고 있다. 어린이도 사양치 않겠다는 저격수의 메시지가 학부모들을 분노와 불안에 떨게 하고 있다. 미국 경제는 스나이퍼(저격수) 충격으로 소비지출이 25%나 감소하고 있다.

모스크바에서 벌어지고 있는 인질극도 테러와 함께 새로운 전쟁수단으로 인식되고 있다. 문제는 앞으로의 테러나 인질극이 정보·전자시스템을 겨냥할 가능성이 높은 것에 있다. 전세계 인터넷 모(母) 컴퓨터에 대한 사상 최대의 사이버 공격이 그 좋은 예이다. 더욱 심각한 것은 불량국가의 테러리스트가 세균무기를 휴대하고 테러나 인질극을 연출할 위험성에 있다. 테러분자가 휴스턴의 공항이나 우주센터에 잠입, 인질극을 벌일 가능성이 이미 점쳐지고 있다. 탈냉전시대로 일컬어지고 있는 오늘날 테러와 인질극이 가공할 전쟁수단이 되고 있음을 목격한다.

6. 테러와 불량국가

한때 인기리에 방영된 「야인시대」의 주인공, 김두한은 우익 행동대원의 중심인물이었다. 그는 해방직후 좌익진영의 돌격대 역할을 맡았으나 김구 선생으로부터 선친 김좌진 장군이 적색테러의 희생이 되었다는 사실을 전해듣고 우익진영의 행동대원이 되었다. 그 무렵 좌우의 첨예한 대립속에서 폭력이 난무했고 테러가 자행되었다. 송진우, 장덕수, 여운형 등의 주요 인물은 이 시대의 희생자들이다.

히틀러는 합법적으로 정권을 획득했으나 그 배후에 렘이 이끄는 돌격대가 있었다. 돌격대는 나치당 연설회의 방어 시위행진, 반대파 집회의 방해 등 폭력을 앞세운 준무장단체였다. 나치정권 수립이후 독일 국방군을 돌격대에 편입할 것을 요구할 정도로 그 세력은 대단했다. 히틀러는 집권직후 돌격대 간부를 기습, 살해했다. 합법적 공권력을 손에 쥔 독재자에게 있어 비합법적 폭력조직은 걸림돌이었기 때문이다.

테러는 로마시대에도 있었다. 그러나 2차 대전이 끝나기까지 테러의 대상은 한정되어 있었다. 정치인이나 정치적 반대세력이 표적이었다. 그러나 중동문제가 얽히고 설키면서 테러는 항공기나 민간인등 불특정 다수로 대상이 넓어졌다. 최근 그 공격대상이 더욱 확대되어 군이나 경찰은 물론 민간인, 기업가등 상대를 가리지 않게 되었다. 바야흐로 테러리스트는 언제, 어디에나 있고 누구나 그 표적이 될수 있다. 테러는 예기하지 못한 시기 · 장소 · 방법으로 아무런 예고없이 공격을 가해온다. 보이지 않는 공포가 현대인을 불안케 하고 있다.

북한은 이란, 이라크, 리비아, 수단, 시리아, 쿠바와 함께 테러지원 국가로 지정되고 있다. 최근 리비아가 이에서 빠졌을 뿐이다. 작금의 국제환경으로 미루어 한국에 대한 테러의 가능성은 희박해 보인다. 그러나 일본 옴진리교의 독극물 살포처럼 언제 어디서 누가 테러를 자행할지 모를 위기의 시점에 현대인은 살고 있다. 테러의 예방은 정보에 의한 대응책뿐이다. 오늘날 테러의 안전지대는 없음을 인식할 필요가 있다.

7. 핵테러시대

1986년 9월 30일 오후 9시, 로마의 다빈치 국제공항에 영국항공 504편이 도착했다. 승객속에 뛰어난 금발미인과 검은 피부의 왜소한 남성의 어울리지 않는 커플이 있었다. 두 사람은 몇 사람의 남자들에게 둘러싸여 어느 틈엔가 모습을 감추었다. 금발의 여성은 미국의 여권을 가진 신디로 알려졌으나 지금껏 그 정체는 베일에 가려 있다. 작은 몸집의 남자는 이스라엘의 바누느였다.

바누느가 다시 모습을 나타낸 것은 3개월 후, 이스라엘의 예루살렘 법정으로 가는 호송차 속에서 였다. 창밖에 비친 바누느의 모습을 보고 기자들은 로마 공항에서의 납치사건의 진상을 처음으로 알았다. 바누느는 영국의 선데이 타임즈에 이스라엘의 비밀 핵병기 공장의 존재를 사진까지 찍어 폭로함으로써 중동은 물론 세계를 놀라게 한 장본인이었다. 그는 이스라엘의 특무기관 모사드에 체포되어 국가기밀을 누설한 죄로 재판에 회부되었던 것이다. 바누느의 폭로로 이스라엘이 핵병기를 가지고 있는 것은 거의 의심할 수 없는 사실로 판명되었다. 바누느는 아랍제국에 대해 이스라엘 정부가 핵폭탄을 가지고 있음을 알림으로써 군사적 우위를 과시하려한 모사드의 비밀요원으로 보는 견해도 있다.

핵 확산은 여러 갈래에서 인류의 위험이 되고 있다. 핵병기가 강대국에 독점되고 있는 한 세계대전의 억지력으로 그 역할을 다할 수 있다. 그러나 기술의 진보로 소국에서도 재료만 손에 넣으면 핵병기를 제조할 수 있게 되고 또 그 소형화에 따라「핵제크」의 위험성이 커지고 있다. 핵병기가 트랜지스터 라디오처럼 작아지면 도난당할 우려가 있을 뿐 아니라 최근의 기술로는 밀조조차 가능하다. 국제 테러조직이 핵무기를 소유하게 되면 세계의 평화는 심각한 위험에 부닥친다.

북한은 세계의 대표적인 테러국가이다. 북한의 핵병기 제조에 세계가 긴장하고 있는 것은 국제 사회의 일원으로서의 책임감이 거의 없는 국가가 파멸적인 무기를 갖게 되는 것에 있다. 그러나 최근 북한의 도발적 성향은 순화되어 가고 있다. 북한이 일본 적군파의 요도호 납치범들을 일본으로 소환하는 것에 긍정적 반응을 보임으로써 테러 국가의 이미지를 씻으려 하고 있는 것이 그 단적인 예이다. 북한의 핵은 공격용이라기보다 미국과의 대타협을 위한 수단으로, 더 물러설 수 없는 한계 상황에서의 마지막 무기로 효용하려 하는 듯하다. 북한을 국제 사회의 책임있는 일원으로 유도하는 것이 한·미 양국 대북정책의 기본이 되어야 할 이유가 이러한 데 있다.

그러나 북한은 언제나 돌연변이적 행동을 결행할 가능성이 있다는 것에서 전쟁의 사전억제력 강화가 안정 보장의 요체임을 말하게 된다. 그 요체가 한·미 관계의 강화에 있음은 말할 것이 없다. 자주국방은 이를 전제로 한 개념이어야 한다.

제3장 포로와 전쟁 범죄

1. 미조리 함상의 승자와 패자

필리핀을 탈환한 맥아더 장군은 싱가포르의 항장(降將) 파시팔 중장과 맥아더를 대신하여 필리핀을 지키다 일본군의 포로가 된 웬라이트 중장을 급히 마닐라로 불렀다. 「말레이의 호랑이」로 알려진 야마시타 일본군 사령관의 항복을 이 두 장군으로 하여금 받게 하기 위해서였다.

3년전 야마시타에게 항복한 파시팔 장군이나 3년여의 포로생활을 지낸 웬라이트 장군과 어제의 승자였던 야마시타의 명암이 엇갈리는 순간이었다. 파시팔 장군은 맥아더가 미조리 협상에서 일본의 항복조인을 받을 때도 영국 대표로 참석하여 싱가포르에서의 치욕을 씻었다.

그러나 일본군은 어떤 경우에도 항복을 용서하지 않았다. 포로는 살아 돌아와도 총살로 다스렸다. 미군들로 하여금 전투가 아닌 대량학살로 일컬어진 오키나와 전투에서 일본군의 우시지마 사령관은 부상병들에게 수류탄 1개씩을 남기고 자결했다. 죽음으로써 패전을 사죄했으되 부하가 포로로 잡히는 것은 끝까지 막았다. 미군(美軍)같았으면 단죄되었을 선택이었다.

러 · 일 전쟁(露日戰爭) 최대의 격전지였던 여순(旅順) 공략에서 일본의 노기 사령관에게 항복한 스텟셀 대장은 귀국 후 파면과 전급료 몰수의 처벌을 받았다. 동해대회전(東海大會戰)에서 일본의 포로가 된 발틱함대의 로젠스키 사령관이 니콜라이 2세에게 전황(戰況) 보고를 했을 때 황제는 위로의 전문을 보냈다. 그러나 일본군에게 찰과상조차 입힐 능력이 없는 상황에서 부하를 살리기 위해 항복한 다른 사령관에 대해서는 회신을 보내지 않았다.

서방 국가에 있어서는 포로가 되는 것도 전투의 한 수단이다. 항전(抗戰)이 무의미할때는 항복하되 끊임없는 탈출 기도로 적의 전력을 소모시켜야 한다는 합리적인 사고를 갖는다.

당연히 포로는 개선 용사에 준한 예우를 받는다. U-2기의 파위즈가 독침을 쓰지 않았어도 소련의 거물 간첩 아벨과 교환한 것에서 미국의 인도주의를 읽게 된다. 그러나 포로가 되면 돌아갈 조국이 없는 일본군은 자폭을 택했다. 인간성 말살의 형태가 빚어낸 참극이었다. 동해안에 잠입, 침공하고 자결한 11명의 북한 간첩들을 지켜보면서 세삼 인간 부재의 광기를 목격한다.

2. 전쟁범죄와 시효

1991년 7월 21일, 베를린 북서의 옛 나치 수용소에서 지역 주민과 데모대의 대규모 충돌이 벌어졌다. 약 9만명 이상의 여성이 나치스에 의해 희생된 이 지역에서의 충돌은 그곳에 슈퍼마켓을 건설함으로써 빚어졌다. 지역 주민은 슈퍼마켓 건설을 환영했다. 그러나 강제수용소에서 살아남은 여성을 비롯한 각국의 인권 단체는 슈퍼마켓 건설에 격렬히 항의했다. 옛 강제수용소의 땅밑에는 지금도 학살되고 소각된 여성과 아이들의 뼈가 발견되고 있다. 독일 국민의 이름으로 저질러진 악행을 영구히 반성하기 위한 성스러운 묘소라 할 땅을 장사 목적으로 이용하려는 것은 희생자를 모독하는 것으로 반발했다.

　제3제국 시대의 잔악한 범행 현장이된 강제수용소는 반세기 이상을 지난 오늘날에도 극히 미묘한 곳이 되고 있다. 레이건 전 미대통령은 게슈타포의 전몰자가 일부 묻힌 서독 핏드불그 전몰장병 묘소를 참배함으로써 세계적인 반발을 사야 했다. 독일에서는 지금도 나치시대의 생존 전범에 대한 재판이 진행 중에 있다. 2차 대전 이후에 태어남으로써 나치스의 범행과 아무런 관련이 없는 독일의 신세대들도 선조가 남긴 전쟁범죄에서 자유로울 수 없음을 독일 조야는 강조하고 있다.

　논란을 빚은 일본 교과서의 개편이 아시아권의 주시속에 진행되고 있다. 그 결과를 예단할 수는 없으나, 분명한 것은 일본 사회가 일찌감치 역사에서 도망치고 있다는 점이다. 일본 군벌의 우두머리였던 우가키 가스나리 전 육군대신이 참의원 선거에서 전국 최고 득표를 한 것이 2차 대전에 대한 일본인들의 감각을 읽게하고 있다.

　역사에서 교훈을 찾지 못하는 일본은 결코 아시아 각국의 좋은 일원이 될 수 없다. 일본 우익들이 『한·중 교과서엔 역사 왜곡 없나요』라고 역공하고 있는 것에서 일본의 한계를 느낀다. 일본의 전쟁범죄는 샌프란시코 강화조약으로 주권을 회복하면서 시효가 끝난 것으로 해석하고 있는 듯하다. 독일이 나치 범죄에 대해서는 시효를 인정하지 않고 처벌하고 있는 것과는 대조적이다. 일본도 전후 한동안은 태평양 전쟁을 비롯한 침략 전쟁을 반성했다. 그러나 소득이 향상되고, 일본이 경제 대국으로 부상하면서부터 침략전쟁을 합리화하려는 움직임이 우파 세력에 의해 은연중 확산되고 있다. 한국을 비롯한 중국과 일본군의 침략을 받은 동남아 여러 나라들이 일본에 대한 부정적 인식을 완전히 씻지 못한 이유가 이러한 데에 있다.

3. 발칸의 전범재판

한때 헤이그에서는 밀로셰비치 전 유고연방 대통령과 루코바 코소보 대통령의 공방이 벌어졌다. 밀로셰비치와 루코바는 운명적인 숙적 관계에 있다. 두 사람의 악연은 루코바를 지도자로 하는 알바니아계가 코소보주의 분리·독립을 추진하면서였다. 유고슬라비아 연방 남쪽에 있는 코소보 자치주는 인구 200만으로 그 9할이 알바니아계이다. 당연히 알바니아인은 코소보를 알바니아의 나라로 확신한다. 그리하여 코소보 공화국을 수립, 독자의 헌법을 제정하고 1992년에는 대통령 선거를 실시하여 대통령에 루코바를 선출했다.

문제는 세르비아계가 코소보를 민족발상의 땅이며 성지로 인식하고 있는데서 비롯된다. 14세기경 코소보는 중세 세르비아 왕국의 중심지였다. 이곳을 중심으로 세르비아 정교가 보급되었다. 세르비아 정교(正敎)는 동방정교의 하나로 로마법왕이 정점으로 있는 가톨릭에 대해 독자적인 언어의 경전(經典)을 갖는 민족별교회의 집단으로 되어 있다. 그중 하나가 세르비아 정교이다. 세르비아인에게 있어 코소보는 양보할 수 없는 민족적 성지이다.

1990년에 세르비아 공화국 대통령이 된 밀로셰비치는 코소보 자치주에서 알바니아계 주민을 축출하는 민족정화를 추진했다. 코소보의 알바니아계는 약 90만명이 난민이 되었고 수 없는 사람이 살육당했다. 밀로셰비치는 미국, 영국, 독일, 프랑스, 러시아등의 중재를 거부하고 알바니아계의 탄압을 확대했다. 끝내 NATO주체의 평화유지군은 폭격으로 밀로셰비치를 굴복시켰다. 2000년 4월, 밀로셰비치는 체포되어 전범재판소의 법정에 서게 되었다.

밀로셰비치는 법정에서 루코바를 강대국의 앞잡이로 몰아세웠다. 이러한 주장에 설사 일리가 있다할지라도 밀로셰비치가 자행한 반인륜적 범행의 변명은 되지 못한다. 전범재판은 전쟁의 정치적 쟁점을 재판하는 것이 아니라 전쟁의 이름하에 저지른 반인륜적 범죄를 다스리는 곳이기 때문이다.

4. 걸프만의 전범

오스만 투르크시대의 투르크 왕가에는 왕비가 없었다. 황태자의 생모는 있었으되 신분은 어디까지나 노예였다. 황제는 할렘의 수많은 노예 여인과 접촉을 갖고 그 사이에서 태어난 제1왕자가 왕권을 승계했다. 황태자를 낳은 노예는 상당한 예우를 받긴 했으나 신분에는 변동이 없었고 할렘 밖을 나갈 수도 없었다. 아들이 제위에 있을 때 죽어야만 평온한 생애를 마칠 수 있었다. 할렘의 여인들은 당연히 회교도였으나 단 한 사람 가톨릭 신자로서 종부 성사를 받은 여인이 있었다. 나폴레옹의 비

(妃)였던 조세핀의 4촌 동생으로 해적에 사로잡혀 할렘에 끌려와 황태자를 낳은 여인이 바로 그 노예였다. 임종 때 아들에게 탄원하여 극비리에 종부 성사를 받았던 것이다.

오스만 제국에 왕비가 없어진 것은 적장에 사로잡힌 왕비가 참을 수 없는 치욕을 받은 뒤였다. 노예라면 설사 어떤 일을 당해도 별것이 아니었기 때문이다. 이 사실은 전쟁에 패한 왕후장상은 승자에 의해 마음대로 다루어져온 것을 의미한다. 로마시대이후 유럽의 노예들은 대부분 망국(亡國)의 백성이나 포로들이었다. 그러나 문명시대에 접어든 이후 문명국에서 패전국의 집권자나 장병을 형벌로 다스린 일은 없다. 제1차 대전으로 러시아의 로마노프 왕조가 망하고 독일의 카이젤이 퇴위했으나 정변의 결과일 뿐 전쟁책임을 추궁 당해서는 아니었다.

제2차 대전이후 동경재판과 뉘른베르크재판이 일본과 독일의 전범(戰犯)을 심판한 것이 승자가 패자를 법으로 다스린 최초의 예이다. 군국일본과 나치스가 유독 戰犯의 개념으로 다스려진 것은 그 전쟁도발이 명백한 침략행위였을 뿐만 아니라 유태인 학살, 포로 학대 등의 비인도적 범행을 무릅썼다는데 있었다. 이 같은 선례에 비추어 미국에서는 사담 후세인을 戰犯으로 처단해야 한다는 주장이 일찍부터 제기되었다. 극적으로 잡힌 후세인은 戰犯으로서의 적격요건을 충분히 갖추고 있는 듯하다. 그의 쿠웨이트 침공은 명명백백한 침략이었다. 포로를 고문하고 인간방패로 쓴 것이 반인류적 범죄인 것 또한 틀림없다. 걸프전의 위기를 넘긴 후세인은 지금 미군 보호하에 이라크 과도 정권에 넘겨져 재판을 기다리고 있다. 모르긴 하되 그는 전범으로 다루어질 듯하다. 세계는 어쩌면 금세기 최후의 戰犯재판을 목격할 수 있을지 모를 일이다. 戰犯

법정에 선 후세인의 몰골이 어떨 것인가를 상상해 보는 것도 흥미있는 일이 아닐 수 없다.

5. 아프간 전의 포로들

2차 대전 초기, 영국군의 특공대는 룸멜 장군의 사령부에 침입했다. 독일군 최고의 전략가를 거세하기 위한 침공 작전은 실패하고, 룸멜은 북아프리카에서 영국군을 잇따라 격파한다. 당연히 많은 영국 장병이 포로로 잡혔다. 룸멜은 제네바 협정에 의한 인도적 처우를 휘하 부대에 명한다. 독일군은 소련이나 동유럽의 전쟁 포로는 수용소의 유태인 못지않게 학대했다. 그러나 영국을 비롯한 연합국 포로에 대해서는 전쟁 법규를 나름대로 지키려 했다.

그러나 일본군은 포로를 경멸하고 학대했다. 영화 「콰이강의 다리」는 그러한 단면을 보여주고 있다. 한국인으로 육군 중장까지 진급한 홍사익 장군은 포로수용소 소장의 직위에 있었다는 이유로 처형되었다. 육군 중장이 대령급의 보직인 포로 수용소 소장으로 임명된 것은 한국출신 장군에 대한 경계와 차별이었다. 홍장군은 포로학대를 지시한 바 없으나 포로수용소의 보편화 된 가학 행위 때문에 총살형에 처해졌다. 싱가포르에서 영국 파시발 장군의 항복을 받은 야마시타 도모유키 필리핀 방면 군사령관이 미군사 법정에서 사형을 언도 받은 것도 일본군의 포로학대가 그 이유였다.

일본군 최고의 명장으로 평가되고 있는 이마무라 히도시 대장은 자바 방면 군사령관으로 있을 때 연합군 포로를 전쟁 법규에 따라 다루었다.

일본군 참모 본부는 특사를 파견하여 포로 우대책을 따졌다. 흔히 포로의 취급은 전쟁 당사국의 수준을 말해주는 척도로 일컬어진다.

탈레반군과 그 외인 용병들의 투항이 미군의 「작은 고민」으로 제기된 바 있다. 이들을 어떻게 다루어야 할 것인가 하는 것이 간단치 않은 문제로 제기되고 있었기 때문이다. 전쟁 포로라면 당연히 제네바 협정에 따라 처리해야 한다. 그러나 테러분자라면 실정법에 따라 응징하여야 한다. 아프간전은 분명히 전쟁이지만 반테러 작전의 성격을 띠고 있다. 어떤 기준으로 포로를 처리해야 할 것인가에 국제 사회의 시선이 쏠리고 있다.

6. 포로학대는 무조건 극형 선고한 미군사 법정

2차 대전 직후 미국이 가장 엄격하게 다룬 전쟁 범죄는 포로 학대였다. 침략 전쟁의 정치적, 군사적 책임을 묻는 최고 법정은 뉘른베르크와 도쿄에서 열렸다. 나치스의 2인자 게링과 외상(外相) 뤼펜드로프 등의 나치스 수뇌가 뉘른베르크 법정에서 다루어 졌다. 일본의 전범을 단죄하는 도쿄재판은 천황의 전쟁 책임을 둘러싸고 미국과 소련 등 참전 국가 간의 격렬한 논쟁 끝에 맥아더의 정치적 판단으로 천황의 책임을 묻지 않은채 도조 등 6명의 전범들에게 교수형을 내렸다.

그러나 전쟁의 최고 책임을 묻는 뉘른베르크와 도쿄에서의 재판말고도 전쟁이 벌어진 거의 전 지역에서 전범에 대한 재판이 다루어 졌다. 필리핀, 인도네시아, 미얀마 등에서 열린 미국의 군사 재판은 포로를 학대한 모든 일본군 장병에 대해 거의 예외없이 사형을 선고했다. 포로수용소에 근무했던 많은 한반도 출신 장병이 미군사 법정의 단죄로 처단되었다. 포로에 대한 잔혹 행위나 살상 행위는 결코 용서될 수 없는 전쟁 범죄로 엄격하게 다루었다.

7. 군사령관의 지휘 책임까지 극형 단죄

포로 학대에 대한 책임은 포로수용소 소장이나 근무 장병에게만 추궁된 것이 아니라 지휘관, 특히 최고 사령관에 대해서까지 내려졌다. 전쟁 종료 직전인 1945년 5월에 필리핀 방면 일본군 사령관으로 부임한 야마시다 도모유키(山下奉文) 대장에 대한 처형이 그 단적인 예다. 1942년 싱가포르 공략의 사령관으로 영국군 파시팔 중장에게『yes냐, no냐』고 강압적 자세로 항복을 받아낸 야마시다는 패전과 함께 미군 법정의 전범으로 서게 된다.「바탄 죽음의 행진」의 책임도 한 원인이었으나, 그의 지휘하에 있던 필리핀에서의 포로 학대가 결정적으로 작용하여 미군사 법정은 그에게 사형을 언도했다.

「말레이의 호랑이」로 불리운 야마시다에 대한 처형은 재판 과정에서는 물론, 재판 후에도 계속 논란이 되었다. 그가 필리핀에 부임했을 때는 일본의 패색이 짙었을 뿐 아니라, 가히 절망적인 상황하에서의 처절한 마지막 저항이 전개될 때였다. 야마시다가 그 지휘하에 있는 포로수용소에서의 포로 학대를 파악하거나 확인할 경황같은 것은 없었다는 것이 미군 변호인단의 강력한 주장이었다. 그러나 그의 지휘하에 있던 부대에서 일반적으로 포로 학대가 이루어 졌다면 책임을 면할 수 없다는 이론으로 끝내 사형이 집행되었다.

야마시다에 대한 재판과 관하여 인상적인 것은 재판 당시 변호인으로 참여한 미군 장교가 전역 후에도 저술과 연설 등으로 끈질기게 야마시다의 무죄를 주장한 점이다. 미국 전역의 중요한 모임에 참석하여 야마시다에 대한 처형이 부당했음을 역설했다. 비록 관선 변호인이라 할 지라도 자기가 맡은 일에 대해서는 최선을 다하는 미국인의 단면을 잘 보여주고 있다.

8. 홍사익 중장의 비극

홍사익 중장은 조선 왕조 마지막 황태자였던 이은(李垠)공을 제외하면 일본군의 중장까지 진급한 유일한 한국인이었다. 일본군에서의 육군 중장은 사단장은 물론 군사령관, 방면군 사령관, 육군 대신까지 역임할 수 있는 계급이었다. 중장의 최하 보직이 사단장이었다. 그러나 홍사익 중장은 5항에서 밝힌 것처럼 대좌(대령)급이 맡고 있던 포로수용소 소장으로 태평양 전쟁의 종전을 맞았다. 한국 출신 장교에게 주요 보직을 맡길 수 없다는 일본군의 인사 정책에서 비롯된 어처구니없는 보직이었다. 그러나 어의없는 인사조치 때문에 홍사익 중장은 포로 학대의 책임이 추궁되어 미군사 법정의 이슬로 사라졌다.

홍사익 중장은 민족 정신이 강한 군인이었던 것으로 전해진다. 그의 주변에서는 홍중장의 탈출을 권유한 사람이 있었던 것으로 알려지고 있다. 많은 한국 출신 학도병이 그러했던 것처럼 그 또한 상해 임시정부로의 탈출을 심각히 고민했다. 그러나 반도 출신(한국 출신) 일본 군인 중에서는 최고의 직위에 있는 자신이 탈출하면 일본군 안에 남아 있는 그 많은 한국 출신 장병에 대한 일본군의 가혹한 대응을 짐작하고도 남았기에 홍중장은 탈출을 망설였던 것으로 알려진다. 홍중장의 비극적인 최후는 그를 아는 모든 사람들의 아쉬움을 사고 있다.

9. 조국을 상실한 일본군 포로

포로가 되는 것을 더 없는 수치로 교육받은 일본군 장병은 목숨을 걸고 포로가 되는 것을 피했다. 그러나 어쩔 수 없이, 더러는 저항을 포기하고 예외적으로 연합군의 포로가 되는 경우가 없지 않았다. 그러나 일단 포로가 되면, 일본군은 참으로 쉽게 모든 군사 기밀을 털어놓았다. 포로가 되는 순간, 이미 그에게는 돌아갈 조국이 없어졌기 때문이다. 그를 기다리는 것은 조국이 아니라, 사형을 기정 사실화한 군사 법정뿐이었다. 이에 반해 쉽게(?) 포로가 된 연합군 장병은 끝가지 군사 기밀을 지켰다. 그를 기다리는 조국이 있었기 때문이다. 여담을 하나 적자면, 미군의 기막힌 급식이 일본군 포로가 마음을 돌린 또 하나의 동기였던 것으로 전해지고 있다. 미군이 제공하는 사병식 앞에서 일본군 포로는 망연자실했던 것으로 전해지고 있다. 일본 천황조차 상상하기 어려운 성찬 앞에서 전쟁에 대해 회의를 품게 되고, 일본군의 무모한 전쟁 도발에 비판적 시각을 갖게 되었다고 한다.

일본군 포로의 이 같은 특성 때문에 일본군 포로는 첩보의 보고(寶庫)로 일컬어졌다. 세계에서 포로의 통계가 전혀 없는 나라가 군국 일본이었다. 일본군이나 일본 정부는 포로의 존재를 인정하지 않았기 때문이다. 병사가 포로가 된 것을 알았어도 가족에게는 병사 내지 전사로 연락하는 경우가 많았다. 따라서 포로의 통계는 일본군에서는 존재하지 않았다. 미군은 일본군 포로를 확보하기 위해 다양한 노력을 기울였다. 전술, 전략상의 귀중한 정보원이 되었기 때문이다. 일본군 포로는 전력, 전의를 직접 저하시킬 뿐 아니라 미군의 기대와 예상 이상으로 전선의 배치, 전력, 전의(戰意)등 정보를 풍부하게 제공했다. 특히 장교 포로는 전략상의 정보원으로써 각별히 환영받았다. 그들에게는 연합군의 참모 본부가 있는 지구에 공수되어 안전한 환경하에 장기적인 심문이 계속되었다. 장교 포로들은 협력을 아끼지 않았다. 앞서 말한 것처럼, 돌아갈 조국이 없었기 때문이다.

참고로 적십자 국제 위원회 포로 중앙정보국에 등록되어 있는 2차 대전 주요 참전국의 포로수는 다음과 같다.

독일	945만 1천명
프랑스	589만 3천명
이탈리아	390만 6천명
영국	181만 1천명
폴란드	78만명
유고슬라비아	68만 2천명
벨기에	59만명
프랑스 식민지	52만 5천명
오스트레일리아	48만명
미국	47만 7천명
헝가리	33만 7천명
네덜란드	28만 9천명
소련	22만 5천명
일본	20만 8천명

일본은 소련과 함께 최하위에 있다. 소련은 포로가 되어 귀환하면 시베리아행, 일본에서는 총살아니면 강제적 자해가 기다리고 있었다.

영화 「지상에서 영원으로」는 전우 프랭크 시나트라의 복수를 갚기 위해 간수장과의 싸움 끝에 중상을 입은 몽고메리 크리포트가 일본군의 진주만 기습이 감행되자 부대로 돌아가는 장면을 보여주고 있다. 그를 기다리는 것은 군사 법정뿐이었다. 그러나 조국의 위기 앞에서 그는 단죄를 무릅쓰고 병영으로 달려간다. 애인의 간절한 만류를 뿌리친 채……. 그러나 중상으로 청각 능력을 훼손당한 몽고메리 크리포트는 보초의 수하(誰何) 질문을 듣지 못해, 사살되고 만다. 조국에 대한 의미를 되새겨 주는 일화가 아닐 수 없다.

10. 미군조차 놀란 일본군 포로의 자발적 협조

미군의 정보 당국이 일본군 포로를 심문하면서 가장 놀란 것은 상상을 넘어선 적극적인 협조였다. 이들은 모국 귀환을 강력히 거부하면서 온갖 지원을 아끼지 않았다. 심지어 미군과 함께 일본군 상공을 날아 포대나 부대 위치를 직접 가르쳐 주겠다는 경우조차 있었다. 때로는 연합군의 병사가 되고 싶다고 말할 뿐만 아니라 가능하면 연합군 상륙전의 제5열(적내부에 있는 스파이)로 일본에서 프로파칸타 활동을 하겠다는 희망을 말하기도 했다.

미군이 더욱 놀란 점은 이들이 제공한 정보가 정확하고 그 협력적 자세가 진지한 것임을 확인한 것에 있었다. 죽음을 두려워하지 않는 일본군의 옥쇄적 공격과 너무나 다른 포로의 태도에 미군은 한동안 어이가 없었다. 일본군에 붙들리면 총살이나 강제 자살이 기다리고 있는 것에 대한 반발과 증오의 조건 반사적 현상으로 볼 수 밖에 없었다.

눈여겨 보아야 할 점은 미군의 포로가 된 일본군은 적극적인 협력 자세를 보였으나, 중국에서 포로가 된 일본병은 결코 처형을 하지 않는다는 공산당군의 선전에도 불구하고 탈주를 시도하는 경우가 많았다. 그것은 일본병이 중국인은 문화적, 물질적으로 열등 민족이라는 교육을 받은 데 말미암았다. 중국군의 포로가 되는 것은 큰 굴욕이었다. 이에 반해, 구미인(歐美人)에 대한 숭배의 기운은 일반화되어 있어, 미국의 포로가 되는 것은 굴욕이라는 생각이 별로 없었다.

포로와 연관하여 흥미로운 점은, 중국군 내지 중국의 항일 투사와 정을 나눈 일본의 여자 스파이는 쉽게 중국편에 돌아 섰다는 점이다. 일본군 남자 포로와 맥락을 같이하고 있다. 그러나 일본군과 정을 나눈 중국인 여자 포로는 어떠한 경우에도 조국을 배반하지 않았다. 그것은 일본 여성과 중국 여성의 차이라기 보다 중·일 전쟁이 본질적으로 일본의 침략 행위이며, 중국내에서 일본군이 저지른 온갖 만행이 그 동기인 것으로 일컬어지고 있다.

11. 미국과 민주주의의 존재 부인한 이라크 포로 확대

2차 대전 이후의 미군사 법정이 포로 학대의 죄과에 대해서는 거의 예외없이 극형으로 다스렸음을 앞서 말했거니와, 전쟁 범죄 중에서도 포로 학대에 대해 가장 비판적 시각을 갖는 것이 민주 국가의 공통된 시각이다. 그럼에도 불구하고 이라크 주둔 미군이 이라크 포로에 대해 온갖 만행을 저지른 것은 이율배반(二律背反)의 극치가 아닐 수 없다. 인종적 편견마저 다분히 작용한 듯한 이라크 포로에 대한 학대는 미국의 민주주의를 스스로 부정하는 자가당착일 뿐만 아니라 이라크전의 침략적 성격을 한층 부각하는 만행이 아닐 수 없다. 일본군의 포로 학대에 대해 사형을 가차없이 내린 미군사 법정은 이라크 포로를 학대한 미군 사병에게 1년의 징역형을 선고했다. 필리핀에서 야마시다 대장에게 적용한 기준에 의하면, 이라크 주둔 미군 최고사령관도 사형마저 배제하지않는 형사 책임을 저야 할 법하다. 설사 전쟁의 개념이 다르고, 시대적 상황이 변했다 할 지라도, 미군의 이라크 포로 학대는 용납될 수 없는 반인류적 소행이 아닐 수 없다.

그러나 여기에서 눈여겨 보아야 할 것은, 이라크 포로 학대의 진상이 미국의 주요 언론에서 폭로되고 규탄되고 있는 점이다. 미국 민주주의의 저변을 엿보게 하는 대목이라 할 것이다. 제4부 13장의 「절망의 선택은 없다」에서 기술하려 하거니와, 이러한 사실이 한국민의 반미 감정을 촉발하는 측면이 있다면, 대단히 위험한 일임을 짚고 넘어가야 할 필요가 있다. 전쟁의 전개 과정에서 드러난 한 측면을 두고 전쟁의 본질을 해석해서는 안될 뿐만 아니라, 그러한 사실을 한·미 관계의 새로운 정립에 부정적 요인으로 작용하게 해서는 더더욱 안 될 것임을 부연하게 된다.

12 국군 포로

휴전협정 최대의 쟁점이었던 포로 교환 문제가 논의될 때 유엔군측은 빨치산의 송환 문제를 제기했다. 빨치산, 이들은 공산주의의 첨병으로 남한에서 게릴라 활동을 벌였고 6·25동란 후에는 북한의 지령에 따라 적화 투쟁을 전개했다. 그러나 북한측은 빨치산의 존재 자체를 부인했다. 빨치산의 슬프고 처참한 역정은 이에서 비롯된다. 대한민국에서는 역도(逆徒)로 단죄되고, 북한으로부터는 버림받음으로써 딛고 기댈 곳이 없어져버렸다. 빨치산이 완전 소탕되기까지 이들의 투쟁은 오로지 생존을 위한 것이었다. 빨치산을 북한은 왜 외면했던가.

월북한 남로 당원의 숙청극을 보면 북한이 빨치산을 외면한 이유를 알 수 있다. 빨치산을 받아들이게 되면 북한으로서는 상당한 부담을 안게 된다. 남로당원처럼 올가미를 씌워 처단하기도 쉽지 않고, 그렇다고 하여 개선장병으로 예우할 수도 없다. 어차피 이질적 존재일 수 밖에 없는 빨치산이라면 싸우다 죽게하는 것이 최상이라는 판단이 나왔으리라. 죽을 때까지 한국 토벌군에게 상당한 손실을 입힐 수 있다는 계산이 깔려 있었을 것은 말할 것이 없다.

북한을 탈출한 국군 포로의 증언으로 북한에는 아직도 적지 않은 국군 포로가 살아있음이 판명되고 있다. 반세기 가까이 포로가 억류되어 있는 것은 역사상 그 전례가 없다. 구소련은 일본 관동군을 비롯한 많은 포로들을 10여년에 걸쳐 억류했다. 연합국이 종전 즉시 모든 포로를 석방한 것과는 대조적이다. 문제는 북한당국이 빨치산의 존재를 부정한 것처럼 국군 포로의 존재도 부정하고 있는 것에 있다. 북한은 납치 일본인의 존재 또한 오랫동안 부인했다. 미전향 장기수의 송환과 국군 포로의 맞교환을 정부가 제의했다. 북한의 반응여하가 남북관계의 변수가 될 것임을 읽게 된다.

13. 「성전」과 결사 항전

1096년, 프랑스인을 중심으로하는 기병 5,000, 보병 3만의 제1회 십자군이 동으로 향했다. 1099년 6월, 예루살렘에 도착한 십자군은 제노바 해군의 원조를 받아 7월에 예루살렘을 함락시켰다. 십자군은 이때 성지회복의 「성전」을 명분으로 했다. 그러나 성전의 이름에 어울리지 않는 대학살과 약탈을 자행했다. 약 4만의 이슬람 교도가 학살된 것으로 일컬어진다. 이 원정에는 5,000명의 종군위안부가 따라간 것으로 전해진다.

이슬람 교도들은 그들의 성지이기도 한 예루살렘을 지키기 위해 「성전」을 벌였다. 이슬람에서는 이슬람 세계의 확대 또는 방위를 위한 전쟁을 성전으로 부른다. 이른바 지하드(성전)는 이슬람 교도의 의무로 되어 있다. 기독교 국가의 십자군 원정은 이슬람의 지하드 의식을 드높인 역사적 계기가 되었다. 전 무슬림이 일치하여 침략군과 맞섰다. 세계 제1차 대전중 오스만 제국의 술탄이 전 세계의 무슬림에 지하드를 호소하였으나 실현 되지 않았다.

탈레반도 결사 항전을 부르짖었다. 이들은 미국의 공격을 이슬람에 대한 도전으로 몰아붙였다. 성전의 이름 아래 전 이슬람권의 참전과 지원을 호소하 했다. 지하드로서의 전사자는 순교자로서 천국이 약속되어 있다. 그래서 이들은 죽음을 두려워하지 않는다. 오히려 최고의 영광으로 생각하고 있다.

미국의 1차적 목표는 단기간에 탈레반 궤멸의 군사적 목표를 달성하는 것에 있었다. 그러나 보다 중요한 것은 탈레반에 대한 공격이 아랍권에 대한 전쟁이 아님을 전 이슬람에 인식시키는 것에 있었다. 탈레반이 소탕된다 하더라도 이들의 죽음이 지하드의 순교자로 비추어지면 미국은 아랍권의 적대 세력으로 돌려지게 된다. 아프간 공격이 국제 테러 조직의 박멸에 있음을 이슬람권에 인식시키는 것이야말로 아프간전 성패의 열쇠였다.

미국의 이러한 정치적 목표는 거의 달성되었다. 탈레반의 상상을 넘어선 폐쇄성, 여성학대, 비문명적 작태가 아프간 국민은 물론 이슬람권에서까지 비판되었기 때문이다. 이에 반해 미군이 이라크에서 고전하고 있는 것은 전투의 승리를 전쟁의 승리로 연결시키지 못한 정치력에 있다 할 것이다.

제 4부 남북관계의 오늘과 내일

제 4부

제1장 군사강국 지향의 북한 (자위수단인가, 그 반대인가)

Ⅰ. 북한의 군사력과 그 전략

1 롱천 열차 사고와 제2차 한국 전쟁

미국 민주당 대통령 후보 존 캐리 상원의원은 만약 한반도에서 전쟁이 벌어질 경우 최초 8시간 동안에 백만명 이상의 인명 피해가 날 것임을 말하고 있다. 2004년 4월 6일 뉴욕 타임즈와의 인터뷰에서 캐리 후보는 바로 이 같은 한반도의 가공할 현상때문에 부시 행정부는 북한이 아닌 이라크를 공격대상으로 삼았음을 설파하고 있다.

태평양 전쟁 직전 일본은 남진과 북진을 두고 심각한 고뇌에 빠졌다. 히틀러는 파죽지세로 소련을 쳐들어갔으나, 모스크바 진격을 눈 앞에 두고 전선은 교착상태에 빠졌다. 히틀러는 관동군을 주축으로 한 일본 군이 소련을 공격할 것을 요청했다. 군국 일본의 제1가상 적국은 볼세비키 소련이었다. 그럼에도 불구하고, 결국 남진, 즉 미·영 양국과의 전쟁을 벌이게 된다. 석유의 확보가 결정적 변수로 작용했다. 1941년 일본은 1년치의 석유 비축량밖에 없었다. 일본군의 인도차이나 진주를 계기로 미·영은 석유 공급을 중단했다. 이대로 1년이 지나면 일본의 모든 함선과 비행기, 공장은 그냥 멈추어야 했다. 석유 자원의 확보를 위해 일본은 어쩔 수 없이 남방으로 전선을 확대한다.

만약 한반도에서 전쟁이 벌어지면, 재래식 무기의 공방전이 아닐 것은 자명하다. 북핵 문제 전문가들의 분석에 따르면, 북한은 특수부대가 탄저균 등 세균을 가득 싣고 고속정과 땅굴을 통해 한반도 전역에 침투한다. 핵 공격의 가능성도 배제하기 어렵다. 미국의 핵 선제공격도 충분히 예견할 수 있다. 문제는 인구 13만의 룡천에서 빚어진 폭탄사고만으로도 북한 경제가 휘청거릴 정도의 타격을 입은 것에 있다.

6·25 전쟁 때만 해도 한국은 농촌사회였다. 그러나 고도 문명사회로 변모한 한국에서는 굳이 핵이 아니더라도 폭탄공격을 받으면 가히 아비규환의 지옥도가 빚어질 것이 틀림없다. 6·25동란 이후 반세기 동안 한국사회는 비약적인 발전을 거듭했다. 그러나 바로 그것이 한국사회의 더없이 취약한 아킬레스건이 되고 있다. 룡천사고야말로 이 땅에서 어떤 이유로도 전쟁이 벌어져서는 안 될 것임을 일깨워주는 생생한 경고가 아닐 수 없다.

2. 페리와 대북빅딜

히틀러가 폴란드 공격을 명했을 때 게링은 「이것은 예측불허의 도박」이라고 경고했다. 그러나 히틀러는 다음 한마디로 일축했다. 『나의 인생은 지금까지 모두가 도박이었다』고.

1936년에 독일군이 라인란트를 무혈점령한 이후 히틀러는 싸우지 않고 군사력의 위협만으로 외교적 승리를 거두었다. 체코슬로바키아 합병, 이에 앞선 오스트리아 합병과 체코령 스데덴 합병이 모두 그러했다. 폴란드를 공격했을때 조차 히틀러는 영국과 프랑스가 개입하지 않을 것을 은근히 기대했다. 이 오산이 제3제국의 멸망으로 이어졌다.

북한의 외교전략이 벼랑 끝 외교인 것은 널리 알려진 사실이다. 있는지 없는지 진상불명의 핵무기를 배경으로 최대한의 이득을 추구하는 것이 지금까지의 전략이었다. 경수로 건설과 중유공급을 약속받은 제2차 미·북 고위회담이 그 압권이다. 지금도 핵카드로 미국의 식량지원을 이끌어내고 있다. 그러나 이러한 북한의 외교적 곡예는 신통력을 잃어가고 있다.

클린턴시대의 페리 대북 조정관은 대북 포용정책을 추진하되 끝내 성과가 없을 때는 단호한 조치를 검토해야 할 것을 분명히 한 바 있다. 북한이 선택할 수 있는 길과 시간이 많지 않은 것을 알려줌으로써 서커스와 같은 외교술책을 무한정 용인하지 않는 방향으로 대북정책의 기본을 그리고 있다. 이와 연관하여 중요한 것은 북한의 군사력이다. 전사(戰史)를 펼쳐보면 적의 능력을 과대평가함으로써 위험을 자초한 경우가 적지 않다. 앞에서 기술한 바 있거니와, 독일군이 라인란트에 진주했을 때 실세는 3만이었으나 프랑스 첩보부는 19만5,000으로 과대평가하여 무혈점령을 용인했다. 페리 조정관은 북한이 그간의 적대적, 공격적 태도를 버릴 때 북한체제의 존립을 돕고 경제난 극복을 돕는 빅딜을 제안했다. 문제는 먼저 북한을 지원할 것인가, 미국이 주장하는 것처럼 핵개

발부터 포기시킬 것인가에 있다. 북한의 반응과 미국의 대응이 관심사가 아닐 수 없다.

3. 잊혀진 전쟁

6·25전쟁의 3년간 전투병력 손실은 피해가 무려 260만여명에 달했다. 공산군측의 북한군은 52만명, 중국군은 90만명이 생명을 잃었다. 유엔군은 한국군을 포함하여 18만명이 생명을 잃었고, 민간인은 99만명이 목숨을 잃거나 부상했다. 인민재판등 민간인들이 무자비하게 처형당했고, 납치된 인사만도 8만5,000명에 달했다. 6·25전쟁중에 300만명 이상의 북한 주민이 공산학정을 탈출, 월남했다.

미국에서는 6·25전쟁, 즉 한국 전쟁을 「잊혀진 전쟁」으로 부른다. 미국이 참전을 주도한 6·25전쟁에는 전투부대 파견 16개국, 의료지원 및 시설파견국이 5개국에 이르렀다. 미국에는 아직도 한국전 참전용사가 120만명이나 살고 있다. 미국과 유엔 참전국은 결코 잊을 수 없는 전쟁인데도 왜 「잊혀진 전쟁」이라고 부르고 있을까? 그 이유를 한국전 50주년 기념위원회 러닝위원장은 제2차 세계 대전이 끝난 직후의 동서 냉전이 일으킨 첫번째 전쟁이었기 때문이라고 증언한다. 그런데 미국은 2003년 11월을 미국 전역에서 6·25를 기념하는 기간으로 정했다. 미국에서 「잊혀진 전쟁」은 이제 「기념하는 전쟁」으로 바뀌고 있다.

미국에는 한국전에 참전한 120만의 용사들이 있고, 그들의 평균 나이는 75세. 죽어가는 용사들이 늘어나고 있다. 미국등 서방국가들이 연합, 공산세력의 침략으로부터 자유를 지켜냈고 자유를 지키기 위해 목숨을 버리고 헌신을 아끼지 않은 모든 사람들의 희생을 기려야 한다. 정치민주화와 경제민주화를 실현하면서 국제 사회에 모범국가가 된 한국은 자랑스럽다. 그 한국의 배경에는 「잊혀진 전쟁」의 희생당한 용사들이 있다. 잊혀진 전쟁을 기념하는 전쟁으로 바꾸려는 것은 의미심장한 일이다. 그러나 미국이 6 · 25를 「기념하는 전쟁」으로 전환하고 있는데 반해 한국 사회 일각에서는 6 · 25의 교훈을 잊어가고 있다. 특히 미국 장병의 희생이 한국을 지킨 절대적 조건임을 잊어가고 있다. 한 · 미관계가 예전같지 않은 원인의 하나라 할 것이다. 미국이 아니라 한국에서 6 · 25가 「잊혀진 전쟁」이 되어 가고 있는 것에 짚고 넘어가야 할 심각한 국면이 있다.

4. 대량 살상 무기

1995년 7월, 미국방 총성은 「글로벌 95」로 이름 붙인 대규모의 도상작전훈련을 실시했다. 북한이 대규모의 생물화학 병기로 한국내의 미군사기지에 대한 기습을 가상한 것이었다. 결과는 참담했다. 북한의 공격은 휴전선 이남의 미군 부대에 생물 병기를 발사하는 것으로 시작되었다. 고속정과 DMZ 근처의 땅굴을 통해 침입한 북한 특수부대의 1차 공격으로 미군사 시설은 순식간에 무력화되었다. 지휘관은 즉각 전군 철수를 명했다. 그러나 철수에 사용할 수 있는 차량이 모자라는 것이 판명 되었다. 더욱이 세균이라는 보이지 않는 적에 발목을 잡히고 차량은 탈취되어 질서 있는 후퇴가 불가능 했다. 이에 더하여 미군 장병의 방호복이 부족했다. 목숨을 지키는 방호복의 대부분이 인디애나주의 창고에 보관되어 있어 한국으로 수송하는데 2주일이 걸리는 것을 알게 된 미군 지휘관은 망연자실 했다.

「글로벌 95」가 끝날 때까지 미군 병사 5만명이 병원체에 감염되었다. 연습후의 분석은 더욱 비참했다. 항공 기지나 군항에서 일하는 민간인은 훈련을 받지 않아 생물공격에 대해 완전히 무력했다. 중요한 지원 작업 요원이 공격 받거나 감염되면 항만과 공군기지의 기능은 마비되고 병참 업무는 정지 된다. 보다 심각한 것은 미군이 반격을 개시하여 평양으로 가려해도 도처에 생물화학 병기의 분무 장치를 설치해 두어 작전은 결정적인 장애에 부닥치게 된다는 것이었다.

「글로벌 95」로 미군은 북한의 생물작전 계획과 능력을 정확히 파악해야 할 필요를 절감했다. 북한이 생물화학 병기 등의 대량 살상 무기에 관심을 갖게 된 것은 한국군 또는 미군과의 군사력 격차가 만만치 않다는 것에 말미암은 것으로 분석된다. 고성능 무기의 질에서 북한은 현저히 떨어져 통상 병기만으로는 한국 침공이 불가능하다. 값싸고 파괴력이 높은것이 생물 화학 병기에 집착하게 된 이유이다. 부시 정권의 강경한 대북정책을 새삼스럽게 이해하게 된다.

II. 김정일과 북군부

1. 원수와 차수

국방장관보다 총리가 상위인 것은 말할 것이 없다. 그러나 공산권에서는 정부조직 법상의 상하관계 보다 권력서열이 정권내의 위치를 결정한다. 중국공산당의 당규약에 의해 毛澤東(모택동)의 후계자로 명기된 林彪(임표)국방상은 周恩來(주은래) 수상을 제치고 2인자로 권력을 휘둘렀다. 군국주의 시대의 일본 군부가 내각의 통제밖에 있었던 것처럼 임표지휘하의 중국 인민해방군도 독자적 행동반경을 가졌다. 禪位(선위)를 기다리지 않고 쿠데타를 일으키려다가 실패, 도망 중에 몽골 상공에서 비행기가 추락하여 사망한 것으로 되어 있다.

북한에만 있는 차수라는 계급이 원수보다 계급이 낮은 것은 설명할 필요가 없다. 그러나 미국을 방문한 바 있는 북한의 趙明祿(조명록)차수는 혁명 1세대인 李乙雪(이을운) 원수를 제치고 권력서열 3위에 자리해 있었다. 실세로 따지면 2위인 金永南(김영남) 최고인민회의 상임위원장을 앞지르는 것으로 알려져 있다. 구소련의 모로토프가 11년간이나 수상직에 있었으면서도 거의 무명이었던 것에 반해 수상사임 후 8년간의 외상시대에는 국제 사회의 화려한 각광을 받은 것도 공산권의 권력체제를 이해할 수 있는 대목의 하나이다.

영국이나 일본같은 군주제의 나라에서는 그 특성때문에 2중의 신분을 가질때가 있다. 일제시대의 남자 황족은 무조건 육해군 장교로 임관되었다. 소위인 황족은 군지휘 계통상으로는 중대장 밑에 있었으나 그 전속부관은 육해군 중좌(중령)였다. 임지에 부임하면 군사령관이 휘하의 주요 지휘관과 전참모를 대동하고 황족인 소위를 관사에 예방하여 경의를 표했다. 공산권에서의 권력서열은 체제의 특수성을 잘 나타내고 있다.

조명록 차수의 방미는 북·미 관계 개선의 전환점이 될 것으로 기대되었다. 결과는 이렇다 할 구체적인 성과를 거두지 못한 채 북·미 관계의 개선은 여전히 숙제로 남겨졌다. 그러나 빙탄불상용(氷炭不相容)의 미·중국(중공) 관계가 탁구 교류로 하나의 전환점을 맞은 것처럼, 북한의 최고 군 장성이 미국을 방문했다는 그 자체가 중요한 의미를 갖는다. 미국과의 대화를 간절히 소망하는 북측의 적극적인 의사 표시이기도 하다. 열쇠는 미국이 쥐고 있음을 알게 된다.

2. 당총서기 아닌 국방위원장

북한에는 원수가 2명이나 있다. 김정일(金正日) 국방위원장과 혁명 1세대인 이을운(李乙雲) 원수가 군의 최상층부에 자리하고 있다. 흥미로운 것은 세계 어느 나라에도 없는 차수(次帥)가 11명이나 있는 것에 있다. 나폴레옹과 히틀러는 원수를 양산(量産)한 것으로 유명하다. 그러나 국가운명을 건 전시에 임명한 장군들이었다. 군국 일본도 원수는 전쟁 영웅에 한해 임명했다. 황족인 경우에는 예외적으로 평시에도 그러한 영예를 수여하기도 했다. 북한에는 대장과 중장사이에 산장(上將)이라는 또 하나의 계급이 있다. 상장은 모두 60명. 16명의 대장까지 합하면 중장이상의 장성이 자그마치 89명에 이른다. 구소련까지 포함하여 군상층부의 층이 이처럼 두터운 나라는 달리 예를 찾아보기 어렵다.

고위 장성이 이처럼 많다보니 현철해(玄哲海) 대장처럼 육군대장이 총정치국 부국장에 보임되기도 한다. 대장으로 군단장에 보임된 예도 드물지 않다. 1998년말에는 김명국(金明國)대장을 비롯한 4명이 군단의 지휘봉을 잡았다. 상장중에서 군단장에 기용된 이례적인 예도 있다.

국제회의에서 당사국간은 격의 균형을 맞출 것이 요구된다. 그러나 북한군의 계급구조가 이처럼 다양하니만치 남북 국방장관 회담에서 보는 것처럼 서로의 격을 맞추는 것이 결코 단순하지 못하다. 구소련을 비롯하여 공산권에서는 당의 군 지배가 철칙처럼 되어 있다. 소련의 주코프 원수는 2차 대전의 전설적인 영웅으로 스탈린과 수평관계에 서리만치 명성이 자자했고 베리야의 거세와 후르시초프의 집권에 결정적 변수로 작용을 하기는 했으나, 당에 의한 군의 통제를 당연한 것으로 받아들였다. 그러나 최근 북한은 이 역학관계에 주목할 만한 변화를 보이고 있다. 김일성시대만 해도 그는 당주석으로서 북한을 통치했으나 김정일 국방위원장은 이름그대로 당이나 국가주석 또는 당총서기가 아닌 군령권자의 자격으로 북한을 통치하고 있다. 북한의 군부가 권력의 핵심으로 떠오르고 있음을 읽게 된다. 당정치국에도 현역 장성이 대거 진출하고 있다. 군에 의한 정치의 지배현상이 엿보이기도 한다. 문제는 후진국이나 독재체제의 나라에서 군부는 항상 강경노선을 선호하는데 있다. 북한의 더없이 비대해진 군부가 남북관계 내지 북한 핵협상의 걸림돌이 되지 않을 것인지 우려되는 바 없지 않다.

III. 북한식 투쟁과 대화

1. 남북 직항로

베를린의 벽이 무너지기전 서독 정부는 동독으로부터의 여행자에게 1백마르크의 여비를 보조했다. 물론 입국에 아무런 조건도 붙이지 않았다. 그러나 서독에서 동독을 여행할 수 있는 사람은 동독에 친척이 있는 사람, 商用, 公用의 사람에 한했다. 코스가 정해진 단체 여행도 가능했다. 동베를린에는 모든 서독인이 1일간의 비자로 들어갈 수 있었다.

그러나 동독에서 서독으로 갈 수 있는 사람은 공용을 제외하면 65세 이상의 연금생활자 뿐이었다. 이들은 서독에 살아도 상관하지 않았다. 단 연금은 지급이 정지되었다. 카스트로가 60년대 이후 노약자를 마이애미로 보낸 것과 사정이 비슷하다.

1974년 10월에 동독이 독일 통일을 공식적으로 포기하고 브란트 서독 수상이 동독의 독립을 인정하면서 동·서독간은 급속히 가까워졌다. 신문, 잡지, 텔레비전, 문화적인 모임등이 국경을 넘나들었다. 무엇보다 서로의 입장을 정확히 인식하려는 분위기가 조성되었다. 재즈나 비틀스도 어느새 동독에 상륙했다. 동서의 친척들이 유고슬라비아에서 만나는 일이 늘어났다. 서독의 텔레비전 청취가 보편화되고 서방의 포르노도 슬그머니 들어갔다. 문화의 동질성이 회복되기 시작했다.

한반도 에너지 개발기구와 북한간에 통행. 통신협정이 곧 타결될 것이라 한다. 당분간은 北京을 경유할 것이지만 머지않아 남북간에 직항로가 개설될 전망이다. 인력과 장비는 公海를 경유하지만 대형화물은 직행이 허용되고, 비상시에는 판문점 통과도 가능하게 된다. 통일 전의 독일처럼 사람과 문화의 교류가 촉진되는 것은 아니지만 남북간에 숨통은 트게된다. 중국의 延邊은 독일 분단시대의 유고슬라비아 같은 역할을 하고 있다. 서울을 다녀간 조선족은 일체 북한 입국을 허용하지 않고 있는 것처럼 북한은 한국이 그들 주민에게 알려지는 것을 꺼리고 있다. 虛像의 붕괴처럼 무서운것이 없음을 잘 알고 있기 때문이리라.「그래도 지

구는 움직인다」는 갈릴레이 갈릴레오의 말처럼 물자만이라도 남북을 오
갈 때 북한의 빗장은 조금씩 열리게 되어 있다. 직항로 개설의 의미를
알수 있다.

2. 平壤행 차표예매

뉴욕 센트럴 파크의 서쪽 82정목에는 약 40년간이나 본국이 없는 영
사관이 있었다. 리투아니아가 소련에 합병된 1939년 이후에도 계속 문
을 닫지 않는 리투아니아 영사관이 바로 그것이다. 리투아니아가 다시
독립을 찾을때 까지 40여년간 리브티스 총영사는 영사관 폐쇄의 본국
훈령을 무시하고 귀국 명령 또한 거부한 채 영사관을 지켰다. 설사 모
국이 점령되었어도 「리투아니아 공화국」이 존속하는 것을 동포에게 알
리기 위해 영사관은 문을 닫아서는 안된다고 생각했다.

미국 정부가 공식적으로 이 영사관의 존재를 인지한 것이 큰 힘이 되
었다. 리투아니아가 붕괴되었을 때 미국은 국내에 있는 리투아니아 공
화국의 자산을 동결했다. 서른이 갓 지나 영사로 부임한 리브티스씨는
그 자산을 바탕으로 반세기 가까이 영사관을 지켰다. 이 영사관의 유일
한 공무는 리투아니아 공화국의 패스포트를 발행하는 것이었다. 현실의
세계에서는 아무런 효용이 없는 이름만의 패스포트였다. 그러나 언젠가
는 이 여권을 들고 조국을 찾아갈 수 있다는 확신으로 여권을 발급했다.
발트 3국이 독립을 쟁취했을 때 많은 리투아니아인들이 장롱 속의 패스
포트를 끄집어내어 모국으로 달려갔다.

철도청에서는 평양행 기차표 예매를 구상 중이라 한다. 이름하여 통일

승차권. 다소 황당한 생각이 들지 모르지만 본국이 소멸한 뒤에 발행한 리투아니아 공화국의 패스포트에 비교하면 한결 현실성이 있다. 평양까지는 9천원, 신의주까지는 약 1만7천원이 될 것이라 한다. 경우에 따라 나름대로 수익사업이 될 법도 하지만, 보다 더 통일지향의 꿈과 의지를 담고 있어 평가할만한 착상이 아닐 수 없다.

이스라엘이 독립을 선언하자 예멘의 4만여 유태인들은 사막을 가로질러 모국으로 향했다. 어느날 큰 새가 날아와 조상의 땅으로 옮겨줄 것이라는 성서의 한 귀절에 바탕해서 였다. 깜짝 놀란 이스라엘 정부가 전세기를 보내주었을 때 유민들은 너무나 당연한 것처럼 비행기에 올라 탔다. 통일은 이제 시간의 문제이다. 철도청의 공무원답지 않은 발상에 찬사를 보내 마지 않는다.

제2장 협력과 공존의 시대는 열리려는가.

1. 미녀응원단이 남긴 것

　탤런트 김을동은 선친 김두한의 생애를 다룬 「야인시대」의 TV간담회에서 배우의 조건을 묻는 사회자의 말에 첫째 예뻐야 한다고 말했다. 여류작가 최정희가 김동인에게 이 세상에서 제일 아름다운 것이 무엇인가고 물었더니 『여자가 젊은것』이라고 답했다. 여성의 아름다움에 대한 공통분모 같은 것을 읽게 한다.

　북한 미녀응원단이 고별공연을 했을 때 무려 2만5,000명의 관중이 몰려들었다. 부산 아시안게임 최고의 인기는 북한의 미녀응원단이었다. 비인기종목이라 할지라도 이들이 가는 곳에는 구경꾼이 운집했다. 사람들은 경기보다 이들을 보기 위해 경기장을 찾았다. 화려한 춤과 의상, 힘이 넘치는 율동이 사람들의 마음을 사로잡았다. 경기장 밖에서도 그녀들의 인기는 대단했다. 다대포의 만경봉호 주변에는 미녀응원단의 하선과 승선에 때맞추어 구경꾼이 줄을 섰다. 이들은 축제적 분위기를 살리는데 한몫을 했다. 미녀들은 간단한 질문에는 거리낌없이 답을 했고 버스안에서도 미소와 손짓으로 친근감을 표현했다. 때묻지 않은 소박함을 읽게 하여 오늘날 우리 여성들이 잃어가고 있는 한 시대전의 순수한 아름다움을 엿보게 했다.

여자는 역시 아름다워야 하는가. 이들이 젊고 예쁘지 않았다면 이토록 관심을 끌지 못했을 것이다. 스파이 마타하리, 김수임이 그 행적과는 상관없이 지금껏 애잔함을 남기고 있는 것은 요염한 매력과 순애때문이 아닐까 한다. 대처 여사가 화려한 야회복으로 연회장에 들어서면 좌중의 정상들이 숨을 죽였다는 얘기도 여성의 아름다움이 갖는 의미를 되씹게 한다.

미녀응원단은 남북의 거리를 좁히는데 기여를 했다. 얼어붙은 마음을 녹이는 훈풍역할을 했다. 이네들의 단편적인 표현에서 공산체제의 도식적 세뇌를 받은 흔적은 발견했으나 보다 더 한 핏줄의 우리네 처녀들이라는 공감대를 안겨주었다. 나쁜 것은 공산주의이지, 북녘사람들이 아니라는 것을 미녀응원단이 확인시키고 떠났다.

2. 난민열차

옛 동서독의 국경지대에 프리드랜드라는 작은 역이 있다. 이곳에는 매일아침 3편의 장거리 열차가 도착한다. 기차에서는 약속이나 한 것처럼 50명 안팎의 난민이 내린다. 동독 혹은 체코와 폴란드등 공산권에서 넘어온 사람들이었다. 고장 사람들은 이 아침 열차를 난민열차로 불렀다. 역 뒤편에는 서독 최대의 난민 수용소가 있었다. 난민들은 보름정도 이곳에서 쉰다음 서독 각지의 연고지나 친척을 찾아 다시 출발했다.

서독은 헌법에서 보호를 구하여 오는 난민, 망명자를 거부해서는 안된다고 선언하고 있다. 전후, 동서로 분열되고 냉전의 최전선에 놓인 독일의 정치 상황을 잘 반영하고 있다. 굳이 서독만이 아니다. 유럽의 중앙에 위치함으로써 민족의 십자로로 일컬어진 비엔나도 난민의 도시로 유명하다. 2차 대전 직후의 혼란기에 약 100만명의 난민이 오스트리아로 왔다. 헝가리동란, 체코 사태등 정변이 일어날 때마다 동유럽에서는 물론 아프가니스탄에서도 난민들이 쏟아져 들어왔다. 오스트리아 정부는 비엔나에서 한시간 거리의 트라이 스크리행이라는 작은 마을에 4,700명 수용의 난민 캠프를 세웠다. 오스트리아 정부는 이들을 받아들이거나 3국행의 편의를 제공했다. 1945년에서 1980년까지 오스트리아의 난민구제 비용은 6,000억원이 넘는다.

레마르크의 「개선문」에서 보는 것처럼 파리도 한때는 난민들의 도시였다. 호메이니가 파리에서 망명 생활을 한 것에서 보는 것처럼 프랑스는 정치적 망명자에 대해 관대하다. 트로츠키가 암살된 멕시코도 망명의 도시로 유명하다. 그러나 베트남의 보트피플에서 보는 것처럼 대량의 난민대열이 이어지면서 세계 각국은 빗장을 잠그는 경향이 있다. 그렇지만 자국의 난민을 거부하는 나라는 없다. 헌법이 북한도 한국 영토로 규정하고 있는 이상 적어도 북한 난민은 적극적으로, 무제한으로 받아들여야 할 것을 말하게 된다.

3. 가상 북한 난민

20세기는 난민의 세기로 일컬어진다. 난민의 시대는 1917년, 러시아의 총성에서 시작되었다. 새로운 체제는 많은 이단자를 탄생시켰고, 이들은 정든 조국을 등지고 유랑의 길을 떠났다. 미국으로, 유럽으로, 그리고 하르빈을 중심으로 중국 각지로 흩어져간 백계 러시아인의 서글픈 모습은 국가 파산의 비극을 상징하는 것이었다. 새로운 집권자에 의해 이단자의 낙인이 찍혔으나 이들이 거역한 것은 체제였지 조국이 아니었다.

미국난민위원회가 발간한 보고서에 의하면 현재 1천7백50만명이라는 대량의 난민이 패스포트도, 돌아갈 조국도 없이 지구상을 떠돌고 있다. 정녕 난민의 세기, 조국상실의 세기인 것이다. 2차 대전이후 폭발적으로 증가한 난민은 공산권에서 자유세계로의 탈출이 주류를 이루었다. 헝가리 동란, 체코 사건, 계엄령하의 폴란드 등이 난민 양산의 도화선이 되었다. 월남 전쟁, 아프가니스탄과 캄보디아의 비극이 그 뒤를 이었고 최근에는 구 유고연방의 내전 등으로 약 3백만명의 난민이 새로이 탄생했다.

일본의 한 주간잡지는 북한 붕괴시의 난민 대책수립을 다루었다. 일본 정부 당국의 극비 회의를 담은 것이어서 관심을 끌게 한다. 북한이 어느 날 갑자기 무너지면 우선 비무장지대를 넘어 난민이 한국으로 유입될 것이고 다른 한편으로 배를 타고 일본으로 밀려들 가능성을 가상한 이 특집은 20세기가 난민의 세기임을 다시 한번 일깨워주고 있다. 흥미로운 사실로 돌려버릴 수만은 없는 일본의 난민 대책임을 확인하게 된다.

4. 탈출(脫出) 이후

독일통일 이후 가장 눈부신 변신을 한 것은 동독출신의 젊은 여성들이었다. 섹시하고 용모가 뛰어난 여성들은 서독으로 건너와 맹렬하게 남자를 찾아 나섰다. 서독에서 태어난 여성들은 대개 자신의 출신계층에 맞게 분수를 지킨다. 그러나 동독출신자는 서독 사회내에서 자신의 출신계층을 정확히 찾을 수 없다. 동독에서 부유계층에 속한 사람들도 서독에 오면 최하층의 외국인 노동자보다 더 가난한 생활이었음을 알게 된다. 그리하여 동독의 남성 엘리트계층은 일찌감치 한계에 부닥치는데 반해 여성들은 신분상승을 겨냥하여 동분서주한다.

미국사람이 고향에 강한 애정을 품고 있는 것처럼 독일사람 또한 출신주에 대한 귀속의식이 매우 강하다. 자유와 경제적 풍요를 구해 서독으로 건너왔어도 망향의 정을 떨치지 못한다. 그래도 처음에는 생활수준의 향상에 만족하지만 시간이 지남에 따라 일상의 반복에 흥미를 잃게 된다.

평범하고 따분한 생활에서 똑같이 평범하고 지루한 생활에의 이동이었음을 느끼게 된다. 생활수준은 향상되었어도 정신적 충족이 아니라 물질적 충족에 지나지 않는다. 그렇다해도 동독에서는 그 두 가지가 다 없었다. 있는 것은 가난과 자유가 없는 감시받는 생활이었다.

미국에서 교육받고 제대로의 위치를 구축한 한교(韓僑)가 미국 사회에 동화되어가고 있는데 반해 이민1세들은 미국생활에 적응하지 못하고 있는 것처럼 어려서 동독을 떠나 서독에서 교육을 받은 경우가 아닌 기성세대는 서독사회에 물과 기름처럼 융화되지 못한채 고독한 생활을 보내야 한다. 젊은 여성들만이 프린세스의 꿈을 가슴에 품고 도시의 거리를 휘젓고 다닌다. 그녀들은 혈통을 앞세워 서독내의 외국인을 배척하면서 일하지 않고 부를 얻으려 광분한다.

지난날 북한을 탈출했던 김경호씨 가족 중 어린이 5명은 이미 한국생활에 적응해 가고 있다고 한다. 굶주림과 공포에서 해방된 어른들도 점차 안정을 찾아갈 것으로 보인다. 그러나 이질적인 체제에서 한 생을 살아온 어른들이 한국 사회에 적응하는 것은 결코 쉽지 않다. 탈북자의 북한행마저 있다고 한다. 대량 난민사태가 예견되는 지금 짚고 넘어가야 할 대목이 아닐 수 없다. 북한의 급속한 붕괴는 난민문제 때문에라도 바람직하지 않다. 포용과 대화의 중요성을 이런 각도에서도 인식하게 된다

5. 가상, 중국의 제2차 조선 전쟁

중국의 군사과학원이 1996년에 출판한 「클린턴의 군사전략과 가상 제2차 조선 전쟁」은 한미 연합군의 압도적 우세에 의한 정전을 예상하고 있다. 중국이 예측한 전쟁의 전말은 이러하다. ① 북미 양국간의 핵 교섭 진전으로 양국은 외교 관계 수립에 접근한다. 이때 미정보기관은 북한내에 3기의 노동 미사일 발사기지가 있는 것을 확인, 이를 계기로 한반도에 전운이 감돈다. ② 인민군 부대가 백령도에 침입, 점거함으로써 전쟁상태에 돌입한다. ③ 한미 연합군은 잠수함에서 북한의 영변에 있는 핵 시설을 향해 토마호크 순항 미사일을 발사한다. 북한측은 즉각 전쟁이 일어난 것을 선언하고 해양선에 배치한 특수전부대를 고속정으로 남하시킨다. 이와 함께 지상의 특수전부대를 지하 터널을 이용하여 진격시킨다. ④ 뒤이어 인민군이 휴전선을 돌파, 3개 루트에서 남하를 개시한다.

그러나 인민군은 원주, 강릉 라인에서 저지된다. 서울은 포격으로 상당한 피해를 입었으나 아직 함락되지 않았다. 미 태평양군 사령부는 북한에의 총공격을 결정, 한미 연합군은 순식간에 휴전선을 회복한다. 이때쯤 미 해병대가 북한 상륙에 성공하여 원산과 곡산을 점거한다. ⑤한미 연합군은 북한의 정주 함흥 라인에서(맥아더 라인) 진군을 정지, 북한과의 정전 협의에 들어간다. 중국의 예상으로는 북한의 패배로 끝난다. 흥미로운 것은 이 가상 전쟁에 중국 인민 해방군은 전혀 등장하고 있지 않는 점이다.

전쟁 발발과 함께 가장 관심을 모으는 것은 탄도 미사일이다. 일본은 일본주둔 미군기지를 향해 북한이 미사일을 발사할 것으로 우려하고 있다. 한때 워싱턴에서는 한국 미사일의 사정거리를 두고 한미 양국이 갈등을 보였다. 미국은 군비경쟁을 걱정하고 한국은 군사적 자위권을 주장하고 있다. 북한의 탄도 미사일 발사 조짐이 동북아 평화의 불안한 변수로 등장하고 있다.

6. 통일논의의 명과 암

독일보다는 한국이 먼저 통일되리라는 것이 1980년대까지의 일반적인 관측이었다. 통일 독일의 출현을 달갑지 않게 생각하는 강대국의 시선이 그 배경으로 일컬어졌다. 특히 프랑스가 그러했다.

이에 더하여 동·서독은 한국과 달리 통일에 절대적 가치를 부여하지 않았다. 1974년 10월 7일, 동서 독일의 재통일을 동독이 공식적으로 포기하고 당시의 브란트 서독 수상이 동독의 독립을 인정한 것이 그러한 사정을 잘 설명해 주고 있다.

독일은 분열이 오히려 정상인 오랜 역사를 가지고 있다. 통일 독일은 비스마르크의 독일 통일 이후 2차 대전 종료때까지의 74년간에 지나지 않는다. 그러나 역사는 예상을 뒤엎고 독일 통일을 실현시켰다. 통일이 민족적 비원이고 강대국의 역작용 또한 크지 않을 것으로 생각된 한반도는 여전히 분단국가로 남아 있다.

현대사는 공산주의 국가의 붕괴를 숙명적인 과정으로 기록하고 있다. 첫째 공산주의 국가 중 경제가 만족스러운 나라는 한 나라도 없다. 왕시의 소련제국도 경제수준은 세계에서 70번째였다. 둘째로 인권의 침해내지 무시가 극심하다. 북한은 이에 더하여 광기의 1인 지배체제를 확립하고 있다. 그 압권이 공산주의 이념과는 정면으로 상치되는 권력의 세습이다. 이미 아사자가 속출하고 있는 북한이 다른 공산국가의 뒤를 밟을 것은 자명하다. 문제는 그 시기와 붕괴양상에 있다.

사람들은 흔히 서독이 동독을 흡수 통일한 것으로 말한다. 그러나 베를린장벽을 허물고 눈사태처럼 동독의 유민이 서베를린으로 쏟아져 들어온 것에서 보는 것처럼 흡수가 아니라 합류라는 표현이 정확하다는 지적이 있다. 한반도의 통일 또한 독일처럼 순리로 달성되어야 한다.

한국이 구서독처럼 정치적, 경제적으로 안정되는 것이 그 先行 조건이다. 일부 극렬 학생의 행동은 사회의 안정을 해침으로써 평화로운 통일의 역기능으로 작용하기 쉽다. 광기의 북한 집권층으로 하여금 한국에 상당한 동조세력이 있는 것으로 착각하게 만드는 함정 일수도 있다. 한총련 등의 극렬 행위야말로 평화로운 통일을 어렵게 만드는 역작용인 것을 일깨우게 된다.

7. 북 대사의 망명

망명은 종종 국제외교의 불씨가 된다. 이란의 팔레비 전국왕이 좋은 예이다. 한때 영화의 극치를 누린 그는 호메이니옹의 이란 혁명으로 유랑의 길에 올라야 했다. 해외에 거대한 재산이 있었으나 선뜻 망명처를 제공할 나라가 없었다. 전전 끝에 카이로에서 좌절의 만년을 보내야 했다.

호네커 전 동독 국가원수 또한 갈 곳이 없어 고초를 겪어야 했다. 독일 정부와의 외교 마찰 때문이 아니라 인권유린 등 비인도적 정책에 대한 세계의 거부반응 때문이었다. 1차 세계 대전을 일으킨 카이제르도 전범 처단의 국제 여론 앞에 갈 길이 막막했으나 네덜란드 정부가 받아들임으로써 비극을 면할 수 있었다.

시아누크 캄보디아 국왕은 망명과 집권을 되풀이 해왔다. 특이한 것은 망명시대에도 국가원수에 준한 예우를 받아온 점이다. 주은래 중국 수상은 그를 극진하게 대접했다. 김일성 또한 더없이 융숭하게 대우했다. 2차 대전때 런던에 피신한 동구권 여러 나라의 국왕들이 쓸쓸하게 망명정부를 이끈 것을 상기(想起)할 때 시아누크 국왕은 더없이 호사를 누린 셈이다.

망명은 그 조건을 갖춘 한 받아들이는 것이 국제법상의 원칙이다. 그러나 망명객으로 말미암은 이런 저런 부담 때문에 달가워하지 않는 경향이 있다. 그런 가운데서도 멕시코는 망명객의 천국으로 알려져 있다.

거의 무조건으로 받아들이기 때문이다. 트로츠키가 멕시코를 망명지로 택한 것도 그런 이유에서였다. 2차 대전때는 런던이 망명객의 임시 수도처럼 되어 있었고 파리도 오갈 데 없는 망명객이 즐겨 찾는 곳이었다. 2차 대전 이후에는 유럽의 십자로로 일컬어지는 비엔나에 난민과 망명객이 홍수처럼 밀려들었다. 율 브린너 주연의 「여로」는 그러한 단면을 잘 보여주고 있다.

북한 장승길 대사의 망명을 두고 미묘한 문제가 제기되었다. 장대사가 자유의사에 의해 망명을 결행한 이상 망명 자체를 두고 논란이 제기될 여지는 없다. 그러나 상대가 북한이라는 것에 난제(難題)가 있다. 어떤 경우에도 장대사의 자유의사가 판단의 1차적 기준이 되어야 할 것을 말하게 된다.

8. 하나의 민족, 두 개의 체제(이산가족 상봉과 남북관계)

1974년 7월 7일, 동독 정부는 공식으로 동·서 독일의 재통일을 포기했다. 즉, 같은 독일어를 쓰고, 비슷한 운명을 걸어왔으며, 같은 문화권을 형성해 왔으면서도 엄연히 다른 국가를 형성하고 있는 오스트리아처럼 독일어권의 딴 나라로 존립할 것을 선언한 것이다.

당시의 브란트 서독 총리는 이를 받아들였다. 그 결과, 공식적으로는 동·서독의 재통일이 불가능하게 되었다. 서독의 야당은 독일의 재통일을 불가능하게 만들었다고 비난했다. 그러나 이를 계기로 동·서독의 접근이 촉진되었다. 『서로 이해하자』고 주장한 프란트 총리의 현실적인 정치가 성공하고, 서방 사람들의 동독에 대한 이해와 관심이 높아졌다.

동 · 서독간의 내왕이 빈번해 진 것도 이때부터이다.

통일의 포기는 분단의 시대에서 공존의 시대로 동 · 서독이 접어들게 되었음을 의미했다. 그때까지만 해도 서독에서는 공산주의는 곧 악이며, 따라서 동독은 악의 집단이라는 인식이 강했다. 그러나 재통일에 집착한 비극적 시대의 종언으로 동독을 올바르게 이해하려는 움직임이 확산되었다. 동독에서도 서독을 적으로 보는 고정 관념이 깨뜨려졌다. 교류의 확대로 민족적 동질성이 회복되었고, 같은 독일인이라는 인식이 강해졌다.

남북 정상회담의 개최를 계기로, 이산가족의 상봉이 이루어지고 있다. 금강산에서의 이산가족 상봉은 50여년간 막혀온 남북간의 벽을 적지않이 허물고 있다. 반세기의 세월이 흐르면서, 남 · 북한의 이산가족은 고령화되고 있다. 남편과 아내라는 가장 기본적인 가족 관계는 거의 없어져 가고 있다. 부모와 자식간은 더욱 그러하다. 형제, 자매의 만남조차 점차 멀어져 가고 있다. 자칫 남북의 이산가족이 사실상 소멸되는 시점에서 상징적인 수치이기는 하나, 이산가족의 상봉이 이루어지고 있는 것은, 점차 퇴색되어 가는 남북의 혈연적 유대를 되살려 주고 있다.

이와 연관하여 중요한 것은, 지난날의 독일처럼 하나의 민족과 두 개의 체제가 한반도에 엄연히 공존하고 있음을 인식하는 것이다. 무리한 통일 촉진, 남북이 하나임을 강조하는 것은 평화 공존의 불안한 변수가 된다. 이산가족 상봉이 뜻하는 교류의 확대를 통해, 서로의 거리를 좁혀 가는 것이 중요하다. 무엇보다 남북 철도망과 도로망의 개통, 개성 공단의 활성화를 통해, 경제적 이익의 공유(公有)를 확대해 가야 한다. 통일을 포기함으로써, 즉 평화 공존을 추구함으로써 오히려 통일이 촉진된 독일의 교훈을 곰곰이 되새겨 볼 필요가 있다.

제3장 절망의 선택은 없다.

I. 평화 공존의 조건

1. 평화(平和)의 담보

2차 대전 전야, 처칠은 영국사람이 매일 아침 마시는 한잔의 홍차값만 아끼면 전쟁을 예방할 수 있다고 역설했다. 처칠의 이 경고는 평화의 환상에 젖은 영국 조야에 의해 「전쟁광」으로 매도되었다. 전쟁이 일어나고서야 사람들은 나치스에 대한 안일한 평가를 후회했다.

온건정책이 평화의 담보가 아닌 좋은 예로 사람들은 흔히 뮌헨회담을 든다. 히틀러가 연출한 뮌헨회담이 성공했을 때 유럽의 모든 교회는 일제히 종을 치고 평화를 축하했다. 그러나 이 회담이야말로 새로운 대전을 예고하는 것이었다. 침략자는 필요에 따라 미소도 짓고 협박도 일삼는다. 모든 것은 수단일 뿐이다. 공산국가가 특히 그러하다.

국제문제 전문가들은 공산주의 국가와의 우호조약 체결이야말로 가장 위험한 것이라고 지적한다. 옛소련의 경우가 그러했다. 1925년에서 1941년 사이에 소련은 15개의 불가침 또는 중립조약에 조인했다. 이중 11개는 소련정부가 깨뜨리고 2개는 히틀러가 파기했으며 2개는 다른 협정으로 대체되었다. 또 소련은 1935년에서 1950년 사이에 18개의 군사협정을 맺었으나 그 중 15개가 소련에 의해 깨뜨려졌다. 예를 들면 1932년 소련은 핀란드와 불가침 조약을 맺었으나 그 7년후인 1939년에 소련은 핀란드를 공격했다. 이같은 공산주의 국가의 특성을 가장 잘 지니고 있는 것이 북한이다.

대화와 개방만이 유일한 생존수단임을 북한 당로자에 인식시켜야 한다. 먼저 확고한 대북정책을 수립해야 한다. 둘째로 우방국가, 특히 미국과의 협력체제를 강화해야 한다. 이를 바탕으로 북한으로 하여금 현실을 직시하게 해야 한다. 북한도 대화와 개방 이외에 달리 선택의 길이 없는 것을 알고 있다. 문제는 한국을 제쳐두고 미국과 접촉하려는 것에 있다. 북한이 평화를 위협하는 소행을 거듭하면서 서방의 투자를 유도하고 관계를 개선하겠다는 것은 어리석기 그지없다. 한국 외교가 어떤 방향으로 전개되어야 할 것인가를 일깨워 주는 대목이기도 하다. 독재국가에서는 온건론이, 민주국가에서는 강경론이 평화의 담보임을 현대사가 증언하고 있다.

이 칼럼집의 서문에서 밝힌 것처럼, 북한을 절망적인 상황에 몰아쳐서는 안되며, 이에 앞서 6·25동란 때처럼 북한의 강경론자가 오판할 요인을 제공해서도 안된다. 처칠이 일찌감치 설파한 것처럼, 평화는 이를 지키기 위한 강력한 군사적 대응책을 확립함으로써만 가능한 것임을 말하게 된다.

2. 미소와 협박

38세의 미남 외상 이튼이 히틀러를 방문했을 때 47세의 독재자는 「서울 불바다론」과 흡사한 협박을 했다. 『어차피 벌어질 전쟁이라면 내가 50세나 55세때 보다 지금 개전하는 것이 좋다』고. 그러나 집권 3년밖에 안된 36년의 나치스는 영·불과 전쟁을 감행할 채비가 갖춰져 있지 않았다. 그러나 협박전술은 주효했다. 라인란드 진주에서 오스트리아 합병, 체코 합병까지 히틀러의 팽창정책은 순조로웠다. 英·佛이 폴란드 침공까지 좌시할 것을 기대한게 오판이었을 뿐이다.

독재적 집단은 이념의 색깔과는 상관없이 몇 가지 공통점이 있다. 배타성과 침략성이 대표적인 통성이다. 전쟁 1보전의 위기를 조장하여 실리를 추구하는 것도 성향을 같이 한다. 히틀러에 비하면 스탈린과 그 후계자들은 한결 교활하고 치밀했다. 나치스는 적성국가와 대등한 군사력을 배경으로 모험을 무릅썼다. 그러나 2차 대전에서 미국의 지원으로 간신히 살아남은 소련이 서방과 대결하기에는 역불급이었다. 그럼에도 불구하고 평화지향의 서방 정책의 허를 찔러 팽창정책을 추구했다. 브레즈네프시대까지 공산 소련의 적화정책은 착실한 성공을 거두었다.

소련은 그 많은 전쟁과 분쟁을 조종했으나 직접 미국과 군사적으로 맞붙은 일은 없다. 한국 동란, 월남 전쟁이 그 단적인 예이다. 유명한 「고무제잠수함」사건에서 보듯이 군사력을 과장, 전시하면서 배후세력으로 남아 있었을 뿐이다. 미국은 소련의 허상을 간파했으나 핵전쟁의 위험 때문에 웬만하면 양보했다. 쿠바 사태처럼 미국의 안전을 직접 위협했을 때만 정면 대결했다. 이러했을 때 소련이 재빨리 후퇴한 것을 기억하고 있다.

북한도 구 소련식의 핵외교를 펼치고 있다. 종주국들이 무너졌거나 달라진 지금 북한은 믿고 일어설 언덕이 없다. 핵전쟁만은 회피하려는 한국과 서방을 이용하여 정치적 경제적 고지를 점하려 할 뿐이다. 그러나 왕시의 흐루시초프처럼 결정적인 순간에는 몸을 돌릴 줄 아는 집단이기도 하다. 협박에 이은 최근의 변신이 이를 말해주고 있다. 북한 양면전략의 허실을 꿰뚫어 보는 냉정한 눈이 필요한 것임을 말하게 된다.

3. 벼랑 끝 전술

1948년 6월, 소련은 서 베를린을 봉쇄했다. 소련 점령지구 안에 있던 서베를린은 이로써 외부와의 교통이 차단되었다. 소련은 서베를린에 대한 전력, 석탄, 식량의 공급을 정지시킴으로써 「육지의 고도」 서베를린 시민을 기아의 위기에 몰아세웠다. 미국은 225만명의 서베를린 시민을 살리기 위해 유명한 공수작전을 전개했다. 베를린 봉쇄가 풀릴 때까지 11개월간 연 27만7,000회에 걸쳐 미공군기가 물자를 실어 날랐다. 소련의 봉쇄작전은 실패하고 1949년 5월, 서베를린 봉쇄를 해제했다.

미국은 대공수 작전을 통해 서베를린 시민을 결코 버리지 않는다는 메시지를 보냈다. 스탈린은 결국 서베를린, 그리고 서독을 잃었다. 스탈린의 서베를린 봉쇄는 벼랑끝 전술의 전형이었다. 만약 미군이 무력으로 봉쇄를 돌파하려 했다면 소련은 굴복 이외의 방법이 없었을 것이다. 그러나 미국이 쉽게 위험을 무릅쓰지 않을 것이라는 계산 아래 서베를린을 봉쇄했던 것이다.

소련의 허세는 1962년 10월, 쿠바해역을 봉쇄했을 때 여지없이 드러났다. 쿠바에 미사일 기지를 건설하려는 소련에 대해 케네디는 해양 봉쇄를 통해 소련의 접근을 중단시켰다. 흐루시초프는 소련 선단을 출항시킴으로써 2차 대전의 위기가 고조되었다. 그러나 소련 선단이 쿠바해협에 도달하기 직전 흐루시초프는 함대를 회항시켰다.

벼랑 끝 전술에 관한 한 히틀러는 스탈린의 대선배이다. 독일군의 라인란드 진주, 오스트리아 합병, 뮌헨회담은 히틀러가 전쟁 카드를 펼럭이면서 영·불을 굴복시킨 것이었다. 폴란드 침공도 말하자면 벼랑 끝 전술이었으나 뜻하지 않게 영·불이 선전 포고함으로써 실패했다. 북한의 벼랑 끝 전술은 애써 설명 할 것까지 없다. 그러나 부시정권의 강경정책으로 북한의 벼랑 끝 외교는 신통력을 잃었다. 문제는 강경 정책이 서로 부닥쳤을 때의 위험한 변수이다. 대화의 창구를 항상 열어두어야 할 필요가 이에 있다. 미국과 한국이 동맹이라는 이름에 걸맞게 발을 맞추어 북한에 대응해야 한다. 이러한 때 북한측의 반발을 촉박할 위험이 없지 않다. 이러한 상황을 막기 위해 한국이 자주외교의 이름아래 미국 어깨 너머로 북한과 대화를 나누게 되면 미국의 만만찮은 견제를 받을지 모를 위험이 있다. 이에 앞서 한·미간의 북측 책략에 휘말릴 우려가 있다. 한국의 대미, 대북 정책의 어려움이 바로 이러한 데에 있다. 그러나 분명한 것은 북한은 어디까지나 대치(對峙)적 위치의 군사 세력이며, 미국은 민주주의라는 공통분모를 가진 우방이라는 점이다. 이 엄연한 현실을 직시하면서 한국의 대북정책이 펼쳐져야 할 것임을 말하게 된다.

4. 주한 미군의 감축과 남북관계

부시 정권의 주한 미군 감축은 아시아 방위의 기본전략이 수정된 것을 말한다. 첫째, 미국에서 한반도는 냉전시대와 같은 전략적 의미를 상실하고 있다. 구 소련과 중국이 북한의 배후 세력으로 버티고 있을 때, 주한 미군은 미국 극동전략의 핵심적 요소였다. 중국은 냉전시대에도 북한의 위험한 대남 도발을 억제하는 존재일 수 있었으나, 구 소련은 항상 위험한 변수였다. 그러나 중국은 경제 대국의 건설에 최고 목표를 설정하고 있다. 북한의 우방일 수는 있어도 군사적 지원 세력일 수는 없게 되어 있다. 소련방의 해체로 북한은 이름 그대로 자력으로 탈냉전 이후의 새로운 동북아 정세에 대응하지 않으면 안되게 되어 있다. 미국이 주한 미군을 감축시킨 일차적 요인이라 할 것이다.

그러나 간과해서 안될 것은 한국내지 한국인에 대한 미국 조야의 인식 변화가 미군 감축의 한 요인일 수 있다는 점이다. 대한민국의 성립과 발전에 이르기까지 미국은 절대적인 후원 세력이었다. 식량을 비롯한 미국의 지원이 없었을 때, 1950년대까지의 한국 경제는 파탄을 면하기 어려운 처지에 있었다. 이에 앞서 6·25때 한국을 지켜주었고, 휴전 이후 오늘에 이르기까지 북한의 군사적 도발에 대한 억지 세력으로 작용해 왔다. 보기에 따라 그것은 한국을 위해서가 아니라 미국의 세계 전략에 따른 선택이라고 할 수 있을지 모른다. 한국 사회 일각의 이러한 시각이야말로 미국이 한국을 달리 볼 수 있는 감성적 배경이 될 수 있음을 지적하지 않을 수 없다. 촛불 시위에서 단적으로 드러난 한국인의 반미 감정 앞에 미국은 배신감과 분노에 젖어 있을 법하다. 주한 미군을 줄이

고, 미군 사령부를 후방에 배치하겠다는 것은 한국 방위에 대한 미국의
입장이 매우 가변적인 것을 시사하고 있다.

주한 미군의 대부분은 병력 감축에 우려를 나타내고 있는 것으로 파악
되고 있다. 미군이 줄어들면 북한군은 걸어서 '서울에 입성할 것임을 말
하는 장병도 있는 것으로 전해지고 있다. 그러나 미국이 대한 방위의 확
고한 의지가 살아있는 한 병력 수가 줄어든다고 하여 북한이 남침할 가
능성은 거의 없다.

첫째, 북한은 핵무기나 비장의 카드인 세균 무기를 결코 사용할 수 없
다. 그러했을 때, 한국 방위와는 상관없이 핵 공격을 포함한 미국의 전
면적인 보복을 받을 것이기 때문이다. 이라크 침공의 이유를 미국은 대
량 살상 무기의 생산에 두고 있었음을 유념할 필요가 있다. 김정일 국방
위원장 또한 북한이 한, 두 개의 핵 폭탄을 가지고 있다 한들 미국의 핵
공세 앞에서 문제조차 되지 않는 미약한 세력임을 토로한 바 있다.

둘째, 재래식 병기만으로는 미군을 뺀 한국군과의 대결에서조차 승산
이 없다. 산술적으로 북한의 병력은 한국군을 앞서고 있으나, 무기 체계
가 노후가 되어 있을 뿐만 아니라 기름이 없어 필요한 훈련양의 1/10도
하지 못하고 있다. 공군, 전차를 비롯한 기갑부대, 대공 포화 등이 그러
한 예에 속한다.

셋째, 설사 군사적으로 한국을 제압한다 할지라도 북한 정권은 무너지
게 되어 있다. 북한 정권의 허상이 하루아침에 드러난것이기 때문이다.
그들은 북한이 천국이고, 남한을 지옥으로 선전해 왔으나 실상은 그 정

반대인 것을 북한 주민이 목격, 확인하게 될 것이기 때문이다. 북한이 절망적 상황, 즉 이래도 죽고, 저래도 죽는 한계 상황에 몰리지 않는 한 파멸이 전제된 도발이 쉽지 않을 것임을 단언할 수 있다.

그럼에도 불구하고 방심해서 안될 것은 히틀러에서 볼 수 있는 것처럼 독재적 집단의 광기와 오판 때문이다. 세계에서 가장 도전적이고 광적인 북한의 행동을 누가 확언할 수 있겠는가. 주한 미군이 한반도에서 전면 철수 하지 않는 한 미국과의 대결이 불가피한 전쟁카드를 함부로 쓸 수는 없을 것이다. 그러나 국가 안보는 모든 가능성에 대비해야 한다. 사전 억제력의 강화 즉, 국방력의 강화와 한·미양국의 관계결속이 그래서 안보의 핵임을 말하게 된다.

5. 한국 지형에 맞춘 일본 자위대의 전차부대

한반도 정세와 연관하여 주목할 만한 것은 일본 자위대의 한반도 전략이다. 이른바 평화 헌법에 의해 일본은 어떤 경우에도 전쟁을 할 수 없게 되어 있다. 최근 평화 헌법에 대한 개정론이 활발하게 논의되고 있을 뿐만 아니라 일본이 세계 5위권의 군사 강국으로 부상하고 있어 상황은 많이 달라지고 있다. 우리가 눈여겨 보아야 할 것은, 일본 자위대의 해외 파병같은 것이 상상조차 하기 어려웠던 1960년대 중반에 일본 자위대의 전차는 일본이 아니라 한국 지형에 맞게 설계되어 있었다는 점이다. 이것은 만약의 경우 통수권자의 명령만 있으면 일본 자위대는 즉각 한반도에 진격할 수 있음을 시사하고 있다.

한반도 정세에 대해 일본은 미국과는 비교조차 할 수 없는 민감한 입장에 놓여 있다. 한반도를 적대 세력이 지배하게 되면 일본의 안전 보장은 결정적인 위협을 받게 된다. 대한해협에서 마라카해협에 이르는 석유 수송 루트가 언제든지 차단 될 수 있는 불안한 상황에 몰리게 된다. 이것은 일본의 생존권과 직결된다. 또한 일본의 제해권과 제공권이 중대한 위협을 받게 된다. 이에 앞서 한반도에서 전쟁이 벌어져 북한 난민이 대량 유입할 가능성이 있다. 어떤 경우에도 일본으로서는 한반도에서 전쟁이 벌어져서는 안되고, 더더욱 북한이 한반도의 강자로 군림하게 되는 것을 결코 용납할 수 없다.

앞으로 주한 미군은 사단 규모로 격화되고, 사령관의 계급 또한 중장급으로 내려앉을 것이라는 전망이 나오고 있다. 4성 장군은 일본에서 주일 미군과 주한 미군을 지휘하게 될 것이라는 추측이 유력하게 제기되고 있다. 오늘날 자력으로 국가 안보정책을 추진하고 있는 나라는 적어도 주요 국가 중에는 찾아볼 수 없다. 집단 안정보장의 개념하에 저마다의 군사 전략이 짜여져 있다. 미국과의 공조없는 한국의 안보정책은 있을 수 없다. 이러한 터에 한국의 민주화 과정에서 미국이 소극적으로 대응하고, 한·미 협정의 불평등 조항같은 것을 이유로 자칫 미국의 한국 포기로 이어질 수도 있는 반미 감정을 촉발하는 것은 「빈대가 미워 초가 삼칸을 태우는」 어리석음이 아닐 수 없다. 정부의 반드시 투명하다고 할 수 없는 대북, 대미정책 또한 나무는 보고 숲은 보지 못하는 단견임을 지적하지 않을 수 없다. 한미 관계에 틈새가 생기지 않는 한 북한은 감히 모험을 무릅쓰지 못 할 것이다. 그러나 북한이 오랫동안 추구해 온 한국 어깨 너머의 대미 접촉같은 것이 군사적 측면에서도 가능한 것으로 북한이 판단하게 되었을 때, 사태는 유동성을 면치 못한다. 독재 정권은 더 이상 그들 국민을 이끌어 갈 힘이 없을 때 정권의 생존을 위해

전쟁도 사양하지 않는 폭발성을 지닌 것임을 인식 할 필요가 있다. 거듭 한미 관계가 한국 안전보장의 절대적 요소임을 일깨우고자 한다.

6. 주적과 가상 적국

1939년 8월 23일, 독일과 소련은 불가침 조약을 체결했다. 그러나 히틀러는 조약 체결 직후 소련을 목표로 한 「바루바롯사 작전」을 참모 본부에 명령했다. 그리하여 불가침조약 체결 1년 10개월 만인 1941년 6월, 독일군은 소련 공격을 감행했다.

히틀러는 처음부터 조약을 지킬 생각이 전혀 없었다. 배후의 위험을 없앰으로써 마음 놓고 영국과 프랑스를 침공했을 뿐이다. 스탈린은 조약의 실효성을 반신반의 했으나 나치스는 여전히 소련의 제1 가상 적국이었다.

1941년 4월, 일본은 소련과 중립조약을 체결했다. 그러나 소련은 변함없이 일본의 가상적국이었다. 소련 또한 마찬가지였다. 다만 「일본은 북진하지 않는다 남방 공략을 결정」이라는 졸개의 긴급 전문으로 스탈린은 중소 국경지대의 주력부대를 독일전선에 투입할 수 있었다. 일본은 최정예부대인 관동군을 계속 대소 전쟁에 대비케 함으로써 경계를 게을리하지 않았다. 나치스의 동맹국이었던 루마니아가 국왕의 친위 쿠데타로 하루 아침에 반독일 전선에 가담한 것에서 보는 것처럼 조약이나 평화회담은 평화의 담보가 될 수 없을 때가 많다. 강력한 군사력만이 평화를 보장한다.

남북의 화해무드에 따라 북한을 주적 개념에서 제외해야 된다는 주장이 일각에서 제기되고 있다. 북한을 자극할 필요는 없고, 또 진심으로 평화공존을 모색해야 한다. 그러나 군사적 측면에서 완전한 평화체제가 구축될 때까지 지금까지의 작전 개념이나 주적 개념을 수정해야 할 필요는 없다. 그것은 전쟁을 대비하기 위해서가 아니라 평화를 지키기 위한 불가결의 수단인 것이다.

다만 남북대화를 추구하고 있는 오늘날 굳이 「주적」이라는 표현을 고집할 필요는 없을 듯하다. 중요한 것은 표현보다 내용이기 때문이다.

7. 햇볕정책의 시련

북한은 햇볕을 보낸다고 하여 달라질 집단은 아니다. 그럼에도 불구하고 이들을 돕고 달래려는 것은 「절망의 도발」을 막기 위해서이다. 북한은 국가로서의 존립이 쉽지 않은 한계상황에 놓여 있다. 이런 터에 몰아세우기만 하면 어떤 짓을 할지 알 수 없다. 북한의 김정일 국방위원장은 고이즈미 총리와의 회담에서 『핵 동결은 비핵화로의 첫걸음이고 당연히 검증을 동반한다』고 지적했을 뿐만 아니라, 『6자 회담에서 미국과 이중창을 부르고 싶다. 목이 쉴 정도로 미국과 노래할 것이다. 주변국에 오케스트라 반주를 부탁하고 싶다.』고 말했다.

북한이, 더욱이 최고 권력자가 거의 애걸하다시피 미국과의 대화를 소망한 것은 전례가 없다. 언제나 이른바 벼랑 끝 전술로 실리를 추구했다. 그러나 지금 북한은 감히 그런 전술을 구사할 여유가 없는 것처럼 보인다. 한국과 미국이 유념해야 할 것은 이러한 북한을 몰아세우기만

해서는 안 된다는 점이다. 북한은 언제나 마지막 카드를 준비하고 있다고 보아야 한다. 햇볕 정책의 연장선이라 할 대북지원에 대해 「퍼주기」라는 비난이 일각에서 제기되고 있다.

그러나 대북지원을 통일비용이라는 각도에서 생각할 때, 시각은 달라질 수 밖에 없다. 남북의 평화적 공존은 북한의 생활수준이 한국에 접근해 와야만 무리가 따르지 않는다. 1, 2년으로 해결될 수 없는 난제이기도 하다. 개성공단에의 한국 기업 진출이 시사하는 것은 남북이 경제적 이익의 공유를 확대하는 한편, 북한 경제가 연착륙할 때까지 가능한 범위내에서 북한을 도와야 한다는 점이다. 잘사는 나라가 못사는 나라를 지원하는 것은 이 시대의 국제적 윤리이다. 항차 그 대상이 언젠가 나라를 함께 해야 할 북녘 동포라 할 때 어찌 「퍼주기」라는 표현으로 비난할 수 있다는 것인가. 대북지원은 가장 값싼 것이면서도 가장 확실한 평화의 담보임을 이해할 필요가 있다.

개성공단의 건설에 이어, 남북의 철도와 도로가 연결되면 남북한은 경제적 이익을 공유하게 된다. 경제적 이익을 함께 하는 나라간에는 결코 전쟁이 벌어지지 않는 것으로 일컬어지고 있다. 북한의 오판을 막을 군사적 대응태세가 갖추어져야 할 것은 말할 것이 없다. 그러나 브란트 시대의 서독 국민이 그랬던 것처럼 좀 더 열린 마음으로 북한을 바라보고 받아들일 필요가 있다. 북한 또한 옛날과는 판이하게 미국과 서방 세계에 다가서려 하고 있음을 주목할 필요가 있다. 햇볕정책이 북한을 변화시킬 수는 없어도 도발을 완화시킬 윤활유는 될 수 있다. 무엇보다 대화이외의 수단이 없음을 직시해야 한다.

8. 휴전선과 국경선

구동·서독의 경계선은 원래 한반도의 휴전선과 비슷한 것이었다. 당연히 사람과 물자의 교류는 엄격히 통제되었다. 양독(兩獨)간의 교류가 활발해진 것은 이 경계선이 국경으로 바뀌면서였다. 1974년 10월 7일, 동독은 공식적으로 통일을 포기하고 서독과는 별개의 독립국임을 선언했다. 브란트 서독수상이 이를 인정, 양국은 서로 독립국가로서의 존재를 공인했다. 이때부터 경계선은 「국경」으로 변했던 것이다.

국경이란 인접한 나라와의 경계선이다. 따라서 이를 통해 사람, 정보, 물자, 자금이 서로 이동하는 관문이기도 하다. 彼我의 실체를 인정한 순간부터 동 서독간에는 불신과 갈등이 급격히 줄어들었다. 서독의 학자나 정치가들 사이에 동독의 입장을 올바르게 이해하려는 발언이 많아졌다. 그때까지 공산주의는 곧 동독, 동독은 곧 공산주의, 우리들의 적이라는 공식적인 발언이 자취를 감추었다. 분단의 고착화처럼 보인 두 독일의 공식화가 하나의 독일을 가져온 지름길이 되었던 것이다.

남북 총리간의 회담은 몇가지 현안에 대해 주목할만한 공동인식을 하고 있다. 그러나 아직도 출발선상에서 큰 차이를 보이고 있는 것이 있다. 북한은 남북의 총리가 마주앉은 이 순간까지도 한반도에 두 개의 나라와 정부가 존재함을 부인하고 있다. 서로 독자의 체제와 외교망을 갖고 있으면서 애써 「하나의 국가론」만 고집하고 있다. 이 논리를 벗어나지 못할 때 휴전선은 이름 그대로 포성이 멈춘 전투분계선일 뿐이다.

정녕 남북간에 화해가 형성되려면 서로의 현실과 현상을 공인하는데 있다. 휴전선이 사실상의 국경선이 될 때 갈등과 반목은 줄어들고 사람과 물자의 교류는 활발해질 것이다. 양독(兩獨)은 사이좋게 UN에 가입함으로써 2개의 주권국가를 공식화했다. 엄연히 두 개의 정부가 있는 터에 이를 외면하는것은 副次的인 문제를 너무 많이 파생시킨다. 현상의 공식화는 분단의 고착화가 아니라 화해의 시발임을 일깨우게 된다.

Ⅱ. 미국은 왜 이라크를 공격했는가.

1 자원전쟁 시대의 생존 전략

2003년 5월 1일, 부시 미대통령은 이라크 전쟁의 전투 종결을 선언했다. 항공모함 에이브라함, 링컨 함상에서의 화려한 승리 선언은 미국 매스컴에서 전 세계에 송신되었다. 그러나 그 선언은 동시에 새로운 전쟁의 개막 선언이기도 했다.

2004년 6월 22일 한국에는 이라크 반미 세력에 의한 김선일씨의 참살이라는 충격적인 소식이 전해졌다. 부시의 선언과는 달리 이라크에서의 전투는 끝나지 않았음을 말해주는 전율할 범행이 아닐 수 없다. 문제는 왜 미국이 이라크를 공격했고, 그 공격이 걸프 전쟁때처럼 국제 사회의 공감을 불러 일으키지 못하고 있는 가에 있다. 부시, 체니 정권은 이라크가 대량 살상 무기를 생산하고 있다는 것을 그 명분으로 들었다. 그러나 이라크 주둔 미군은 지금껏 후세인이 대량 살상 무기를 만들었다는 어떠한 증거도 찾아내지 못하고 있다.

남아프리카 공화국의 전 대통령 만델라는 미·이라크 전쟁을 석유 전쟁이라고 설파했다. 쉽게 말해 미국에 아무런 위협도 가하지 않은 이라크를 선제 공격한 것은 석유 자원의 확보에 목표가 있음을 밝힌 것이다. 이러한 지적이 반드시 정곡을 찌른 것인지는 단언하기 어렵다. 그러나 분명한 것은 미국은 석유자원의 확보에 정책의 1차적 목표를 설정하고 있다는 점이다. 미국은 페르시아만 주변에있는 에너지 자원의 대부분이 서방에 흘러 들어올 것을 기대하고 있다.

페르시아만 주변에는 세계 석유자원의 약 65%가 매장되어 있다. 더욱이 석유 매장량은 앞으로 더욱 증가될 것으로 보일 뿐만 아니라 이 지역의 석유자원은 집중도가 지표 가까이 위치해 있다. 이 중에서 이라크는 세계 확인 매장량의 10.9%를 차지하고 있어 사우디아라비아의 25.5%에 이어 세계 제2위를 점하고 있다. 이 같은 사실이 미국의 이라크 공격과 전혀 무관할 수 없을 것임은 쉽게 짐작할 수 있다.

2. 끝없는 석유 수요의 증가와 자원 확보의 다각화

1997년 9월 15일 아침 새벽, 미 육군 제82 공정(空挺)사단의 장병 500명이 카자흐스탄 남부의 황량한 전장(戰場)에 낙하산 강하했다. 미군 부대를 인솔하여 직접 낙하산 강하의 선두에 선 것은 미 대서양군 사령관 존 시한 대장이었다. 500명의 장병을 대장이 이끈 것은 역사상 거의 전례가 없는 일이다. 존 대장은 보도진에 대해 장차 이 지역에서 위기가 발생했을 때, 미국이 필요한 도움을 줄 준비를 하는데 목적이 있음을 시사했다. 그러나 국제 관측통은 옛 소련 영토인 카스피 연안에 세계 석유 확인 매장량의 약 1/5에 상당하는 원유와 약 1/8에 이르는 천연가스 자원이 있는 것을 숨겨진 동기로 보고 있다.

오늘날 석유의 수요는 폭발적으로 증가하고 있다. 예를 들어 자가용차는 1950년의 약 5천 3백만 대에서 1999년에는 약 5억 2천만 대로 증가했다. 냉장고, TV, 에어콘 등도 비슷하게 확대되었다. 반사적으로 석유를 비롯한 자원의 소비가 증가하고 있다. 특히 중국의 석유와 천연가스 소비량이 폭발적으로 늘어나고 있다. 전세계 석유 자원등의 약 1/3을 소비하고 있는 미국으로서는 자원확보가 국가 생존 전략의 기본일 수 밖에 없다.

이와 연관하여 간과해서 안 될 것은, 지하자원은 불가피하게 분쟁의 불씨를 안고 있다는 점이다. 큰 하천이나 지하의 유맥(油脈)은 여러 나라에 걸쳐 형성되어 있다. 예를 들어, 나일강은 9개국, 메콘강은 5개국에 걸쳐 있다. 대규모의 유맥 위에 2개국이 자리해 있고, 쌍방의 생산력에 차이가 있을 때, 분쟁이 일어나기 쉽다. 1980년대 후반 이후의 이라크와 쿠웨이트 관계가 그 단적인 예라 할 것이다. 공동 소유의 유전을 둘러싼 분쟁은 사우디아라비아와 예맨 사이에서도 일어나고 있다. 굳이 미국만이 아니라 세계의 모든 나라가 석유 자원의 확보에 국가의 존망을 걸다시피 하고 있다. 한국은 특히 그러하다. 2차 대전이 일본과 독일의 석유 자원 확보가 중요한 동기였던 것처럼 오늘의 중동 사태, 그리고 앞으로의 국제 분쟁도 석유를 둘러싸고 벌어질 것이라는 것이 국제 사회의 일반적인 시각이 되고 있다.

3 처칠의 석유 안전보장 정책

석유를 군함의 동력원(動力源)으로 결정한 것은 1912년 해군대신이었던 윈스턴, 처칠이었다. 1960년대에서야 거론된 한국의 주유종탄(主油從炭) 정책을 반세기나 앞선 결정이었다. 처칠의 이 정책에 의해 영국의 군함은 속도와 항속 거리에서 독일의 증기선을 크게 앞섰다. 그러나 동시에 영국 정부는 큰 딜레마에 직면했다. 석탄은 국내에 있었으나, 석유는 거의 전적으로 해외에 의존했기 때문이다. 석유 권익의 보호가 영국의 가장 기본적인 국가 정책이 된 이유이다. 제1차 세계 대전에서 제2차 세계 대전에까지 이르는 시기에, 영국은 페르시아만에서의 석유 권익을 확대하고 이란에서의 지배적 직위를 강화했다. 프랑스는 국유 회사 프랑스 석유를 설립하여 이라크 북서부의 모슬지역에서 권익을 획득했다. 국내에 석유자원이 거의 없는 독일과 일본은 각각 루마니아와 네덜란드령 동인도 제도(현재의 인도네시아)의 자원 획득을 겨냥했다.

양정면공격의 위험과 부담을 무릅쓰고 히틀러가 소련을 공격한 것도 소련 동부의 석유자원 확보가 중요한 동기가 되었다. 일본과 독일의 석유 획득 전쟁은 결과적으로 실패했다. 일본은 미국의 폭격기와 잠수함에 의한 공격으로 석유 수송 루트가 차단되고, 독일은 소련군의 저항으로 러시아 동부지역은 물론 루마니아에서의 석유 확보에도 실패했다. 2차 대전 최대의 전차전이라 할 발치 전투에서 독일 전차부대가 결정적 승기를 잡고서도 기름이 떨어져 패배한 것에서 보는 것처럼, 석유를 확보하지 못한 일본과 독일은 연합국 측의 공세에 반격할 수 없었다.

「사막의 폭풍」작전 이후 미국의 지도자는 세계 경제의 성장과 안정에 대한 석유 공급의 중요성을 강조하고 있다. 중동 정세의 불안에 따른 원유 가격의 상승이 한국 경제를 강타하고 있다. 만약 국제 분쟁의 확대로 호르무즈해협과 마라카해협이 봉쇄되거나 하면, 한국 경제는 전면 붕괴를 면치 못한다. 한반도에서의 전쟁으로 석유 확보가 어려워졌을 때 또한 그러하다. 오일 쇼크때 친미적인 이스라엘과 아랍국가 간의 양자 택일이 강요되다시피 했을 때 한국 정부가 큰 곤욕을 치른 것도 이러한 조건에 말미암는다. 이라크 사태에의 대응도 이 같은 사실이 정책 결정의 중요한 기준이 되어야 한다.

4. 이라크전의 손익

20세기초까지 모든 전투는 단기 결전이었다. 나폴레옹의 몰락을 가져온 위털루 전투 이후 스페인, 러시아, 보아 전쟁등의 게릴라 작전을 제외하면 몇시간 내에 승패가 결판났다. 프러시아와 오스트리아, 러시아 연합군이 나폴레옹 원정군과 대결한 라이프치히의 전투, 남북 전쟁때의 게티크버그에서 볼 수 있는 것처럼 며칠씩 걸린 전투가 예외적으로 몇개 있었을 뿐이다.

러·일 전쟁은 전투의 시간 단위를 수주간으로 바꾸어 놓았다. 제1차 세계 대전이 벌어지면서 그것은 수 개월의 시간 단위로 늘어났다. 베르단의 공방전은 무려 7개월동안 계속되었다. 2차 대전의 큰 분수령이된 스탈린 그라드의 공방 또한 11개월에 걸쳐 처절하게 전개되었다. 전투의 장기화는 인명과 물자의 엄청난 소모를 몰고 왔다. 병기의 발달에도 불구하고 전투가 장기화되어 종전의 전쟁에서는 볼 수 없는 출혈을 전쟁당사국에 강요했다.

2차 대전이후 역사는 비대칭(非對稱) 분쟁(紛爭)이라는 새로운 양상의 전쟁을 기록하고 있다. 알제리 전쟁, 제1차 인도차이나 전쟁, 베트남 전쟁등이 이에 속한다. 이들 전쟁에서 원정군인 프랑스나 미국은 알제리와 인도차이나 반도를 제압할 충분한 능력을 지니고 있었다. 이에 비해 알제리나 베트남은 프랑스와 미국 본토에 타격을 가한다는 것은 처음부터 불가능했다. 그럼에도 불구하고 알제리와 베트남에서 프랑스 및 미국은 패배한 것으로 일컬어진다.

이러한 전쟁에서의 승리는 개개의 전투에서의 승패가 아니라 원정군의 전쟁 계속 능력과 방어 세력의 항전의지로 평가된다. 강자와 약자의 대결인 비대칭 분쟁에서 원정군은 국제여론의 지지를 필요로 하고 토착세력은 거국일치의 총력전을 필요로 하고 있다. 미국은 군사적으로 이란을 제압했으나 국제 여론의 지지를 얻는데 실패했다. 이에 반해 이라크의 반미 저항세력은 이르크내 반미세력의 항전의지를 이끌어내는데 성공한 것으로 보여진다.

이라크내의 반미세력이 저항을 계속하고 있으나 이들이 후세인을 지지하는 것은 아니다. 후세인은 지금 이라크 과도 정부에 신병이 넘겨져 재판을 기다리고 있다. 그러나 클린턴으로부터 대이라크 문제 해결의 바통을 이어받은 부시는 전광석화의 이라크 정규군 제압에도 불구하고, 테러라는 새로운 도전에 시달리고 있다. 만약 미국이 「추악한 미국인」에 나오는 소련 대사관들처럼 이라크 민중의 심정과 이슬람에 대한 이해가 깊었다면 전투의 승리가 전쟁의 승리로 이어졌을 법도 하다.

5. 한국과 석유자원 확보 정책

1997년 8월 1일, 빌 클린턴 대통령은 『에너지 수요가 확대되는 오늘날, 미국은 에너지 공급을 단일 지역에 의존할 수는 없다』고 말했다. 클린턴의 이 같은 지적은 한국의 경우 더욱 그러하다. 미국은 그 엄청난 에너지 소비를 다른 선진국 수준으로 줄이기만 해도 자급자족하고도 남을 만한 에너지 자원을 확보하고 있다. 석유는 물론이려니와 석탄에 이르러서는 우리나라에서와 같은 심층 발굴할 필요조차 없다. 삽을 들고 지표를 파들어가기만 하면 석탄이 쏟아지는 광맥이 도처에 널려 있다.

그러나 한국은 석유 자원은 애초에 없고, 석탄도 고갈 상태에 있다. 석유 가격의 폭등이 한국 경제의 결정적 변수가 될 수 있을 것은 물론, 만약 확보 자체가 여의치 않게 되면 국가 경제의 마비 상태를 면할 수 없다. 여기에서 간과해서 안 될 것은 호르무즈 해협과 마라카 해협을 언제든지 군사적으로 자우할 수 있는 미국과 석유 수출 국가 중 어느 쪽을 우호적 세력으로 선택하는 가에 있다. 물론 모든 나라와의 우호 관계 유지가 최선책이다. 그러나 항상 유동적인 국제 정세에 비추어 석유 수입의 다변화를 지향할 필요가 있다. 석유 수출 국가는 중동은 물론 중국, 러시아, 동남아, 중남미 등 세계 여러 나라, 여러 지역에 걸쳐 있다. 석유 수입의 다변화가 절실하지 않을 수 없다. 그러나 군사적으로, 경제적으로 유일 최강대국인 미국과의 유대와 협력 관계의 유지 없이는 석유 자원의 확보가 언제든지 암초에 부딪힐 가능성이 있다. 이 같은 맥락에서 한국의 석유 안전보장 정책은 전개되지 않으면 안 된다.

Ⅲ. 반미 감정의 함정

1. 추악한 미국인

동남아의 가상국 사아칸 공화국에 신임 미대사가 부임한다. 대통령 선거의 논공 행상으로 대사 감투를 쓴 그는 사아칸 공화국이 어디 있는지도 잘 몰랐다. 백지 상태에서 이 신생회교 국가에 온 그는 회교문화에의 관심 같은 것은 전혀 갖지 않은 채 값싼 임금의 현지 고용인에 둘러 싸여 일을 처리한다. 이들 현지인은 거의 전원이 공산당의 첩자들이다. 며칠 후 소련대사가 부임한다. 그는 이미 3년 전에 사아칸 대사로 내정되어 이 나라의 언어, 역사, 지리를 훤히 익혔다. 공항에서 사아칸 국민의 정신적 표상인 대사원에 경건한 절을 올린 그는 곧바로 최고 종교지도자를 찾아 유창한 사아칸 말로 인사를 올린다. 소련 대사관에는 현지 고용인이 한사람도 없다. 요리사에서 운전기사까지 전원이 사실상의 외교관이며 스파이 이다. 때마침 수해가 일어나자 미국은 원조 식량을 보내는데 포대에는「소련의 구호품」이라고 찍혀 있다. 소련 대사관의 하수인들이 잽싸게 스탬프를 눌러 두었던 것이다.

서울 올림픽에 왔던 미·소 양국 선수단이나 관계자들의 동향을 살펴보면서 한시대전의 베스트셀러「추악한 미국인」을 연상하게 된다. 미국팀은 입장식에서 절도사건, NBC가 공식 사과한 태극기 모독의 티셔츠 사건 등 하나같이 한국인의 자존을 건드린 자존망대한 행위만 일삼았다. 올림픽을 통해 한·미 양 국민의 간격을 좁히려는 움직임은 그림자조차 비치지 않은채 미움살 일만 골라 했다. 이에 비해 소련선수단은 문화예술단과 한국계 오페라 가수를 대동하는 한편 민속예술의 공연에 이르기까지 그들을 알리고 한국을 이해하려는 진지한 자세를 보였다. 미국 선수보다 소련 선수 쪽에 오히려 박수가 더 많이 터진 이유가 아닐 수 없다.

그러나 KAL기 격추사건이 일어났을 때, 우리의 국익이 국제무대에서 첨예화되었을 때 전력을 다해 한국을 옹호한 것은 미국과 일본이었음을 잊어서는 안 된다. NBC의 방자한 보도만 해도 그것은 미국 정부와 상관없는 한 민영 방송사의 소행일 뿐이다. 치밀하게 계산된 친선 제스처는 공산정권 시대부터 훈련된 외교적 전략일 뿐이다. 현상과 본질을 구분할 판단력이 필요한 때임을 통감하게 된다. 러시아는 공산주의에서 벗어났으나 미국과 같은 우방은 결코 아님을, 미국은 어쨌건 가장 가까운, 가까워야 할 우방임을 잊어서는 안된다.

2. 5·18과 미국

5·16 군사 쿠데타가 벌어졌을 때 그린 주한미국 대리대사와 매그루더 미8군사령관은 합법정부에 대한 지지를 선언했다. 만약 장면 총리가 갈멜수녀원에 도망치지 않고 8군사령부로 달려가 통수권을 행사했다면 이나라 현대사는 양상을 달리 했을법하다. 윤보선(尹譜善) 대통령마저 애매모호한 태도를 취한 것이 군사 쿠데타를 성공시킨 결정적인 요인이 되었다.

전후(戰後) 일관된 미국의 대외정책은 민주주의의 원칙과 이상을 지키는 것이었다. 부패하고 독재적인 정권은 설사 친미 노선을 표방한다 할지라도 보호 대상에서 제외되었다. 베트남의 고 딘 디엠 정권과 이란의 팔레비왕이 그러한 범주에 속한다. 그러나 민심을 잃은 두 독재자의 몰락은 월남 정권의 끝없는 혼란과 호메이니에 의한 이란의 극렬한 반미 주의를 몰고왔다. 미국의 대외 노선은 흐름을 달리하기 시작했다.

친미, 반공노선이 분명하고 정권의 안정성이 기대되면 그 정통성이나 독재적 성향, 민심의 동향과는 상관없이 기성 질서를 옹호하는 쪽으로 선회하기 시작했다. 카터 정권이 들어서면서 이 같은 외교 기조는 달라지는 듯 했다. 한국의 야당이 미국의 지원을 이때처럼 간절히 소망했던 때가 없다. 공화당 정권과의 관계가 가장 긴장되고 냉담했던 때 또한 이 무렵이었다. 그러나 냉전 체제가 계속되는 상황에서 카터가 주한 미군 철수론을 철회한 것처럼 인권 외교의 이상 또한 수정 추세를 보였다.

광주 민주화 항쟁때 한국군에 대한 작전 통제권을 갖고 있는 주한 미군사령관이 20사단의 광주 이동을 승인했음이 위컴 당시 미군 사령관에 의해 시인되고 있다. 공수 부대의 광주 투입 움직임 또한 첩보에 의해 알고 있었음을 밝히고 있다. 그러나 한국 정부의 병력 이동 승인 요청은 합법적인 절차를 거친 것이었고, 무엇보다 미군 사령관의 작전 통제권은 외부의 공격이 아닌, 국내 치안질서에는 적용 될 수 없는 것임을 부연하고 있다. 위컴 장군의 설명이 오늘 이 시점의 한국인에게 얼마나 설득력을 갖는 것인지는 알 수 없다. 분명한 것은 5·16때와는 매우 다른 미국의 입장을 확인할 수 있었다는 사실이다. 한국 민주화 세력의 반미 감정내지 반미정서는 이 때부터 싹텄다. 그러나 5·16때와는 다른 미국의 대한정책은 군사반란을 지지해서가 아니라 자칫 내정 간섭으로 비칠 수도 있는 비상사태의 구체적인 개입이 몰고올지 모를 파문을 의식해서라고 보아야 한다. 민주화 운동에 대한 미국의 태도는 신군부에 의한 김대중씨의 구속과 재판에 대해 유형, 무형의 작용을 함으로써 미국 망명의 길을 트게 한 것에서도 잘 드러나고 있다. 친북은 말할 것도 없지만 반미감정 또한 안보의 위험한 함정임을 직시할 필요가 있다.

3. 판사들의 고해(미국에 비친 한국의 법원)

「판결로 말해야 했을 때 침묵했고」, 「판결로 말해선 안 되는 걸 말했고」, 「판결의 방패 뒤에서 진실에 등을 돌렸다」는 소장판사 28명의 고해성사 같은 통회의 변은 사법부의 독립과 연관된 미·일 두 나라의 일화를 다시 한번 되새기게 한다.

루즈벨트의 뉴딜 정책은 파산직전의 미국 경제를 회생시켰고 아메리카 국민은 압도적으로 이를 지지했다. 그러나 연방 법원은 뉴딜 정책을 뒷받침할 농업조정법 등을 잇따라 위헌이라고 판결했다. 1936년의 선거에서 국민의 압도적 지지로 루즈벨트는 재선되었으나 그의 정책은 보수적인 법원에 의해 유산될 조짐을 보였다. 루즈벨트는 의회에 특별교서를 보내 70세에 달한 판사가 6개월 후에 퇴직하지 않을 때 대통령이 해당 판사 한사람의 비율로 새 판사를 임명할 권한을 요구했다.

1937년 7월 상원은 루즈벨트의 요구를 거부했다. 사상최대의 공황을 극복한 뉴딜 정책은 유실 직전의 위기에 몰렸다. 위기일발의 순간에 한 사람의 최고재판소 판사가 뉴딜 입법의 합헌성을 인정하는 쪽으로 입장을 바꿈으로써 루즈벨트는 승리를 거두었다. 상원보다도 앞서는 강력한 권부로 일컬어지는 미국 최고 재판소의 권위를 실감케 하는 사실이 아닐 수 없다.

1891년 러시아의 니콜라이 황태자는 일보시찰 도중 호위 경찰관에 의해 습격을 당했다. 러시아 정부는 일본의 준 전쟁 도발로 간주하고 법인의 처형을 요구했다. 그렇지 않을 때 일전불사(一戰不辭)의 뜻을 명백히 했다. 당시 일본은 러시아와 싸우기에는 국력이 어림없었다. 그에 앞서 일본 정부가 가장 놀라고 분노한 것은 호위경관의 돌발적인 행위였다. 일본 정부는 너무나 당연히 사형을 생각했다.

문제는 법원에서 일어났다. 형법 해석상 사형은 불가하다는 반응을 보였던 것이다. 국가 존망의 위험을 앞세워 총리가 읍소하고 육군 대신이 협박했으나 굽히지 않았다. 나라가 망하는 한이 있어도 법은 지켜져야 한다는 소신을 일본 법원은 관철했다. 패전 때까지도 일본의 사법부만은 독립성을 유지한 배경이다. 서울 민사지법 소장 판사들의 사법부 개혁촉구 성명을 전해 들으면서 타의 고사를 새삼 돌이켜 본다.

4. 촛불 시위의 파장(波長)

의정부 여중생의 역사(轢死)사건은 한·미 관계에 한 획을 그을 수도 있는 충격적인 사건이었다. 미군의 차량에 의한 이 불행한 사건에 대해 미국은 기본적으로 군사훈련 중에 발생한 불행한 사고라는 인식을 갖고 있는 듯했다. 재판 과정과 판결 또한 이 같은 시각을 기본으로 내려졌다. 그러나 한국의 시민사회, 특히 대학생을 비롯한 젊은 계층에 비친 인상은 전혀 달랐던 것에 문제의 본질이 있었음을 돌이켜보게 된다. 사고 자체의 불가피성에 대한 인식에도 차이가 있지만, 특히 한국인의 정서나 상식과는 판이한 판결이 예상치 못한 파장을 몰고 왔다.

가히 하늘을 찌른 한국 민중의 분노는 우리의 사법적 주권이, 한국인의 인권이, 어린 생명의 존엄성이 너무나 가볍게 다루어진 것에 대한 폭발이었다. 미군 장병의 재판권을 둘러싼 한·미 행정협정의 불평등 조항이 새삼스럽게 한국 조야의 오랜 앙금에 불을 질렀다. 단순한 재판 이상의 민족적 자존의 차원에서 많은 한국인들은 이 문제를 파악했다. 이에 공감하지 않는 한국인은 많지 않을 것으로 본다.

그러나 워싱턴 D.C.까지 찾아간 한국 사회단체의 항의 시위는 미국인들의 관심을 거의 끌지 못했다. 부시 대통령은 정중한 사과를 표시했으나, 한국인의 분노를, 민족적 자존을 이해하는 차원의 사과는 아닌 것으로 받아들여졌다. 문제의 심각성은 촛불 시위의 확산과 더불어 미국 조야의 대한국관(對韓國觀)이 점차 부정적으로 기울어진 것에 있다. 한국인이 무엇 때문에 그토록 분노, 흥분하고 있는지 미국인들은 이해하지 못했다.

미국 조야의 입장을 옹호할 생각은 전혀 없다. 다만 한국의 사법권과 재판에 대한 미국의 인식이 반드시 긍정적인 것만은 아니라는 것에 짚고 넘어가야 할 대목이 있음을 지적하려 한다. 한국의 형사법정은 흔히 십수명의 피고를 세워두고 재판을 일사천리로 진행한다. 미국인들의 눈으로 보면 극히 형식적인 간단한 신문만으로 판결이 내려질 때가 적지 않다. 배심원에 의한 객관적 검증의 과정 또한 없다. 서부 개척시대의 총잡이들이 총을 끄집어냄과 동시에 발사하는 총격전에 흔히 한국의 형사재판을 그들은 비유한다.

「판사들의 고해」에서 보는 것처럼, 한국 형사재판의 공정성과 독립성에 대해서도 미국은 회의적인 시각을 버리지 못하고 있다. 「러시아 황태자 암살 사건」에 대한 일본 법정의 비장한 판결같은 독립불기(獨立不羈)의 기념비적인 판결을 한국의 사법부는 기록하지 못하고 있다. 오히려 사법부의 굴절된 모습을 적지않이 노정해 왔다. 이에 더하여 한국의 행형제도, 구체적으로는 교도소의 시설이나 급식 수준에도 문제가 있는 것으로 보고 있다. 한·미 행협의 체결과정에서 우리 눈에는, 아니 사실상 불평등 조약을 고집하는 일반통행의 구실이라 할 것이다.

이러한 미국 조야의 시각을 한국인이 받아들일 수 없는 것은 말할 것이 없다. 그러나 이러한 시각을 버리지 못하는 미국은 너무나 극한으로 치닫는 촛불시위를 보면서 한국인의 기질내지 민족성에까지 회의적인 반응을 보인 흔적이 보인다. 촛불시위를 계기로 한국인에 대한 애정이, 속된 표현으로 정내미가 떨어졌다는 인상을 애써 숨기려 하지 않는 미국인이 적지 않다.

국가간의 우의는 이해관계가 기본이 된다. 그러나 상대방에 대한 인식과 평가, 감정과 정서 또한 무시하지 못할 작용을 한다. 우리는 흔히 한·미 관계를 「전통적인 우호관계」라는 말로 장식한다. 그러나 이 같은 표현은 결코 외교적 수식어만이 아니다. 2차 대전이후 미군이 진주한 많은 나라에서 「양키 고 홈」이 유행처럼 번졌다. 한국은 미군을 배척하지 않는 많지 않은 우방 중의 하나였다. 한국의 민주화 세력이 미국의 도움과 개입을 목마르게 기달렸을 때, 미국이 이에 부응하지 못함으로써 한국 사회 일각의 반미감정은 싹트기 시작했다. 그렇다쳐도 그것은 어디까지나 사회 일각의 포말적 현상일 뿐, 한·미 양국의 우호관계는 공고

한 것이었다. 그러나 1990년대 이후, 더 멀리는 1980년대 이후 형성된 반미기류가 오늘날 폭넓게 번지고 있다. 이것은 양국간의 우호관계에는 물론 한국의 안전보장에 대해서도 좋지 않은 영향을 미칠 우려가 없지 않다. 촛불시위로 표출된 한국인의 짓밟힌 자존심을 어찌 모른다 할 것 인가. 문제는 한반도의 평화와 안전에 있다.

북한은 한국 어깨너머의 대미접촉을 끈질기게 요구해 왔다. 한국과 미 국의 틈새를 파고드는 계략이 포함된 외교 노선이었다. 한·미 양국의 우의가 어떤 요인에 의해서건 훼손될 때, 그 반사적 이익은 북한에 돌아 갈 수 있음을 간과할 수 없다. 결코 냉전시대의 권위주의적 세력이 즐겨 사용한 안보 논리의 미망(迷妄)에 사로잡혀서가 아니다. 우리의 권리를 당당히 주장하면서, 한편으로서는 미국을 이해하고, 미국인에게 한국과 한국인을 알리려는 다각적인 노력이 절실한 것임을 지적하고자 할 따름 이다.

5. 사법적 주권

영토안에서도 그 나라의 주권이 미치지 못하는 곳이 있다. 2차 대전 이전까지 더러 있었던 열강의 租借地가 그 대표적인 예이다. 중국의 상 해에는 프랑스를 비롯한 여러 나라의 조차지가 있어 치외법권 지대를 형성했다.

일본군이 상해를 점령하고 있는 상황에서 金九 주석의 임시정부가 활 약 할수 있었던 것은 프랑스 조차지를 근거로 임정이 독립투쟁을 벌였 기 때문이다. 일본군은 어떤 경우에도 외국의 조차지 경계선을 넘을 수 없었다. 조차지와는 다르지만 나치스 점령하의 이탈리아에서 바티칸의 신부들이 저항운동에참여할 수 있었던 것도 로마 교황청의 독립적 지위에 말미암았다.

오늘날 가장 보편적으로 치외법권이 인정되는 곳은 외교공관이다. 주한미국 대사관은 법적으로 미국의 영토로 인정된다. 미국의 시민권 획득이 절박했던 2차 대전때의 난민들 중에는 출산직전의 임신부가 미대사관에 뛰어들어 아기를 낳는 해프닝을 연출하기도 했다. 신생아는 미국 영토 안에서 태어났으므로 미국의 국적법에 의해 시민권을 얻게되고 산모는 영아의 양육을 위해 미국 이주가 허용되었던 것이다. 이란의 광신도들이 테헤란 주재 미국 대사관을 점거한 것은 국제법상 일종의 전쟁도발 행위였다.

군함이나 군용비행기에도 배타적 주권이 인정된다. 남의 나라 영해에 있다 할지라도 군함 안에는 소속 국가의 주권이 인정되는 것이다. 외국 주둔의 군사기지에도 영토성이 부여된다. 물론 합법적인 협정을 전제로 한다. 그러나 기지내의 군인이나 군속에 대해서까지 무조건 치외법권이 인정되는 것은 아니다. 기지내, 또는 공무수행 중 일때만 치외법권이 인정될 뿐이다.

한국주둔 미군장병의 범죄에 대한 재판 관할권과 수사문제를 둘러싸고 한·미간에 한미주둔군 지위협정개정이 두 나라간에 협의가 논의되었다. 오키나와주둔의 한 미군 사병의 성범죄가 미군의 오키나와주둔 자체를 어렵게한 것에서 보는 것처럼 외국 주둔군인의 범죄와 처벌문제는 민감한 폭발성을 갖고 있다. 영사재판을 연상케하는 조항은 제재되어야 한다. 주둔국가의 사법적 주권을 최대한 존중하는 것이 범죄를 줄이고 우호관계를 유지하는 길임을 지적해 마지 않는다.

6. 이라크 파병 논란의 원론과 현실

월남 파병은 미국의 요청에 따라 결정된 것이었다. 그때 야당은 반대했다. 그러나 만약 한국이 파병을 거부했으면 어떻게 되었을까. 미국은 주한 미군의 일부를 월남으로 배치했을 것이다. 보다 더 6·25동란 때의 은의를 잊은 나라로 점 찍혔을 것이다. 오늘에 이르기까지의 한·미 관계에 부정적 요소로 작용했을 가능성이 크다. 미국이 역사상 가장 고독한 전쟁을 벌이고 있을 때 한국군이 참전함으로써 미국과의 관계가 돈독해졌다.

이라크의 반미 저항세력이 이라크에 파병한 국가의 사람들을 인질로 억류하여 처형이 반복됨으로써 한국의 이라크 추가 파병에 대한 반대여론이 확산되었다. 이와 연관하여 1차적으로 고려해야 할 것은 한국의 안전보장과 경제적 이익이다. 월남 파병을 당시의 야당을 비롯한 적지 않은 언론이 반대했으나 한국 경제발전의 중요한 전환점이 되었을 뿐아니라, 미국과의 동맹 관계를 확인, 제고시키는 결과를 가져왔다.

국제 정치를 원칙이나 이상만으로 재단(裁斷)할 것은 아니다. 『오늘의 동지는 내일의 적이요, 오늘의 적은 내일의 동지』라는 말이 문자 그대로 적용되는 것이 국제 정치이다. 1차 대전때까지 영국과 일본은 동맹 관계에 있었으나, 2차 대전때는 숙적으로 바뀌었다. 소련은 2차 대전때 미·영과 동맹 관계에 있었으나, 전쟁이 끝나면서 대결 관계로 바뀌었다. 만약 한국이 이라크 파병을 유보한다면, 미국은 한반도 방위에 냉담해질 것이 틀림없다. 그리했을 때의 군사적, 경제적 부담은 상상을 넘어선다. 무엇보다 6·25동란때 수만의 미군 장병이 한반도에서 숨지지 않았다면, 한국은 그 때 적화되었을 것임을 잊어서는 안된다. 지금 또한 미군 2개 사단이 한국에 주둔하고 있지 않은가.

미국 조야에 한국이 배신자로 낙인찍히면 한·미 관계는 급전직하의 냉담한 관계가 될 것이 틀림없다. 석유자원의 확보가 절박한 한국으로서는 그러한 각도에서도 이라크 파병을 생각해야 한다. 여과되지 않는 소박한 정의감이나 원칙론은 경우에 따라 국가 안위의 부정적 요인이 될 수 있음을 간과할 수 없다.

7. 군사 음치 (환상적인 평화 논란의 위험)

일본의 방위문제를 논한 外誌의 한 논문에「軍事音癡」라는 흥미있는 표현이 쓰여지고 있다.「군사음치」란 전쟁내지 군사에 대해 무지, 무관심한 국민이나 사람을 가리키는 것으로 되어있다. 이를테면 냉전시대에 소련이 일본을 공격할 가능성은 없다고 마음 편하게 단정하고 있는 일본의 일부 지식인같은 경우를 지칭한다. 미국이 군사력을 강화하면 소련을 자극하여 3차대전의 위험이 증대한다고 반핵 데모를 벌이는 유럽의 일부 군중도 이러한 범주에 속한다 할 수 있다.

3차 대전이 발발하지 않고 있는 것은 승자가 있을 수 없는 핵전쟁의 처참함과 힘의 균형에 있었다. 소련이 결정적인 군사적 우위를 확보할 때 3차 대전의 위험은 결정적인 것이 되었을 것이다. 소련은 군사적 우위를 확보함으로써 서방국가 내지 중립국 또는 제3세계권을 은연중에 위협하여 서구 동맹체제를 약화시키고 친소 세력권을 확대하려 했다. 그리하여 미국을 고립상태에 몰아쳐 가능하다면 전쟁없이 안되면, 전쟁을 해서라도 세계를 적화시키려는 것이 소련의 기본 노선이었다. 미국의 군사력에 맞서려는 소련의 무리한 전책이 그 붕괴, 해체로 이어졌으니, 레이건 이래의 「강력한 미국」이 거둔 극적 효과라 할 수 있다. 따라서 위험을 예방하는 길은 미국의 군사력을 강화하는 길밖에 없다. 이건 하등의 전문지식이 필요 없는 상식이다. 그런데 소련의 군사력 강화나 팽창 정책에는 외면한 채 미국의 대응 조치에만 신경과민적인 서구 지식인들이 있었으니 「군사 음치」치고도 중증이라 않을 수 없다.

이 같은 「군사 음치」는 언제나 있어 왔다. 히틀러의 침공 가능성을 경고하고 신속한 군비 충족을 호소한 처칠경을 전쟁광으로 몰아붙인 2차 대전 전야의 영 · 불 국민도 갈데 없는 「군사 음치」였다. 그리고 보면 이제 고인이 된 레이건 전 미대통령은 2차 대전 직전의 처칠경 역할을 수행한 것임을 알게된다. 그리고 데탕트란 이름아래 미 · 소의 밀월 아닌 밀월시대를 구가한 인사들은 뮌헨협정을 평화의 복음으로 받아들인 당시의 영 · 불 국민과 흡사하다 않을 수 없다.

전통적으로 자유 진영에서는 「군사 음치」가 득세하고 독재국가에서는 평화론자가 반역자 취급을 당한다. 일본의 평화론자 山本五十六 제독, 전쟁반대론자였던 吉田茂 전 일본 수상 등이 수세에 몰리거나 반국가분자 취급을 받은 것이 좋은 예이다. 대서방 평화협상을 관철하기 위해 히틀러 제거를 꾀하다 처형된 一世의 명장 롬멜도 같은 맥락에서 생각할 수 있다. 문제는 침략 국가의 강령론자나 자유국가의 「군사 음치」는 결과적으로 합세하여 전쟁 위험을 증대시킨다는데 있다. 미국을 겨냥하여 반핵 횃불데모를 벌이고 있는 헤이그의 여성 데모대를 보면서 이 같은 「군사 음치」들 때문에 인류는 너무 비싼 대가를 치러왔음을 상기하게 된다.

8. 반미 친북성향의 위험

김수한 추기경은 한국 사회 일각의 반미 친북경향에 대해 우려를 표명한 바 있다. 일찍이 프랑스의 브리앙은 젊을 때 공산주의자가 되지 않는 자는 정열이 없고, 장년에 이르러서도 그 환상에서 벗어나지 못한 사람은 우매하기 때문이라고 설파한 바 있다. 무솔리니도 젊을 때는 열렬한 공산주의자였다. 해방정국에서 우익진영의 해심적 역할을 한 인사중에도 공산주의자였던 사람이 없지않다. 그러나 브리앙의 말이 오늘에는 신통력을 잃은 사어(死語)가 되어 버렸다. 공산주의는 이미 역사앞에 검증된 실패한 이데올로기이기 때문이다.

공산주의에 대한 환상 때문에 덧없이 젊음과 목숨을 버린 6·25이전의 좌경 청년들이 역사 앞에 공산주의의 허상을 반증하고 있지 않은가.

공산주의의 특징은 첫째 잘 살지 못하고, 둘째 자유가 없는 점이다. 정치란 잘 살고, 자유로운 생활을 보장하는 것에 궁극적인 목표가 있다. 오늘의 러시아는 물론 해체, 붕괴되기 전의 소련방 국민 총소득이 한국의 그것에 미치지 못하는 것을 아는 사람은 그리 많지 않다. 일본 최대의 시사잡지인 문예춘추는 약 20년전 세계 각국의 주요 도시를 상대로 무작위 전화통화를 한 바 있다. 폴란드를 비롯한 공산권의 가장 두드러진 특징은 상점에 물건이 없다는 것이었다. 상점에 확실히 있는 것은 주인 뿐임이 공산권 국가의 일반적 특징이었다.

북한은 그리스 올림픽의 TV중계마저 한국의 지원으로 간신히 중계했다. 그전까지는 이른바 전파에 대한 해적행위로 올림픽을 중계했다. 식량을 비롯한 북한의 물자 부족은 굳이 설명이 필요 없다. 많고 거대한 강제수용소의 처절한 현실 또한 알려진지 오래이다. 국내 여행의 자유조차 없다. 외국인과 접촉하는 것은 일종의 범죄행위로 다루어 진다. 교류와 정보화의 이 시대에 세계와 철저하게 차단되고 있다. 전 국민의 우민화(愚民化)를 통해 체제가 간신히 유지되고 있다. 이러한 터에 친북성향의 사람이 이 땅에 있다는 것은 개탄불금이 아닐 수 없다.

공산주의는 이미 시험이 끝난 낡은 이데올로기이다. 당연히 남북간의 경쟁시대 또한 끝났다. 민족의 이름으로, 자유와 평화의 명분아래 북한을 포용하는 것만이 과제로 남겨져 있다. 북한을 증오, 배척하는 것은 바람직하지 않다. 그러나 그 이데올로기에 동조하거나 헛된 기대를 건다면 시대착오도 이만저만이 아니다. 속된 말로 복에 겨운 나머지 흘러간 노래를 부르는 일부 계층의 현상이라 할 것이다. 그렇다쳐도 대명천지에 있을 수 없는 아연한 일이라 아니 할 수 없다.

친북성향이 반미감정과 접합하게 되면, 엄청난 위험이 파생될 수 있다. 미국의 모든 정책이 다 옳은 것은 아니다. 남북관계에 있어서도 우리와 입장이 다를 수 있다. 그러나 가장 기본적인 것은 미국은 우리의 안전보장을 지탱해주는 절대적인 동맹국가라는 사실이다. 또한 민주주의의 본산이라는 점이다. 민주주의는 자유와 평등이라는 아름다운 여신의 얼굴과 함께 금권정치로 표상되는 일그러진 모습을 아울러 지니고 있다. 그러나 역사는 이러한 모순에도 불고하고 자본주의 이상의 가치 체계를 발견하지 못하고 있다. 모든 민주국가에는 자유와 번영이 속성처럼 따르고 있다.

열린 우리당 국회의원 중에 미국보다 중국과의 관계가 더 중요하다고 생각하는 경우가 많았다는 보도처럼 어이없는 일은 없다. 일과성의 감정적 표출이라 할지라도 위험천만의 판단이 아닐 수 없다. 우리 사회의 반미 친북성향과 연결시킬 것은 아니라 할지라도 다분히 어느 한쪽으로 기울어진 사시(斜視)의 반사적 표출이라는 오해를 불러일으킬 우려가 있다. 중국이 중요한 교역국가일 수 있고, 정치적으로도 경우에 따라 북한의 극단적 행위를 제어하는 세력이 될 수 있다. 호요방 총서기때, 호 총서기는 98명의 현역 장군을 수행원으로 하여 북한을 방문한 바 있다. 수행원 전원이 현역 군인이라는 것은 외교적으로 비례(非禮)에 속한다. 국제 외교 관측통은 북한에 대한 강력한 경고의 메시지로 해석했다. 즉 북한이 한반도에서 무리한 행동을 하게되면 98명의 장군 각자가 일개 사단씩 병력을 이끌고 북한을 공격할 것이라는 무언의 압력으로 해석되었던 것이다. 실제로 중국은 동맹관계인 베트남을 공격한 전례가 있다. 2004년 8월 초에는 압록강 부근에서 대규모의 군사훈련을 실시하기도 했다. 6자 회담등과 연관한 경고적 의미로 해석될 수 있는 군사행동이었다.

그러나 중국은 기본적으로 북한의 동맹국이다. 굳이 6·25를 들먹거릴 필요조차 없다. 주한 미군이 완전 철수하고, 미국과의 외교관계가 냉각될 때, 한국이 설 수 있는 땅은 어디라 할 것인가. 경제적으로 심각한 위기에 몰릴 것은 말할 것도 없다. 어느 나라의 자본가들이 한국에 투자하려 하겠는가. 부분적으로 미국과 이해가 충돌될 수도 있고, 정치적 입장이 다를 수도 있다. 일본 또한 마찬가지이다. 그러나 대한항공기 격추사건때 미국과 일본은 가장 적극적으로 한국을 옹호하고 그 이익을 대변했다. 이것이 한·미, 한·일관계의 기본이다. 부분적인 견해나 입장의 차이 때문에 국가 정책의 기본 문제에 혼선을 일으켜서는 안된다. 본말전도(本末顚倒)의 어리석음을 범해서는 안된다.

통일전의 서독이 동독에 대해 그러했던 것처럼, 우리는 보다 열린 마음으로 북한을 받아들여야 한다. 그러나 절대의 원칙은 미국과의 공조(共助)를 바탕으로 한반도 문제의 평화적 해결이 추진되어야 한다는 점이다. 현정부는 이에 대해 확고하고, 분명한 입장을 천명하지 않음으로써 그 정체성에 대한 의문을 야당으로부터 받고 있다. 진보적 성향의 정책에 대해 툭하면 사시(斜視)로 보는 기득권 세력의 시각에는 결코 동조할 수 없다. 그러나 시저의 아내는 부정의 소문조차 들어서는 안 된다는 것처럼, 한국 정부는 국가 기본정책과 연관하여 국민적 판단을 흐리게 하는 일은 어떠한 일도 없어야 한다. 이 나라의 기득권 세력내지 비민주적 세력이 민주화 세력과 진보적 정책에 대해 걸핏하면 좌경의 이름으로 매도한 역정때문에 정권의 정체성에 의문을 제기하는 주요 정치인의 지적이 국민적 공감을 불러일으키지 못하는 측면이 없지 않아 있다. 분명한 것은 이 땅의 정치 개혁은 자유민주주의의 대전제하에 진행되어야 하고 한반도의 평화와 한국의 안전보장은 한·미관계의 발전적 전개를 대전제로 해야 한다는 것이다.

이 단순논리가 국민적 공감을 얻기 위해서는 기득권 세력으로 지목되

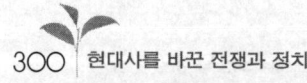

는 정치내지 정치집단의 과감한 자기 혁신이 있어야 한다. 기득권 세력이 냉전시대의 고정관념에서 벗어나지 못할 때, 건전한 보수세력의 정착은 물론, 초당적인 안보체제 구축 또한 불가능한 것임을 지적하게 된다.

9. 이라크 파병의 실기(失機)

2004년 7월 현재, 한국군의 이라크 추가파병은 이루어지지 않고 있다. 이라크 파병문제같은 단순하고 명백한 일을 1년이상 질질 끌었다. 묻노니 한국이 미국의 이라크 파병 요청을 거절할 수 있다고 보는가…… 그것은 절대로, 원천적으로 불가능한 일이었다. 대학생과 제야단체 등의 모든 한국인은 이라크 파병을 반대할 수 있다. 그러나 어떠한 이념의 정당이건 정권을 잡은 입장에서 이라크 파병을 반대할 수 있다 할 것인가……

6·25 동란때 트루먼 대통령의 결단이 없었다면, 맥아더 원수의 불퇴전(不退轉)의 결정이 없었다면, 한반도는 54년전에 적화되었음을 들먹일 필요는 없다. 지금 현재, 2개 사단의 미군이 휴전선의 평화를 담보하는 절대적 저력이 되고 있지 않은가. 국제 사회에도 감정은 작용할 때가 많다. 한국이 이라크 파병을 끝내 거절하면, 미국 조야는 배신과 국제신의 망각의 분노에 몸을 떨 것이다. 조건반사적으로 한국은 미국이 보호해야 할 동맹국의 대열에서 제외될 것이다. 집권자 입장에서는 현실적으로도, 국제정치의 도리상으로도, 거역할 수 없는 요청이었다. 앞뒤를 재고, 이쪽 저쪽 돌아볼 여지가 없는, 결론은 처음부터 내려진 것이었다. 국민 여론을 다독거릴 필요가 있었다 할지라도 1년은 너무 긴 시

간이었다. 추가 파병이 이루어졌다 할지라도 이미 미국 조야의 대한(對韓) 감성은 얼마 전과 현저히 달라지고 있다.

이라크의 추가파병이 일찌감치 이루어졌다면, 한·미관계의 원활한 발전은 물론, 추가파병에 대한 복잡한 문제를 겪지 않아도 되었을 것이다. 처음부터 결론이 뻔한 문제를 가지고 1년 가까이 시간을 끎으로 해서 한국은 많은 것을 잃게 되었다. 민주국가에서는 여론이 정책을 선도(先導)한다. 그러나 때로는 정부가 여론을 이끌어가기도 해야 한다. 결코 우파적 시각이나 낡은 사고의 감각으로 논하는 것은 아니다. 국가 이익이 언제나 외교정책의 기본이어야 하는 대원칙에서 지적하는 것임을 말하고자 할 뿐이다.

제 5부, 전사(戰史)를 통한 대통령제와
내각제의 음미

부록

戰史를 통한 대통령제와 내각제의 음미
-1997년, 한 헌법토론회에서의 주제발표문-

　미국의 시사 잡지 「US」는 몇 해 전 「민주주의는 죽어가고 있는가」라는 특집기사를 게재한 바 있습니다. 현대의 민주주의는 두 종류의 위협에 직면해 있다고 생각합니다. 하나는 공산주의 파시즘이라는 이름의 전체주의에 의한 것, 다른 하나는 민주주의 국가에 있어서 통치 능력의 어려움이라 하겠습니다.

　카터 대통령때 안보 담당 특별 보좌관을 지낸 브레진스키 교수는 자유민주주의의 위기는 틀림없이 존재하지만 그것은 죽어가고 있는 것이 아니라 정의(定義)를 새로이 해 가고 있다고 지적합니다. UN 가맹국은 1백50개국을 넘어서고 있지만 이 중에서 명실 그대로의 민주주의 국가는 불과 20개국에 지나지 않습니다. 공산권은 말할 것도 없지만 아프리카나 중동, 남미 그리고 아시아에서도 대부분의 나라가 우와 좌의 차이는 있으나 언론 통제를 행하고 있습니다. 더욱이 풍요한 민주주의 사회를 향유하고 있는 구미, 일본 등 세 지역의 선진공업국은 지금 지도자의 힘의 상실, 시민 요구의 비대, 의회의 기능 저하 등 공통된 「불안한 증후」에 부딪쳐 있습니다. 과연 민주주의는 장차 살아 남을 수 있을 것인가하는 우려를 품지 않을 수 없습니다.

개헌 정국의 추이를 지켜보면서 오늘 우리가 민주화냐, 끝없는 혼미의 반복이냐 하는 역사적 분기점에 처해 있음을 통감합니다. 정부 형태에 관한 여야 합의의 성패 여하에 이 나라 민주주의의 운명이 걸려 있음을 가슴 저미게 느끼는 바입니다.

본인은 정부 형태에 대한 이론을 펼치기 보다 미국 및 영국에 의해 대표되는 대통령제와 내각책임제가 역사적 대전환의 시기에 즈음하여 어떻게 작용해 왔나 하는 것을 살펴보면서 우리의 개헌 방향을 모색해 보고자 합니다.

1941년 8월 루스벨트와 처칠은 미국 순양함 오거스트에서 유명한 「대서양 헌장」을 공포했습니다. 루스벨트의 측근으로 외교면에서 그 분신처럼 활약한 호프킨스는 이 역사적 회담에 동석했는데, 미·영 두 나라 정상의 정책 결정 과정의 차이를 실감 있게 체험합니다. 즉 미국 대통령은 전혀 자유롭게, 완전히 자신의 의견대로 행동하고 있는데 반해 '처칠' 은 쉴새없이 런던의 전시 내각에 자문을 구했습니다. 사흘동안 30개 남짓한 통신이 처칠이 타고 있던 「프린스 보브 웰스」와 런던의 영국 정부 사이를 왕복했습니다.

미국 대통령의 외교면에 있어서의 권한, 특히 전시에 있어서 최고 사령관으로서의 권한에는 절대 한 것이 있습니다. 그러나 영국 수상은 각내(閣內)의 의사 결정없이 독단적인 행동을 하지 못합니다. 대통령 책임제하의 대통령과 내각 책임제하의 수상의 지위를 실감 있게 설명해 주는 일화가 아닐 수 없습니다.

대통령 책임제하의 대통령과 내각 책임제하의 수상은 대권 장악의 배경과 과정을 달리하고 있음이다. 이튼이 일찍부터 처칠의 후계자로 지목된 것에서 보는 것처럼 내각책임제의 나라에서는 차기 집권자의 윤곽이 드러나 있는 것이 보통입니다. 국회 다수당의 보스적 위치에 있지 않는 사람은 정권에 접근할 방법이 없습니다. 다수당의 당권을 장악한 정치인이 내각을 조직하기 때문입니다. 따라서 카터같은 무명의 지방 정객이 하루아침에 정권을 장악하는 돌연변이 같은 것이 내각책임제에서는 일어날 여지가 없습니다.

그러나 대통령제에서는 바람만 불면 신진기예의 인사가 백전노장의 대 정객을 무찌를 수 있습니다. 미국 상원의 신참인 케네디가 상원의 장로 격이며 민주당 원내총무였던 존슨의원을 민주당 대통령 후보 지명대회에서 물리치고 다시 2선 부통령의 관록을 지닌 닉슨 공화당 후보를 제압, 대통령에 당선될 수 있었던 것은 바람이 대세를 좌우하는 대통령제의 특성에 말미암은 것입니다.

일본이 대통령제의 정부 형태였다면 전후 일본 최대의 거목인 요시다 시게루가 역사에 그의 이름을 남길 기회는 없었을 것입니다. 그는 대중적 인기가 별로 없었던 정치인이었기 때문입니다.

여기에서 우리는 한가지 사실을 추출할 수 있습니다. 대통령제에서는 바람과 인기가 대권 경쟁의 변수인데 반해 내각책임제에서는 경륜과 지도력이 정권 획득의 조건이라는 점입니다. 미국이 내각제의 나라였다면 아이젠하워 장군이, 미국 역사상 최고의 대통령 감으로 일컬어진 스티븐슨을 두 번이나 무찌르고 대통령에 당선되지는 못했을 것입니다. 만약 영국이 대통령제의 나라였다면 처칠이 2차 대전 승리의 역사적 순간에 권좌를 애틀리에 물려주어야 했던 이변(異變)이 결코 일어나지 않았을 것입니다. 대통령제가 대중 정치가를 위한 무대일 수 있다면 내각책임제는 노련한 의회 정치가에 의해 주도되는 정치를 창출한다 할 것입니다. 이것은 내각책임제가 보다 프로의 정치에 근접한 정부 형태임을 말해주는 것이며 국회가 정치의 본무대가 될 수밖에 없는 배경이기도 합니다.

다음으로 정치의 위험부담과 연관하여 권력 구조를 성찰해 볼까합니다. 대통령제는 권력이 대통령 한 사람에게 집중되어 있고 이러한 의미에서 히틀러 시대의 독일이나 프랑코 치하의 스페인은 대통령제와 흡사한 정부형태라 할 수 있습니다. 나치스 독일의 멸망은 히틀러가 군부의 강력한 반대에도 불구하고 2차 대전을 일으킨 데 있습니다. 특히 전략상의 금기인 2정면작전을 전개한 것은 결정적인 실책으로 지적되고 있습니다. 영·불 양국과 이미 전쟁을 벌인 독일은 배후의 안전을 도모하는 것이 가장 중요했습니다. 그래서 히틀러는 빙탄불상용인 소련과 불가침조약을 맺었던 것입니다. 그런데 히틀러는 영국과의 전쟁이 마무리되기도 전에 동부 전선으로 전선을 확대했습니다. 각료와 군부가 극력 반대한 동서 양면작전의 모험은 내각책임제의 나라에서는 결코 있을 수 없습니다. 수상은 내각 과반수의 찬성 없이는 중요한 정책결정을 내릴 수 없기 때문입니다.

그러나 히틀러는 멋대로 대소 선전 포고를 내렸을 뿐 아니라 그 자신이 그토록 피하려했던 대미 전쟁마저 일본의 진주만 기습 직후, 어느 누구와의 상의도 없이 일방적으로 선언하고 맙니다. 한 사람에게 권력이 집중된 위험의 좋은 예가 아닐 수 없습니다.

그러나 한 사람에게 권력이 집중되었기 때문에 국가적 위기를 극복한 예도 없지 않습니다. 프랑코가 히틀러의 위협을 교묘하게 따돌리고 스페인을 2차 대전에 말려들지 않게 한 것에서 그러한 사실을 발견할 수 있습니다. 히틀러와 뭇솔리니의 지원으로 스페인 내란의 승자가 된 프랑코는 너무나 당연히 독이(獨伊)편에 서서 싸울 것으로 예상되었습니다. 그러나 내란으로 나라가 피폐할대로 피폐해 진 스페인을 전란 속에 몰아넣지 않는 것이 최상의 길임을 프랑코는 판단하고 있었습니다. 문제는 그의 내심이 히틀러에게 알려졌을 때 나치스 기계화 부대의 노도같은 침공을 받아야했던 상황에 있었습니다.

정부내에는 프랑코의 처남인 셀라노 외상등 추축파가 많았습니다. 프랑코는 이들 반영파에게 대독지원을 은근히 비치면서 한편으로는 각료의 반 가량을 차지하고 있는 반독파에게 중립고수의 희망을 품게 했습니다. 유명한 안다이 회담에서 참전 시기의 재량을 히틀러 로부터 따 낸 프랑코는 독일이 열세에 몰리는 결정적 시기에 중립을 명백히 함으로써 최대의 국가적 위기를 넘깁니다.

이와 연관해 간과해서 안될 것은 스페인이 내각제의 나라였다면 프랑코의 정치적 서커스는 불가능했다는 점입니다. 내각에서 대영 참전 여부를 둘러싸고 격론을 벌여야 했을 것이기 때문입니다. 그랬을 때 스페인은 어쩔 수 없이 독일편에 서야만 할 상황에 몰려 있었습니다. 여기에서 우리는 대통령제 내지 이에 유사한 정부 형태가 권력의 1인 집중에서 오는 위험부담을 갖는 반면 영명한 지도자가 있을 때 위기관리의 정부 형태로서 효과적으로 기능할 장점을 지니고 있음을 이해하게 됩니다. 그러나 정상적인 정치 상황에서는 내각제가 한결 중지를 모아 정치를 펼칠 수 있을 뿐만 아니라 위험부담 또한 현저하게 줄일 수 있는 정치체제인 것만은 부인할 수 없습니다. 유럽 절대다수 국가의 내각제 운영에서 볼 수 있는 것처럼 내각책임제는 보다 유연하게 정치를 전개할 수 있는 장점을 지니고 있습니다.

이쯤에서 우리는 대통령제의 국가 중 독재와 군사 쿠데타의 악순환을 겪지 않고 성공적인 제재로 굳히고 있는 나라는 미국뿐이라는 사실을 유념할 필요가 있습니다. 아울러 순수한 내각제의 나라 중 민주적 발전을 이룩하지 못한 나라가 거의 없다는 점도 주목할 필요가 있습니다. 유럽절대 다수의 국가와 일본 등에서 그러한 예를 찾을 수 있습니다.

대통령제는 권위와 권력이 한사람에게 집중되어 있는 결과 독재로 흐를 가능성을 너무나 농후하게 지니고 있습니다. 미국이 유일하게 대통령제의 위험을 배제하고 성공하고 있는 이유에 대해 브레진스키 교수는 다음과 같이 말하고 있습니다. 그는 미국과 유럽 및 일본사이에는 커다란 차이가 있음을 지적합니다. 미국에서는 민주주의가 그 사회의 탄생과 더불어 생겨났습니다. 이 사실은 미국이 민주주의 이외의 정치제도를 전혀 모르는 사회임을 말해주는 것이며 따라서 미국 사회와 민주적인 제도는 뗄래야 뗄 수 없는 유기적인 연관을 가지고 있습니다.

그러나 유럽의 민주주의는 유럽을 오랜 귀족사회에서 민주주의 사회에로 변천시키는 사회적, 경제적, 정치적 변화 속에서 서서히 정착해 왔습니다. 따라서 유럽에서는 민주주의 사회에의 변화에 참가할 수 없었던, 또는 참가하지 않았던 계층이 상당수 있습니다. 유럽의 많은 나라들의 적지 않은 사람들, 약 30%내지 40%의 인구가 비민주적 신조, 즉 공산주의나 우익에 몸을 맡기고 있는 배경이 이러한데 있습니다. 미국의 강요에 의해 시작된 일본의 민주화 과정도 이와 같은 맥락에서 이해할 수 있을 듯 합니다.

이같은 역사적 사실을 감안할 때 미국에서 대통령제가 성공했다고 하여 정치적 풍토와 전통이 전혀 다른 후진국 내지 신생 민주국가에서 대통령제가 소망스러운 결실을 거둘 수 있다고 기대하기는 매우 어렵다 할 것입니다.

유진오씨가 기초한 대한민국 헌법 초안이 내각책임제였던 것은 널리 알려진 사실입니다. 바이마르 헌법의 신봉자인 현민(玄民)은 지금도 내각제에 대한 미련을 버리지 못하고 있습니다. 이승만 박사의 한마디로 갑자기 정부형태가 바뀐 것에 헌정(憲政) 38년의 순탄치 못한 전개가 함축되어 있다고 볼 것입니다.

돌이켜 우리의 헌정 37년을 살펴볼 때 실로 타의 2백년과 견줄 파란만장의 역정이었음을 되새기게 됩니다. 프랑스가 제5공화정에 이르기까지 1백66년이 걸린 데 반해 우리는 불과 32년 만에 다섯 차례나 공화정을 달리해야 했던 사실이 이를 말해주고 있습니다. 프랑스가 제5공화정에 이르기까지 프랑스 혁명, 나폴레옹 1세와 나폴레옹 3세에 의한 왕정복고, 부르봉 왕가의 복귀, 두 차례의 세계대전등 대 사건을 거쳤던 것을 생각할 때 우리나라가 이렇다 할 역사의 대전환이 없이 공화정을 거듭 달리했다는 것은 정치적 비극의 산물이라 아니할 수 없습니다.

이제 국민적 합의를 바탕으로 추진되어야 할 헌법개정은 정치적 악순
환의 요인을 제도적으로 배제하는 것을 골간으로 하지 않으면 안되겠습
니다. 앞서 지적한 것처럼 최고 통치자 한 사람에게 권력이 집중되는 대
통령제는 미국 같은 정치적 전통의 나라가 아닌 한 독재화의 위험을 다
분히 내포하고 있습니다. 한국 정치의 한 경직 요인으로 지적되는 권위
주의적 풍토에서 벗어나기 위해서도 권력의 1인 집중 체제는 지양되어
야 할 것으로 생각합니다.

흔히 영국왕은 군림하되 지배하지 않고, 미국 대통령은 지배하되 군림
하지 않는다고 일컬어집니다. 그러나 대통령제를 채택하고 있는 후진국
의 대부분에서 대통령은 군림하며 지배하는 절대자의 위치에 서 있습니
다. 권력과 권위가 한 사람에게 집중될 때 정치가 독재화와 권위주의적
인 경향에 흐리기 마련인 것을 우리는 적지않이 목격해 왔습니다.

무릇 국가에는 의전적 역할과 권력 작용의 두 기능이 있는 것으로 일
컬어 집니다. 조정과 막부(幕府)가 병존한 근대이전의 일본이 그 전형
적인 예로 지적됩니다. 일본 조정이 가진 것은 제의(祭儀), 의전권이라
할만한 것이었고 막부(幕府)가 가진 것은 행정, 사법권이라 할만한 것이
었습니다. 통치에 일종의 종교적인 의식이 불가결한 것은 동서고금을
묻지 않는 사실입니다. 무종교인 공산권에서도 예를 들면 레닌의 시체
를 미이라로 만들어 일종의 피라미드에 안치하고 그 위에 지도자가 서
서 행진을 사열하는 것은 파라오 시대를 연상시키는 제의라 아니 할 수
없습니다. 그리고 이러한 제의(祭儀)를 주최하는 권한은 어느 나라 어느

시대나 항상 최고 통치권자가 보유한 매우 중요한 권한이었습니다. 그러나 이러한 제의권과 행정권을 분리하지 않으면 독재자가 나오게 됩니다. 이 위험을 회피하기 위해 양자를 별개의 기관에 귀속시키고 이 양 기관을 평화리에 공존시키는 것이 이상적인 정치 형태임을 일찍부터 유태의 현자 새가리아는 주장해 왔습니다.

내각책임제는 국가의 중요한 두 권능을 분립시킨 권력 구조라는 데서 독재화를 막고 민주정치를 정착시키는 최선의 제도임에 틀림없습니다. 그리고 오늘 우리의 정치 현실에 비추어 민주화 이상의 절실한 과제가 없음도 부인해서 안될 것입니다.

끝으로 내각제가 강력한 리더십의 발휘를 제약하고 정치적 불안정의 요인이 된다는 통설에 일언 하고자 합니다. 어느 누구도 처칠이나 네루 그리고 아데나워의 강력한 지도력을 부인하지 못할 것입니다. 이들은 처칠이 『내가 바란 것은 적당한 토론 후에 사람들이 나의 의지에 따르게 하는 것이었다』고 말한 것처럼 탁월한 정치 지도력으로 한 시대를 화려하게 장식한 큰 별들입니다. 사람들은 흔히 3, 4공화정하의 프랑스, 오늘의 이태리를 들어 내각책임제의 취약점을 들먹입니다. 그러나 강력한 직업 공무원제의 확립을 통해 이들 나라가 안정 기조를 지켜왔고 유지하고 있음을 우리는 새겨둘 필요가 있습니다. 내각제는 이에 부수한 일련의 입법 조치 내지 보완 조치만 있으면 가장 이상적인 정치형태가 아닐 수 없습니다. 민주화가 지상의 현안으로 제시되고 있는 지금 감히 내각책임제를 주장하는 이유가 이에 있습니다.

뿌리출판사 출판상담안내 : 전화 02)2247-1115, 466-4516

팩스 : 466-4517

홈페이지/www.rootgo.com

E-mail : rootgo@dreamwiz.com / root1115@daum.net

주소 : 서울시 성동구 성수 2가 3동 317-10 2층

우편번호: 133-835